U0219735

中国饮食文化史

The History of Chinese Dietetic Culture

国家出版基金项目
NATIONAL PUBLICATION FOUNDATION

『十二五』国家重点出版物出版规划项目

国家出版基金项目

中国饮食文化史·

中国饮食文化史主编　赵荣光

西北地区卷·

徐日辉　著

The History of Chinese Dietetic Culture

Volume of Northwest Region

中国轻工业出版社

图书在版编目（CIP）数据

中国饮食文化史. 西北地区卷 / 赵荣光主编；徐日辉著.
—北京：中国轻工业出版社，2013.12
国家出版基金项目 "十二五"国家重点出版物出版
规划项目
ISBN 978-7-5019-9422-9

Ⅰ.①中… Ⅱ.①赵… ②徐… Ⅲ.①饮食—文化史—西
北地区 Ⅳ.①TS971

中国版本图书馆 CIP 数据核字 (2013) 第194688号

策划编辑：马 静
责任编辑：马 静 方 程 责任终审：郝嘉杰 整体设计：伍毓泉
编 辑：赵蓁茏 版式制作：锋尚设计 责任校对：李 靖
责任监印：胡 兵 张 可

出版发行：中国轻工业出版社（北京东长安街6号，邮编：100740）
印 刷：北京顺诚彩色印刷有限公司
经 销：各地新华书店
版 次：2013年12月第1版第1次印刷
开 本：787×1092 1/16 印张：20.5
字 数：298千字 插页：2
书 号：ISBN 978-7-5019-9422-9 定价：78.00元
邮购电话：010-65241695 传真：65128352
发行电话：010-85119835 85119793 传真：85113293
网 址：http://www.chlip.com.cn
Email：club@chlip.com.cn
如发现图书残缺请直接与我社邮购联系调换
050860K1X101ZBW

感谢

北京稻香村食品有限责任公司对本书出版的支持

饮其流者
怀其源

感谢
感谢
感谢

中国农业科学院农业信息研究所对本书出版的支持

浙江工商大学暨旅游学院对本书出版的支持

黑龙江大学历史文化旅游学院对本书出版的支持

落其实者
思其树

2. 异兽形提梁铜盉，甘肃泾川县出土，距今3000年左右

1. 宝鸡炎帝陵炎帝像※

3. 青铜爵，甘肃天水市出土，距今3000年左右

4. 东汉西王母像

5. 舞蹈彩陶盆（局部），青海大通县出土，距今5000年

※ 编者注：书中图片来源除有标注者外，其余均由作者提供。对于作者从网站或其他出版物等途径获得的图片也做了标注。

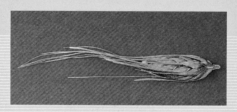

2. 小麦，新疆哈密出土，距今4000年左右

1. 保留有火烧过的陶鬲，甘肃天水市出土，距今4000年左右

3. 饕餮纹图案，商周时期青铜器上常见的纹饰

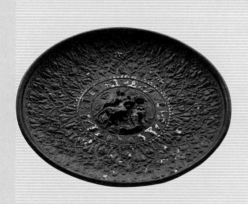

4. 东罗马鎏金银盘，甘肃靖远县出土

5. 唐朝三彩凤首壶，甘肃甘谷出土

6. 金骆驼装饰品，新疆乌鲁木齐出土

1.《庖厨图》，甘肃嘉峪关出土，距今1700年左右

2.《宰猪图》，甘肃嘉峪关魏晋六号墓出土，距今1700年左右

3. 唐代面点1，新疆吐鲁番阿斯塔那墓出土

4. 唐代面点2，新疆吐鲁番阿斯塔那墓出土

5. 唐代的梨，新疆吐鲁番阿斯塔那墓出土

6. 唐朝仕女图，新疆吐鲁番阿斯塔那墓壁画

1. 甘肃敦煌莫高窟

2. 新疆坎儿井

3. 由茶碗、茶盖、茶托三件组成的盖碗茶具

4. 新疆烤馕

各分卷名录及作者：

◎ 中国饮食文化史·黄河中游地区卷

　　姚伟钧　刘朴兵　著

◎ 中国饮食文化史·黄河下游地区卷

　　姚伟钧　李汉昌　吴昊　著

◎ 中国饮食文化史·长江中游地区卷

　　谢定源　著

◎ 中国饮食文化史·长江下游地区卷

　　季鸿崑　李维冰　马健鹰　著

◎ 中国饮食文化史·东南地区卷

　　冼剑民　周智武　著

◎ 中国饮食文化史·西南地区卷

　　方铁　冯敏　著

◎ 中国饮食文化史·东北地区卷

　　主　编：吕丽辉

　　副主编：王建中　姜艳芳

◎ 中国饮食文化史·西北地区卷

　　徐日辉　著

◎ 中国饮食文化史·中北地区卷

　　张景明　著

◎ 中国饮食文化史·京津地区卷

　　万建中　李明晨　著

序言

鸿篇巨制　继往开来

——《中国饮食文化史》（十卷本）序

卢良恕

中国饮食文化是中国传统文化的重要组成部分，其内涵博大精深、历史源远流长，是中华民族灿烂文明史的生动写照。她以独特的生命力佑护着华夏民族的繁衍生息，并以强大的辐射力影响着周边国家乃至世界的饮食风尚，享有极高的世界声誉。

中国饮食文化是一种广视野、深层次、多角度、高品位的地域文化，她以农耕文化为基础，辅之以渔猎及畜牧文化，传承了中国五千年的饮食文明，为中华民族铸就了一部辉煌的文化史。

但长期以来，中国饮食文化的研究相对滞后，在国际的学术研究领域没有占领制高点。一是研究队伍不够强大，二是学术成果不够丰硕，尤其缺少全面而系统的大型原创专著，实乃学界的一大憾事。正是在这样困顿的情势下，国内学者励精图治、奋起直追，发愤用自己的笔撰写出一部中华民族的饮食文化史。中国轻工业出版社与撰写本书的专家学者携手二十余载，潜心劳作，殚精竭虑，终至完成了这一套数百万字的大型学术专著——《中国饮食文化史》（十卷本），是一件了不起的事情！

《中国饮食文化史》（十卷本）一书，时空跨度广远，全书自史前始，一直叙述至现当代，横跨时空百万年。全书着重叙述了原始农业和畜牧业出现至今的一万年左右华夏民族饮食文化的演变，充分展示了中国饮食文化是地域文化这一理论学说。

该书将中国饮食文化划分为黄河中游、黄河下游、长江中游、长江下游、东南、西南、东北、西北、中北、京津等十个子文化区域进行相对独立的研究。各区域单独成卷，每卷各章节又按断代划分，分代叙述，形成了纵横分明的脉络。

全书内容广泛，资料翔实。每个分卷涵盖的主要内容包括：地缘、生态、物产、气候、土地、水源；民族与人口；食政食法、食礼食俗、饮食结构及形成的原因；食物原料种类、分布、加工利用；烹饪技术、器具、文献典籍、文化艺术等。可以说每一卷都是一部区域饮食文化通史，彰显出中国饮食文化典型的区域特色。

中国饮食文化学是一门新兴的综合学科，它涉及历史学、民族学、民俗学、人类学、文化学、烹饪学、考古学、文献学、食品科技史、中国农业史、中国文化交流史、边疆史地、地理经济学、经济与商业史等学科。多学科的综合支撑及合理分布，使本书具有颇高的学术含量，也为学科理论建设提供了基础蓝本。

中国饮食文化的产生，源于中国厚重的农耕文化，兼及畜牧与渔猎文化。古语有云："民以食为天，食以农为本"，清晰地说明了中华饮食文化与中华农耕文化之间不可分割的紧密联系，并由此生发出一系列的人文思想，这些人文思想一以贯之地体现在人们的社会活动中。包括：

"五谷为养，五菜为助，五畜为益，五果为充"的饮食结构。这种良好饮食结构的提出，是自两千多年前的《黄帝内经》始，至今看来还是非常科学的。中国地域广袤，食物原料多样，江南地区的"饭稻羹鱼"、草原民族的"食肉饮酪"，从而形成中华民族丰富、健康的饮食结构。

"医食同源"的养生思想。中华民族自古以来并非代代丰衣足食，历代不乏灾荒饥馑，先民历经了"神农尝百草"以扩大食物来源的艰苦探索过程，千百年来总结出"医食同源"的宝贵思想。在西方现代医学进入中国大地之前的数千年，"医食同源"的养生思想一直护佑着炎黄子孙的健康繁衍生息。

"天人合一"的生态观。农耕文化以及渔猎、畜牧文化，都是人与自然间最和谐的文化，在广袤大地上繁衍生息的中华民族，笃信人与自然是合为一体的，人类的所衣所食，皆来自于大自然的馈赠，因此先民世世代代敬畏自然，爱护生态，尊重生命，重天时，守农时，创造了农家独有的二十四节气及节令食俗，"循天道行人事"。这种宝贵的生态观当引起当代人的反思。

"尚和"的人文情怀。农耕文明本质上是一种善的文明。主张和谐和睦、勤劳耕作、勤和为人，崇尚以和为贵、包容宽仁、质朴淳和的人际关系。中国饮食讲究的"五味调和"也正是这种"尚和"的人文情怀在烹饪技术层面的体现。纵观中国饮食文化的社会功能，更是对"尚和"精神的极致表达。

"尊老"的人伦传统。在传统的农耕文明中，老人是农耕经验的积累者，是向子孙后代传承农耕技术与经验的传递者，因此一直受到家庭和社会的尊重。中华民族尊老的传统是农耕文化的结晶，也是农耕文化得以久远传承的社会行为保障。

《中国饮食文化史》（十卷本）的研究方法科学、缜密。作者以大历史观、大文化观统领全局，较好地利用了历史文献资料、考古发掘研究成果、民俗民族资料，同时也有效地利用了人类学、文化学及模拟试验等多种有效的研究方法与手段。对区域文明肇始、族群结构、民族迁徙、人口繁衍、资源开发、生态制约与变异、水源利用、生态保护、食物原料贮存与食品保鲜防腐等一系列相关问题都予以了充分表述，并提出一系列独到的学术观点。

如该书提出中国在汉代就已掌握了面食的发酵技术，从而把这一科技界的定论向前推进了一千年（科技界传统说法是在宋代）；又如，对黄河流域土地承载力递减而导致社会政治文化中心逐流而下的分析；对草地民族因食料制约而频频南下的原因分析；对生态结构发生变化的深层原因讨论；对《齐民要术》《农政全书》《饮膳正要》《天工开物》等经典文献的识读解析；以及对筷子的出现及历史演变的论述等。该书还清晰而准确地叙述了既往研究者已经关注的许多方面的问题，比如农产品加工技术与食品形态问题、关于农作物及畜类的驯化与分布传播等问题，这些一向是农业史、交流史等学科比较关注而又疑难点较多的领域，该书对此亦有相当的关注与精到的论述。体现出整个作者群体较强的科研能力及科研水平，从而铸就了这部填补学术空白、出版空白的学术著作，可谓是近年来不可多得的精品力作。

本书是填补空白的原创之作，这也正是它的难度之所在。作者的写作并无前人成熟的资料可资借鉴，可以想见，作者须进行大量的文献爬梳整理、甄选淘漉，阅读量浩繁，其写作难度绝非一般。在拼凑摘抄、扒网拼盘已成为当今学界一大痼疾的今天，这部原创之作益发显得可贵。

一套优秀书籍的出版，最少不了的是出版社编辑们默默无闻但又艰辛异常的付出。中国轻工业出版社以文化坚守的高度责任心，苦苦坚守了二十年，为出版这套不能靠市场获得收益、然而又是填补空白的大型学术著作呕心沥血。进入编辑阶段以后，编辑部严苛细致，务求严谨，精心提炼学术观点，一遍遍打磨稿件。对稿件进行字斟句酌的精心加工，并启动了高规格的审稿程序，如，他们聘请国内顶级的古籍专家对书中所有的古籍以善本为据进行了逐字逐句的核对，并延请史学专家、民族宗教专家、民俗专家等进行多轮审稿，全面把关，还对全书内容做了20余项的专项检查，剪除掉书稿中的许多瑕疵。他们不因卷帙浩繁而存丝毫懈怠之念，日以继夜，忘我躬耕，使得全书体现出了高质量、高水准的精品风范。在当前浮躁的社会风气下，能坚守这种职业情操实属不易！

本书还在高端学术著作科普化方面做出了有益的尝试，如对书中的生僻字进行注音，对专有名词进行注释，对古籍文献进行串讲，对正文配发了许多图片等。凡此种种，旨在使学术著作更具通俗性、趣味性和可读性，使一些优秀的学术思想能以通俗化的形式得到展现，从而扩大阅读的人群，传播优秀文化，这种努力值得称道。

这套学术专著是一部具有划时代意义的鸿篇巨制，它的出版，填补了中国饮食文化无大型史著的空白，开启了中国饮食文化研究的新篇章，功在当代，惠及后人。它的出版，是中国学者做的一件与大国地位相称的大事，是中国对世界文明的一种国际担当，彰显了中国文化的软实力。它的出版，是中华民族五千年饮食文化与改革开放三十多年来最新科研成果的一次大梳理、大总结，是树得起、站得住的历史性文化工程，对传播、振兴民族文化，对中国饮食文化学者在国际学术领域重新建立领先地位，将起到重要的推动作用。

作为一名长期从事农业科技文化研究的工作者，对于这部大型学术专著的出版，我感到由衷的欣喜。愿《中国饮食文化史》（十卷本）能够继往开来，为中国饮食文化的发扬光大，为中国饮食文化学这一学科的崛起做出重大贡献。

二〇一三年七月

序言

一部填补空白的大书
——《中国饮食文化史》（十卷本）序

李学勤

中国轻工业出版社通过我在中国社会科学院历史研究所的老同事，送来即将出版的《中国饮食文化史》（十卷本）样稿，厚厚的一大叠。我仔细披阅之下，心中深深感到惊奇。因为在我的记忆范围里，已经有好多年没有见过系统论述中国饮食文化的学术著作了，况且是由全国众多专家学者合力完成的一部十卷本长达数百万字的大书。

正如不久前上映的著名电视片《舌尖上的中国》所体现的，中国的饮食文化是悠久而辉煌的中国传统文化的一个重要组成部分。中国的饮食文化非常发达，在世界上享有崇高的声誉，然而，或许是受长时期流行的一些偏见的影响，学术界对饮食文化的研究却十分稀少，值得提到的是国外出版的一些作品。记得20世纪70年代末，我在美国哈佛大学见到张光直先生，他给了我一本刚出版的《中国文化中的食品》（英文），是他主编的美国学者写的论文集。在日本，则有中山时子教授主编的《中国食文化事典》，其内的"文化篇"曾于1992年中译出版，题目就叫《中国饮食文化》。至于国内学者的专著，我记得的只有上海人民出版社《中国文化史丛书》里面有林乃燊教授的一本，题目也是《中国饮食文化》，也印行于1992年，其书可谓有筚路蓝缕之功，只是比较简略，许多问题未能展开。

由赵荣光教授主编、由中国轻工业出版社出版的这部十卷本《中国饮食文化史》规模宏大，内容充实，在许多方面都具有创新意义，从这一点来说，确实是前所未有的。讲到这部巨著的特色，我个人意见是不是可以举出下列几点：

首先，当然是像书中所标举的，是充分运用了区域研究的方法。我们中国从来是一个多民族、多地区的国家，五千年的文明历史是各地区、各民族共同缔造的。这种多元一体的文化观，自"改革开放"以来，已经在历史学、考古学等领域起了很大的促进作用。《中国饮食文化史》（十卷本）的编写，贯彻"饮食文化是区域文化"的观点，把全国划分为十个文化区域，即黄河中游、黄河下游、长江中游、长江下游、东南、西南、东北、西北、中北和京津，各立一卷。每一卷都可视为区域性的通史，各卷间又互相配合关联，形成立体结构，便于全面展示中国饮食文化的多彩面貌。

其次，是尽可能地发挥了多学科结合的优势。中国饮食文化的研究，本来与历史学、考古学及科技史、美术史、民族史、中外关系史等学科都有相当密切的联系。《中国饮食文化史》（十卷本）一书的编写，努力吸取诸多有关学科的资料和成果，这就扩大了研究的视野，提高了工作的质量。例如在参考文物考古的新发现这一方面，书中就表现得比较突出。

第三，是将各历史时期饮食文化的演变过程与当时社会总的发展联系起来去考察。大家知道，把研究对象放到整个历史的大背景中去分析估量，本来是历史研究的基本要求，对于饮食文化研究自然也不例外。

第四，也许是最值得注意的一点，就是这部书把饮食文化的探索提升到理论思想的高度。《中国饮食文化史》（十卷本）一开始就强调"全书贯穿一条鲜明的人文思想主线"，实际上至少包括了这样一系列观点，都是从远古到现代饮食文化的发展趋向中归结出来的：

一、五谷为主兼及其他的饮食结构；

二、"医食同源"的保健养生思想；

三、尚"和"的人文观念；

四、"天人合一"的生态观；

五、"尊老"的传统。

这样，这部《中国饮食文化史》（十卷本）便不同于技术层面的"中国饮食史"，而是富于思想内涵的"中国饮食文化史"了。

据了解，这部《中国饮食文化史》（十卷本）的出版，经历了不少坎坷曲折，前后过程竟长达二十余年。其间做了多次反复的修改。为了保证质量，中国轻工业出版社邀请过不少领域的专家阅看审查。现在这部大书即将印行，相信会得到有关学术界和社会读者的好评。我对所有参加此书工作的各位专家学者以及中国轻工业出版社同仁能够如此锲而不舍深表敬意，希望在饮食文化研究方面能再取得更新更大的成绩。

二〇一三年九月

于北京清华大学寓所

前言

"饮食文化圈"理论认知中华饮食史的尝试
——中国饮食文化区域性特征

赵荣光

　　很长时间以来，本人一直希望海内同道联袂在食学文献梳理和"饮食文化区域史""饮食文化专题史"两大专项选题研究方面的协作，冀其为原始农业、畜牧业以来的中华民族食生产、食生活的文明做一初步的瞰窥勾测，从而为更理性、更深化的研究，为中华食学的坚实确立准备必要的基础。为此，本人做了一系列先期努力。1991年北京召开了"首届中国饮食文化国际学术研讨会"，自此，也开始了迄今为止历时二十年之久的该套丛书出版的艰苦历程。其间，本人备尝了时下中国学术坚持的艰难与苦涩，所幸的是，《中国饮食文化史》（十卷本）终于要出版了，作为主编此时真是悲喜莫名。

　　将人类的食生产、食生活活动置于特定的自然生态与历史文化系统中审视认知并予以概括表述，是30多年前本人投诸饮食史、饮食文化领域研习思考伊始所依循的基本方法。这让我逐渐明确了"饮食文化圈"的理论思维。中国学人对民众食事文化的关注渊源可谓久远。在漫长的民族饮食生活史上，这种关注长期依附于本草学、农学而存在，因而形成了中华饮食文化的传统特色与历史特征。初刊于1792年的《随园食单》可以视为这种依附传统文化转折的历史性标志。著者中国古代食圣袁枚"平生品味似评诗"，潜心戮力半世纪，以开创、标立食学深自期许，然限于历史时代局限，终未遂其所愿——抱定"皓首穷经""经国济世"之理念建立食学，使其成为传统士子麋集的学林。

食学是研究不同时期、各种文化背景下的人群食事事象、行为、性质及其规律的一门综合性学问。中国大陆食学研究热潮的兴起，文化运气系接海外学界之后，20世纪中叶以来，日、韩、美、欧以及港、台地区学者批量成果的发表，蔚成了中华食文化研究热之初潮。社会饮食文化的一个最易为人感知之处，就是都会餐饮业，而其衰旺与否的最终决定因素则是大众的消费能力与方式。正是餐饮业的持续繁荣和大众饮食生活水准的整体提高，给了中国大陆食学研究以不懈的助动力。在中国饮食文化热持续至今的30多年中，经历了"热学""显学"两个阶段，而今则处于"食学"渐趋成熟阶段。以国人为主体的诸多富有创见性的文著累积，是其渐趋成熟的重要标志。

人类文化是生态环境的产物，自然环境则是人类生存发展依凭的文化史剧的舞台。文化区域性是一个历史范畴，一种文化传统在一定地域内沉淀、累积和承续，便会出现不同的发展形态和高低不同的发展水平，因地而宜，异地不同。饮食文化的存在与发展，主要取决于自然生态环境与文化生态环境两大系统的因素。就物质层面说，如俗语所说："一方水土养一方人"，其结果自然是"一方水土一方人"，饮食与饮食文化对自然因素的依赖是不言而喻的。早在距今10000—6000年，中国便形成了以粟、菽、麦等"五谷"为主要食物原料的黄河流域饮食文化区、以稻为主要食物原料的长江流域饮食文化区、以肉酪为主要食物原料的中北草原地带的畜牧与狩猎饮食文化区这不同风格的三大饮食文化区域类型。其后公元前2世纪，司马迁曾按西汉帝国版图内的物产与人民生活习性作了地域性的表述。山西、山东、江南（彭城以东，与越、楚两部）、龙门碣石北、关中、巴蜀等地区因自然生态地理的差异而决定了时人公认的食生产、食生活、食文化的区位性差异，与史前形成的中国饮食文化的区位格局相较，已经有了很大的发展变化。而后再历20多个世纪至19世纪末，在今天的中国版图内，存在着东北、中北、京津、黄河下游、黄河中游、西北、长江下游、长江中游、西南、青藏高原、东南11个结构性子属饮食文化区。再以后至今的一个多世纪，尽管食文化基本区位格局依在，但区位饮食文化的诸多结构因素却处于大变化之中，变化的速度、广度和深度，都是既往历史上不可同日而语的。生产力的结构性变化和空前发展；食生产工具与方式的进步；信息传递与交通的便利；经济与商业的发展；人口大规模的持续性流动与城市化进程的快速发展；思想与观念的更新进化等，这一切都大大超越了食文化物质交换补益的层面，而具有更深刻、更重大的意义。

各饮食文化区位文化形态的发生、发展都是一个动态的历史过程，"不变中有变、变中有不变"是饮食文化演变规律的基本特征。而在封闭的自然经济状态下，"靠山吃山靠水吃水"的饮食文化存在方式，是明显"滞进"和具有"惰性"的。所谓"滞进"和"惰性"是指：在决定传统餐桌的一切要素几乎都是在年复一年简单重复的历史情态下，饮食文化的演进速度是十分缓慢的，人们的食生活是因循保守的，"周而复始"一词正是对这种形态的概括。人类的饮食生活对于生息地产原料并因之决定的加工、进食的地域环境有着很强的依赖性，我们称之为"自然生态与文化生态环境约定性"。生态环境一般呈现为相当长历史时间内的相对稳定性，食生产方式的改变，一般也要经过很长的历史时间才能完成。而在"鸡犬之声相闻，民至老死不相往来"的相当封闭隔绝的中世纪，各封闭区域内的人们是高度安适于既有的一切的。一般来说，一个民族或某一聚合人群的饮食文化，都有着较为稳固的空间属性或区位地域的植根性、依附性，因此各区位地域之间便存在着各自空间环境下和不同时间序列上的差异性与相对独立性。而从饮食生活的动态与饮食文化流动的属性观察，则可以说世界上绝大多数民族（或聚合人群）的饮食文化都是处于内部或外部多元、多渠道、多层面的、持续不断的传播、渗透、吸收、整合、流变之中。中华民族共同体今天的饮食文化形态，就是这样形成的。

随着各民族人口不停地移动或迁徙，一些民族在生存空间上的交叉存在、相互影响（这种状态和影响自古至今一般呈不断加速的趋势），饮食文化的一些早期民族特征逐渐地表现为区位地域的共同特征。迄今为止，由于自然生态和经济地理等诸多因素的决定作用，中国人主副食主要原料的分布，基本上还是在漫长历史过程中逐渐形成的基本格局。宋应星在谈到中国历史上的"北麦南稻"之说时还认为："四海之内，燕、秦、晋、豫、齐、鲁诸蒸民粒食，小麦居半，而黍、稷、稻、粱仅居半。西极川、云，东至闽、浙、吴楚腹焉……种小麦者二十分而一……种余麦者五十分而一，间阎作苦以充朝膳，而贵介不与焉。"这至少反映了宋明时期麦属作物分布的大势。直到今天，东北、华北、西北地区仍是小麦的主要产区，青藏高原是大麦（青稞）及小麦的产区，黑麦、燕麦、荞麦、莜麦等杂麦也主要分布于这些地区。这些地区除麦属作物之外，主食原料还有粟、秫、玉米、稷等"杂粮"。而长江流域及以南的平原、盆地和坝区广大地区，则自古至今都是以稻作物为主，其山区则主要种植玉米、粟、荞麦、红薯、小麦、大麦、旱稻等。应当看到，粮食作物今天的品种分布状态，本身就是不断演变的历史性结果，而这种演变无论表现出怎样的相对稳定性，它都不可能是最终格局，还将持续地演变下去。

历史上各民族间饮食文化的交流，除了零星渐进、潜移默化的和平方式之外，在灾变、动乱、战争等特殊情况下，出现短期内大批移民的方式也具有特别的意义。其间，由物种传播而引起的食生产格局与食生活方式的改变，尤具重要意义。物种传播有时并不依循近邻滋蔓的一般原则，伴随人们远距离跋涉的活动，这种传播往往以跨越地理间隔的童话般方式实现。原产美洲的许多物种集中在明代中叶联袂登陆中国就是典型的例证。玉米、红薯自明代中叶以后相继引入中国，因其高产且对土壤适应性强，于是长江以南广大山区，鲁、晋、豫、陕等大片久耕密植的贫瘠之地便很快迭相效应，迅速推广开来。山区的瘠地需要玉米、红薯这样的耐瘠抗旱作物，传统农业的平原地区因其地力贫乏和人口稠密，更需要这种耐瘠抗旱而又高产的作物，这就是各民族民众率相接受玉米、红薯的根本原因。这一"根本原因"甚至一直深深影响到20世纪80年代以前。中国大陆长期以来一直以提高粮食亩产、单产为压倒一切的农业生产政策，南方水稻、北方玉米，几乎成了各级政府限定的大田品种种植的基本模式。

严格说来，很少有哪些饮食文化区域是完全不受任何外来因素影响的纯粹本土的单质文化。也就是说，每一个饮食文化区域都是或多或少、或显或隐地包融有异质文化的历史存在。中华民族饮食文化圈内部，自古以来都是域内各子属文化区位之间互相通融补益的。而中华民族饮食文化圈的历史和当今形态，也是不断吸纳外域饮食文化更新进步的结果。1982年笔者在新疆历时半个多月的一次深度考察活动结束之后，曾有一首诗："海内神厨济如云，东西甘脆皆与闻。野驼浑烹标青史，肥羊串炙喜今人。乳酒清洌爽筋骨，奶茶浓郁尤益神。朴劳纳仁称异馔，金特克缺愧寡闻。胡饼西肺欣再睹，葡萄密瓜连筵陈。四千文明源泉水，云里白毛无销痕。晨钟传于二三瞽，青眼另看大宛人。"诗中所叙的是维吾尔、哈萨克、柯尔克孜、乌孜别克、塔吉克、塔塔尔等少数民族的部分风味食品，反映了西北地区多民族的独特饮食风情。中国有十个少数民族信仰伊斯兰教，他们主要或部分居住在西北地区。因此，伊斯兰食俗是西北地区最具代表性的饮食文化特征。而西北地区，众所周知，自汉代以来直至公元7世纪一直是佛教文化的世界。正是来自阿拉伯地区的影响，使佛教文化在这里几乎消失殆尽了。当然，西北地区还有汉、蒙古、锡伯、达斡尔、满、俄罗斯等民族成分。西北多民族共聚的事实，就是历史文化大融汇的结果，这一点，同样是西北地区饮食文化独特性的又一鲜明之处。作为通往中亚的必由之路，举世闻名的丝绸之路的几条路线都经过这里。东西交汇，丝绸之路饮食文化是该地区的又一独特之处。中华饮食文化通过丝绸之路吸纳域外文化因素，确切的文字记载始自汉代。张骞（？—前114年）于汉武帝建元三年（公元前138年）、元狩四年（公元前119年）的两次出使西域，使内地与今天的新疆及中亚的文化、经济交流进入到了一个全新的历史阶段。葡萄、苜蓿、胡麻、胡瓜、蚕豆、核桃、石榴、胡萝卜、葱、蒜等菜蔬瓜果随之来到了中国，同时进入的还有植瓜、种树、屠宰、截马等技术。其后，西汉军队为能在西域伊吾长久驻扎，便将中原的挖井技术，尤其是河西走廊等地的坎儿井技术引进了西域，促进了灌溉农业的发展。

至少自有确切的文字记载以来，中华版图内外的食事交流就一直没有间断过，并且呈与时俱进、逐渐频繁深入的趋势。汉代时就已经成为黄河流域中原地区的一些主食品种，例如馄饨、包子（笼上牢丸）、饺子（汤中牢丸）、面条（汤饼）、馒首（有馅与无馅）、饼等，到了唐代时已经成了地无南北东西之分，民族成分无分的、随处可见的、到处皆食的大众食品了。今天，在中国大陆的任何一个中等以上的城市，几乎都能见到以各地区风味或少数民族风情为特色的餐馆。而随着人们消费能力的提高和消费观念的改变，到异地旅行，感受包括食物与饮食风情在内的异地文化已逐渐成了一种新潮，这正是各地域间食文化交流的新时代特征。这其中，科技的力量和由科技决定的经济力量，比单纯的文化力量要大得多。事实上，科技往往是文化流变的支配因素。比如，以筷子为食具的箸文化，其起源已有不下六千年的历史，汉以后逐渐成为汉民族食文化的主要标志之一；明清时期已普及到绝大多数少数民族地区。而现代化的科技烹调手段则能以很快的速度为各族人民所接受。如电饭煲、微波炉、电烤箱、电冰箱、电热炊具或气体燃料新式炊具、排烟具等几乎在一切可能的地方都能见到。真空包装食品、方便食品等现代化食品、食料更是无所不至。

黑格尔说过一句至理名言："方法是决定一切的"。笔者以为，饮食文化区位性认识的具体方法尽管可能很多，尽管研究方法会因人而异，但方法论的原则却不能不有所规范和遵循。

首先，应当是历史事实的真实再现，即通过文献研究、田野与民俗考察、数学与统计学、模拟重复等方法，去尽可能摹绘出曾经存在过的饮食历史文化构件、结构、形态、运动。区位性研究，本身就是要在某一具体历史空间的平台上，重现其曾经存在过的构建，如同考古学在遗址上的工作一样，它是具体的，有限定的。这就要求我们对于资料的筛选必须把握客观、真实、典型的原则，绝不允许研究者的个人好恶影响原始资料的取舍剪裁，客观、公正是绝对的原则。

其次，是把饮食文化区位中的具体文化事象视为该文化系统中的有机构成来认识，而不是将其孤立于整体系统之外释读。割裂、孤立、片面和绝对地认识某一历史文化，只能远离事物的本来面目，结论也是不足取的。文化承载者是有思想的、有感情的活生生的社会群体，我们能够凭借的任何饮食文化遗存，都曾经是生存着的社会群体的食生产、食生活活动事象的反映，因此要把资料置于相关的结构关系中去解读，而非孤立地认断。在历史领域里，有时相近甚至相同的文字符号，却往往反映不同的文化意义，即不同时代、不同条件下的不同信息也可能由同一文字符号来表述；同样的道理，表面不同的文字符号也可能反映同一或相近的文化内涵。也就是说，我们在使用不同历史时期各类著述者留下来的文献时，不能只简单地停留在文字符号的表面，而应当准确透析识读，既要尽可能地多参考前人和他人的研究成果，还要考虑到流传文集记载的版本等因素。

再次，饮食文化的民族性问题。如果说饮食文化的区域性主要取决于区域的自然生态环境因素的话，那么民族性则多是由文化生态环境因素决定的。而文化生态环境中的最主要因素，应当是生产力。一定的生产力水平与科技程度，是文化生态环境时代特征中具有决定意义的因素。《诗经》时代黄河流域的渍菹，本来是出于保藏的目的，而后成为特别加工的风味食品。今日东北地区的酸菜、四川的泡菜，甚至朝鲜半岛的柯伊姆奇（泡菜）应当都是其余韵。今日西南许多少数民族的粑粑、饵块以及东北朝鲜族的打糕等蒸舂的稻谷粉食，是古时杵臼捣制粢饵的流风。蒙古族等草原文化带上的一些少数民族的手扒肉，无疑是草原放牧生产与生活条件下最简捷便易的方法，而今竟成草原情调的民族独特食品。同样，西南、华中、东南地区许多少数民族习尚的熏腊食品、酸酵食品等，也主要是由于贮存、保藏的需要而形成的风味食品。这也与东北地区人们冬天用雪埋、冰覆，或泼水挂腊（在肉等食料外泼水结成一层冰衣保护）的道理一样。以至北方冬天吃的冻豆腐，也竟成为一种风味独特的食料。因为历史上人们没有更好的保藏食品的方法。因此可以说，饮食文化的民族性，既是地域自然生态环境因素决定的，也是文化生态因素决定的，因此也是一定生产力水平所决定的。

又次，端正研究心态，在当前中华饮食文化中具有特别重要的意义。冷静公正、实事求是，是任何学科学术研究的绝对原则。学术与科学研究不同于男女谈恋爱和市场交易，它否定研究者个人好恶的感情倾向和局部利益原则，要热情更要冷静和理智；反对偏私，坚持公正；"实事求是"是唯一可行的方法论原则。

多年前北京钓鱼台国宾馆的一次全国性饮食文化会议上，笔者曾强调食学研究应当基于"十三亿人口，五千年文明"的"大众餐桌"基本理念与原则。我们将《中国饮食文化史》（十卷本）的付梓理解为"饮食文化圈"理论的认知与尝试，不是初步总结，也不是什么了不起的成就。

尽管饮食文化研究的"圈论"早已经为海内外食学界熟知并逐渐认同，十年前《中国国家地理杂志》以我提出的"舌尖上的秧歌"为封面标题出了"圈论"专号，次年CCTV-10频道同样以我建议的"味蕾的故乡"为题拍摄了十集区域饮食文化节目，不久前一位欧洲的博士学位论文还在引用和研究。这一切也还都是尝试。

《中国饮食文化史》（十卷本）工程迄今，出版过程历经周折，与事同道几易其人，作古者凡几，思之唏嘘。期间出于出版费用的考虑，作为主编决定撤下丛书核心卷的本人《中国饮食文化》一册，尽管这是当时本人所在的杭州商学院与旅游学院出资支持出版的前提。虽然，现在"杭州商学院"与"旅游学院"这两个名称都已经不复存在了，但《中国饮食文化史》（十卷本）毕竟得以付梓。是为记。

夏历癸巳年初春，公元二〇一三年三月

杭州西湖诚公斋书寓

目 录

第四章 | 秦汉时期　　　/103

第五章 | 魏晋南北朝时期　　　/123

中国饮食文化史

西北地区卷

32

第一章 概述

　　中国是世界上最古老的文明古国之一，中华文明是人类历史上有数的独立起源的古文明之一，有着从未间断的绵延历史。在源远流长的中华文化中，西北地区的饮食文化担当了非常重要的角色。从距今8000年的伏羲时代开始，生生不息传承至今。

　　伏羲是华夏民族的人文始祖，一说起源于祖国几何中心的甘肃省天水市，并由此向周边地区传播。伏羲时代已经由传统的自然采集及渔猎经济向定居的农牧业经济过渡，创造了诸多的饮食文明。其中粮食作物"黍"与"粟"的人工栽培，成为主要的食物来源，包括菜籽油的食用。在发展农业的同时，肉类生产也有了快速的发展，以人工饲养猪、牛、羊、鸡、狗等家畜为代表，使日常的饮食生活平稳有序。而传统采集和渔猎活动的继续，使西北地区的饮食生活多姿多彩，极大地丰富了饮食文化的内涵。随着丝绸之路的开通，西北地区最先享受到西方饮食文化的成果，外来文化和食物品种的传入，使这里的饮食文化具有了鲜明的特点。胡食的兴起，香料的广泛使用，多民族的团结融合，清真饮食文化的异军突起，使得西北饮食文化色彩斑斓，独树一帜。

　　悠久的中国饮食文化，与世界饮食文化一样，大体经历了由"茹毛饮血"到今天各具特色的现代饮食文化。在漫长的历史发展过程中，中国的饮食文化始终处于世界饮食文化的领先地位，大体从距今1400万年的开远腊玛古猿开始，历经了距今250万年的"东方人"①、距今204万—201万年间的"巫山人"②、170万年前的"元谋人"③、距今65万—50万年间的"蓝田人"④、距今60万—50万年间的"北京猿人"、35万年前的"南京人"、距今20万—10万年间的辽宁"金牛人"、距今10万—5万年间的"许昌人"、距今4万—1万年间的北京"山顶洞人"等，以及当代著名历史学家李学勤先生提出的"远古的伏羲、炎帝时期"⑤，文献记载以黄帝为代表的"五帝时期"⑥、距今4070年的夏王朝时期⑦、1911年推翻帝制后的民国时期，一直延伸到改革开放的21世纪，形成了一个完整的饮食文化进化体系。从中华先民们使用火，并用火烧熟食物开始，发展到今天，特别是从夏王朝以来的传统农业社会，在"以农为本"的国策引领下，饮食文化提升到了前所未有的地位，人们对饮食文化产生了全新的认识。

一、西北地区的区划构成

中国地大物博，幅员辽阔，地理纬度与气候大不相同，因此中国的饮食文化又呈现出不同的地域特色。我国的自然地理状况是西高东低南北不同。从西至东呈三级阶梯，其中最高的第一阶梯便是西部的青藏高原；第二阶梯为向北向东下降的一系列高原和盆地，包括西部的黄土高原；第三阶梯为大兴安岭、太行山、

---

① 云南省博物馆：《十年来云南文物考古新发现及研究》，《文物考古工作十年》，文物出版社，1991年，第273页。

② 四川省文物管理委员会、四川省文物考古研究所：《四川省文物考古十年》，《文物考古工作十年》，文物出版社，1991年，第251页。

③ 云南省博物馆：《十年来云南文物考古新发现及研究》，《文物考古工作十年》，文物出版社，1991年，第273页。

④ 陕西省考古研究所：《十年来陕西省文物考古的新发现》，《文物考古工作十年》，文物出版社，1991年，第294页。

⑤ 李学勤：《深入探讨远古历史研究的方法论问题》，《炎帝·姜炎文化与和谐社会》，三秦出版社，2007年，第1页。

⑥ 司马迁：《史记》，中华书局，1959年，第1页。

⑦ 夏商周断代工程专家组：《夏商周断代工程1996—2000年阶段成果报告》，世界图书出版公司，2000年，第86页。

巫山等一线以东的平原及丘陵。按照饮食文化是地域文化的理论，本书重点述及西北地区的饮食文化，地区涵盖甘肃省、宁夏回族自治区、青海省和新疆维吾尔自治区（简称甘、宁、青、新）。

1. 政治意义上的"西北"

从单纯的地理位置而言，西北地区的甘、宁、青、新位于中华人民共和国的中部及西部地区，范围在东经73°40′～108°40′，北纬31°～47°10′之间。而甘肃省的兰州市则处于祖国的地理中心，现在之所以称作西部、西北、大西北或小西北者，是政治概念上的西北，是以传统的政治中心为坐标的。具体而言，就是以当时的王城为中心，向四面八方辐射，所以不同的地区在不同的时代背景下，有着不同的方位之称。

如，殷商之际，中央王朝的中心在殷墟（今河南安阳一带），华山以西均称之为"西"。

公元前770年，周平王东迁洛阳，洛阳又成为东周的政治中心，以嵩山为中岳，区分东南西北。公元前221年，秦始皇统一六国，建都咸阳，"则五岳、四渎皆并在东方"[①]。汉代秦而立，建都长安，中心又回到了关中。

唐代以后，随着政治中心向东南转移，甘、宁、青、新地区便被固定在西北的概念之中，直到今天。目前西北地区的基本情况是：

土地面积：甘、宁、青、新地区共有土地面积290.31万平方公里，占全国国土总面积960万平方公里的30.24%；其中，甘肃耕地面积5329.67万亩；宁夏耕地面积894万亩；青海耕地面积为884.5万亩；新疆耕地面积为6055.81万亩。

人口分布：根据甘、宁、青、新四省（自治区）发布的年度报告，截止到2010年年末，甘肃全省总人口为2716.73万人；宁夏全区总人口630.14万人；青海全省总人口562.67万人；新疆全区总人口2208.71万人。

---

① 司马迁：《史记》，中华书局，1959年，第1371页。

2010年年末，甘、宁、青、新地区总人口为6118.25万人，占2010年年末全国总人口13.41亿人的2.1918%。就人口与土地面积比而言，西北地区真正是地大物博而人口密度又小于全国平均数的地区，有着极大的发展空间和良好的可持续发展前景。

2. 地域文化的单元划分

著名的丝绸之路从四省区经过，作为欧亚大陆桥的交通干线及文化交流的首惠地区，对于中国饮食文化与国际间的交流发展曾起过相当重要的作用。

古老的中国饮食文化，因受到地理环境的长期制约，形成了以秦岭至淮河流域为自然分界线的南稻北粟的饮食文化大区。但是，从地理和人文的文化角度考察，还可以细分成许多小区，依照史学家徐苹芳、安志敏等先生的观点，则可分成22个特色鲜明的地域单元文化，它们分别是：

（1）以陕西省为中心的"三秦文化"；

（2）以河南省为中心的"中州文化"；

（3）以河北省为中心的"燕赵文化"；

（4）以山西省为中心的"三晋文化"；

（5）以山东省为中心的"齐鲁文化"；

（6）以辽宁省、吉林省、黑龙江省为中心的"关东文化"；

（7）以湖北省、湖南省为中心的"荆楚文化"；

（8）以江苏省、浙江省为中心的"吴越文化"；

（9）以安徽省为中心，包括江苏省北部、山东省及河南省南部地区的"两淮文化"；

（10）以江西省为中心的"江西文化"；

（11）以四川省、重庆市为中心的"巴蜀文化"；

（12）以广东省为中心的"岭南文化"；

（13）以广西壮族自治区为中心的"八桂文化"；

（14）以福建省为中心的"八闽文化"；

（15）以台湾省为中心的"台湾文化"；

（16）海南省的"琼州文化"；

（17）以云南省为中心的"滇云文化"；

（18）以贵州省为中心的"黔贵文化"；

（19）以内蒙古自治区为中心的"草原文化"；

（20）以甘肃省、宁夏回族自治区为中心的"陇右文化"；

（21）以新疆维吾尔自治区为中心的"西域文化"；

（22）以青海省、西藏自治区为中心的"青藏文化"。

上述22个地域单元文化，是在自然与人类活动共同作用下形成的。饮食文化的发展首先是受地理环境等自然条件的制约，地理环境对于一个民族或一个国家社会的发展，可以起加速或延缓的作用。由于甘、宁、青、新地区均在与陕西分界的陇山以西，所以历史上又通称为"陇右地区"。张衡《西京赋》认为陇山起着"隔阂华戎"的作用，一句话道出了西北地区的文化特色。

西北地区广袤的土地、多民族的聚居，以及丰富的考古发现，形成了色彩绚丽的西北饮食文化。若按上述的地域文化单元划分，西北四省区应分别属于"陇右文化""西域文化"和"青藏文化"的范畴。

3. 生态环境与物产

一方水土养一方人，人类的发展离不开自然环境，饮食文化的发展同样依赖于自然环境和人文环境。甘、宁、青、新地区有着独特的自然地理特点，它处于中国自西向东、由高至低地势的第一、二阶梯。这里有世界最高的青藏高原和本区域最高点——海拔6860米的昆仑山布喀达板峰。高大山川纵横绵延，有秦岭、祁连山、昆仑山、唐古拉山、阿尔金山、巴颜喀拉山、贺兰山；有天山、阿尔泰山、喀喇昆仑山等。这里大川密布，是长江、黄河、澜沧江的发源地，被誉为"江河源头"和"中华水塔"。塔克拉玛干沙漠、白龙堆沙漠、腾格里沙漠以及一望无际的戈壁滩与青海湖、博斯腾湖、赛里木湖等错落分布。这里分布着准噶尔盆地、塔里木盆地、焉耆（qí）盆地、吐鲁番盆地、青海湖盆地、共和盆地、西宁盆地，还有宁夏平原、河湟谷地和令人瞩目的黄土高原，以及一个个农业区和中国五大牧区中的甘南牧区、宁夏牧区、青海牧区、新疆牧区与戈壁滩上大大小小的绿洲。

复杂的高原地形和典型的大陆性气候，使本地区形成了以平原、谷地、绿洲为特色的农业经济，和以山地、草原为特色的牧业经济，共同构成了丰富多彩的饮食文化。

西北地区的黄土高原是中国农业文明的发祥地之一，8000年以来一直是传统的麻、黍、稷、麦、菽等谷物的种植区。特别值得关注的是，在甘肃民乐县东灰山发现的距今4000多年的小麦等5种作物的炭化籽粒，是我国境内年代最早的小麦标本，引发了小麦到底起源于中国还是从西方国家引进的讨论。毫无疑问，小麦在西北地区的广泛种植与推广，对整个中国饮食文化的发展有着十分重要的意义。

甘、宁、青、新地区由于地域跨度大，海拔高度差异明显，故气候条件复杂多变。其中：

甘肃："全省平均气温在0℃～15℃之间，分布趋势大致自东南向西北递减"[1]；甘肃是干旱少雨的省份，其"年降水量约在35～810毫米之间。空间分布自东南向西北递减，大致为东南多，西北少，中部有个少雨带，河西走廊平均降水40～200毫米，最少的敦煌，年平均降水39.7毫米，是全省也是全国降水量最少的地区之一。"[2]※

---

[1]《中国农业全书·甘肃卷》编辑委员会：《中国农业全书·甘肃卷》，中国农业出版社，1997年，第20页。

[2]《中国农业全书·甘肃卷》编辑委员会：《中国农业全书·甘肃卷》，中国农业出版社，1997年，第27～28页。

※编者注：为方便读者阅读，本书将连续占有三行及以上的引文改变了字体。对于在同一个自然段（或同一个内容小板块）里的引文，虽不足三行但断续密集引用的也改变了字体。

甘肃干旱半干旱的自然条件，成为以种植小麦、玉米、谷子、高粱、黄豆以及薯类为主的主产区。祁连山高寒半干旱区、甘南高寒湿润区，则以种植小麦、青稞、燕麦、蚕豆、春麦、豌豆、马铃薯、油菜以及饲料作物和耐寒作物等为主。

甘肃的经济作物有油料、甜菜、棉花、中药材、麻类、烟草、蔬菜、瓜果等。

在传统农业经济当中，发源于甘肃的农作物就有：黍、粱、麻、麦（小麦、大麦）。其中黍发源于8000年前的甘肃秦安地区；小麦、大麦和粱，发源于5000多年前的甘肃民乐地区。麻作为古代重要的食用作物，最早发现于甘肃省东乡林家马家窑文化遗址，同样距今已有5000多年的历史。

特殊的地理环境，使甘肃的饮食自古以来就呈现出多样化的特点。农业区以面食为主，如敦煌黄面、炸油糕，庆阳的臊子面、荞麦饸饹面，天水的酿皮、荞麦凉粉、呱呱、搅团、浆水面，张掖的搓鱼面、羊肉粉皮面筋，兰州的炒面片、拉条子、清汤牛肉拉面等，即使是今天的品牌，也都镌刻着历史的印记。

以甘南为代表的牧区，主要的生计方式是放牧牛羊，其饮食生活以吃牛羊肉、奶酪、喝牛羊奶为主，面食则以糌粑（zānbā）为主要食品。

宁夏："全省平均气温在5℃～9℃之间，呈北高南低变化趋势"[①]。其"年平均降水量为178～680毫米，南多北少"[②]。千百年来宁夏有着"天下黄河富宁夏"的说法，这里除了传统的谷物生产之外，还大量种植水稻，有"塞上江南"之美称。

宁夏牧区自西夏时期就以产羊而久负盛名，此地草肥水美羊群壮，今人赞美道："这里的羊吃的是中草药，喝的是矿泉水，羊肉肥而不腻、鲜而不膻"。特别是生活在这里的回族同胞，十分讲究卫生，除个人卫生、家庭卫生外，饮食卫生尤其讲究，处处突出"洁净"二字。体现出"以养为本，以洁为要，以德

[①]《中国农业全书·宁夏卷》编辑委员会：《中国农业全书·宁夏卷》，中国农业出版社，1998年，第8页。
[②]《中国农业全书·宁夏卷》编辑委员会：《中国农业全书·宁夏卷》，中国农业出版社，1998年，第9页。

为先"①的饮食理念，创造出著名的手抓羊肉、烩羊杂碎、涮羊肉、牛羊肉泡馍、蒸糕、油香、馓子等特色的清真美食。还有"三炮台""八宝茶"等盖碗茶，成为宁夏回族茶文化的又一大特色。

青海："全省年平均气温在6℃～9℃之间，东部的黄河、湟水谷地与柴达木盆地为高温区，青南高原和祁连山区为低温区"；而"极端最低气温，黄、湟谷地一般低于-24℃，青南高原的玛多为-48.1℃"。② "青海多年平均降水量为16.7～776.1毫米。降水量的分布由东南向西北渐次减少"③。

青海位于青藏高原，气候条件比较差，农作物以传统的小麦、青稞、马铃薯、豌豆、蚕豆、油菜六大作物为主。

青海的面食颇具特色，其中以馄锅馍馍、拉条子、烩面片、尕面片、狗浇尿油饼等为特色食品。肉食以烤羊肉、五香牛肉干（牦牛）、爆焖羊羔肉等最为有名。

青海以畜牧业为主要经济类型，是中国传统的肉食生活区。形成了极具特色的饮食生活，藏族同胞的糌粑、牦牛肉以及奶酪食品，还有酥油茶、青稞酒，成为西北地区饮食文化的特色符号。

新疆："新疆远离海洋，东、南、北三面环山，气温变化剧烈，属典型的大陆性干旱气候，其中北疆为温带大陆性干旱气候，南疆为暖温带大陆性干旱气候"。新疆"年平均气温：北疆年平均气温为2.5℃～5.0℃，南疆年平均气温为10℃左右，吐鲁番较高，可达14℃"。其中"年降水量北疆为255毫米，南疆为160毫米"。④ 新疆地域辽阔，气候变化大，吐鲁番的夏天最高温度可达到39.9℃。日照时间长，光合作用好，非常有利于农作物的生长，尤其是瓜果。伊宁的苹果、蟠桃，吐鲁番的葡萄，哈密的瓜，甘甜可口，名满天下。

新疆是我国著名的牧业生产区，草原广阔，水草肥美，牛羊成群，传统的肉

---

① 杨柳主编：《中国清真饮食文化》，中国轻工业出版社，2009年。
②《中国农业全书·青海卷》编辑委员会：《中国农业全书·青海卷》，中国农业出版社，2001年，第9页。
③《中国农业全书·青海卷》编辑委员会：《中国农业全书·青海卷》，中国农业出版社，2001年，第12页。
④《中国农业全书·新疆卷》编辑委员会：《中国农业全书·新疆卷》，中国农业出版社，2000年，第9页。

类主要有羊肉、牛肉、鸡肉、鱼肉等，特别是羊肉比较多。新疆的烤羊肉、烤全羊、大盘鸡、烤羊肉串等菜肴，奶制品中的乳酪、酸奶、奶干、奶皮子、奶油，面食中的薄皮包子、油塔子、油馓子、馕，以及手抓饭、米肠子、面肺子等都是闻名遐迩的美味佳肴。

二、西北地区农耕文明的肇始与创新

丰富多彩的西北地区饮食文化，有着悠久的历史和诸多的文化亮点。

1. 食材培育的领先者

就食材培育而言，除了前文所述的中国境内发现年代最早的小麦标本——甘肃民乐东灰山炭化小麦外，西北地区还有三个第一。

首先，1980年在甘肃秦安大地湾一期文化遗址中，发现了距今8000年的已经炭化的粮食作物黍和油菜籽，这是中国考古发现中年代最早的标本，对于饮食文化的理论研究具有十分重要的意义。

其次，考古发掘中发现了8000年前西北地区的饮食中已经出现了羊肉，同样是目前国内考古发现中最早的羊的标本。羊，肉质鲜美，即所谓"羊大为美"，因而传统饮食中的羔、美、羞（馐）、羹都与羊有关。羊是人类重要的饮食资源之一，在中国的饮食文化中有着十分重要的地位。

再次，更令人惊奇的是，还发现了8000多年以前西北地区同时出现了养殖鸡肉，成为中国家庭养鸡的最早记录。西北地区家鸡的发现，为深入探讨家鸡的起源提供了重要的年代依据和实物证据。

2. 八卦与农耕文明

西北地区最引人骄傲的是农业文明的产物——八卦。

甘、宁、青、新地区历史悠久文化灿烂，人文历史最早可以追溯到远古的伏羲时代。伏羲是西北农耕文化的代表人物，他对人类文明进步做出最伟大的贡献就是发明了八卦，他发明八卦的卦台山至今遗址尚在。《易·系辞下》称：

古者包牺氏之王天下也，仰则观象于天，俯则观法于地，观鸟兽之文，与地之宜，近取诸身，远取诸物，于是始作八卦，以通神明之德，以类万物之情。作结绳而为罔罟（gǔ），以佃以渔，盖取诸《离》。

作为最早的文献记录，表现出伏羲既是普普通通的劳动者，同时又是代表着一个时代的发明家，所说观天、察地、视人、取物，其实也就是一个学习、积累、创造与升华的过程。

"作结绳而为罔罟"，就是发明渔猎之网以捕获更多的渔猎之物，较之于用石球、树权捕鱼要先进得多。所以《潜夫论》说："结绳为网以渔。"《古史考》亦载："伏羲作罔"。

"以佃"者，佃，狩猎之意，就是教民捕猎。

"盖取诸《离》"者，乃是六十四卦中的"离"卦。其意为："《彖》曰：离，丽也。日月丽乎天，百谷草木丽乎土。重明以丽乎正，乃化成天下。柔丽乎中正，故亨，是以'畜牝牛吉'也。"该卦是说如日月附丽于天，能普照天下；百

图1-1　位于甘肃麦积区的卦台山，是伏羲画八卦的地方，距今已有8000年的历史

谷草木附丽于地，能使五谷生殖，又能饲养动物发展畜牧。这是先民们生产生活的真实写照。

创造，是人类发展进化的重要表现，在远古时期也可视之为向大自然索取的一种手段。伏羲之所以被尊为中华民族的人文始祖，其原因之一就是他的发明与存在是社会发展的需要，否则早就被人遗忘了。有关专家指出："神话学家们已经发现，不少神话中的神与文化英雄，都是实有其人，他们常常是一个民族的始祖，或者是在民族历史上作出过特殊贡献的人物。"[1]

八卦，是农耕民族的产物，与饮食文化有着密不可分的关系，之后也衍生出了许多民俗现象。

八卦为：乾、坤、震、艮、离、坎、兑、巽，对应为：天、地、雷、山、水、火、泽、风。可以认为"八卦就是八大类象征"[2]，内涵之丰富囊括了当时人们对客观世界的最高认识，包括天文学在内。在中国科技发展史上，最发达的就是中国古代的天文历法，它是我们这个传统农业国家的象征。学者谢世俊先生认为，"用恒星天空星象定节气，以八卦为符号"[3]，并专列一表予以说明：

八 卦	震	巽	离	坤	兑	乾	坎	艮
方 位	东	东南	南	西南	西	西北	北	东北
节 气	春分	立夏	夏至	立秋	秋分	立冬	冬至	立春

八卦实际上是先民们在农业生产过程中长期以来形成的一种对事物、对自然、对宇宙认识的方法。数字"八"之所以被重视和神圣化，"并不是直接源于明显的特别有影响的自然事物，而是出于人类的智慧思维"[4]。因此，八卦代表着社会与生活的各个方面，其中农业文明和饮食文化就与天文历法有关，是日积月

---

[1] 陈建宪：《神话解读》，河北教育出版社，1997年，第87页。
[2] 吴慧颖：《中国数文化》，岳麓书社，1995年，第444页。
[3] 谢世俊：《节气史考源》，《寻根》，1998年第2期。
[4] 王红旗：《生活中的神妙数字》，中国对外翻译出版公司，1993年，第233页。

累长期形成的。有专家认为："'八卦'指由四时分化而成的冬至、立春、春分、立夏、夏至、立秋、秋分、立冬八个节气……所以在古人的观念中，八节、八风、八方和八卦的含义都是相通的。"[①] 例如，两分（春分、秋分）两至（夏至、冬至）是中国古代最重要的节气，精确的节气不但有助于当年农业生产的安排，而且又与日常的生活息息相关。自汉代以来，每年都要举行迎春礼的仪式，并且越来越隆重，其中也包括我们今天举国欢度的春节。

3. 迎春与饮食

春种一粒粟，秋收万颗子。春天是万物发芽生长的季节，对于农业民族而言意义非常重要。只有春种才会有秋收，只有秋天的丰收，人们才有可能吃饱肚子。所以，自古以来人们对于春天寄予了无限的希望。

司马迁在《史记·太史公自序》中说："夫春生夏长，秋收冬藏，此天道之大经也，弗顺则无以为天下纲纪，故曰：'四时之大顺，不可失也'。"《吕氏春秋·务大》称："古先圣王之所以导其民者，先务于农。民农非徒为地利也，贵其志也。民农则朴，朴则易用，易用则边境安，主位尊。民农则重，重则少私义，少私义则公法立，力专一。"古代对农业的重视，还表现在每年春天君主都要亲自务农，每年统治者亲耕时都要举办一种仪式[②]。如《史记》记载汉文帝就于正月下诏曰："农，天下之本，其开籍田，朕亲率耕，以给宗庙粢盛。"正是重视农业生产的表现。

春天注重农业生产是中国古老的文化传统，根据《礼记·月令》记载："是月也，以立春。先立春三日，大史谒之天子曰：'某日立春，盛德在木。'天子乃齐。立春之日，天子亲帅三公、九卿、诸侯、大夫，以迎春于东郊。还反，赏公、卿、诸侯、大夫于朝。"说明早在3000年前的周朝，先民们就已经在立春的这一天举行祭祀活动了。祭祀的地点在东郊，祭祀的神主叫"句芒"，亦称"芒

---

① 蔡运章：《河图洛书之谜》，《文史知识》，1996年第3期。
② 杨宽：《"籍礼"新探·笃志集》，上海古籍出版社，2000年，第139页。

神"，是掌管农业的春神。祭祀"句芒"非常隆重，天子在前三天就要斋戒，到了立春之日便率领文武百官到八里外的东郊迎接春天，祈求年丰。《吕氏春秋·孟春》所谓"王布农事，命田舍东郊"，即"籍田""籍礼"。

有些地方还雕塑土牛，官员用鞭子鞭打土牛，鼓励春耕。当土牛被打碎后，人们将碎土块带回家，即有民谚"春官鞭春牛，来年定丰收"。

常言道"一年之计在于春"，所以春天的活动特别多。如西北地区祭祀土地的春社活动，及乡村迎接春天的喜神活动等。特别是"二月二"，被称之为"龙抬头"，这一天西北地区的妇女们不允许动针线，据说动针线会把龙的眼睛刺伤。龙是中华民族的精神图腾，民间认为，龙不但变化无穷而且掌管着水的分配，散布于全国各地数以万计大大小小的龙王庙就是最好的见证。春天是播种的时节，在中国西北地区恰好又是缺雨干旱的季节，俗语说"春雨贵如油"，因此，人们就祈求龙王爷行云布雨，期盼风调雨顺五谷丰登。

"二月二"之后是"三月三"，为"上巳节"，是春天影响最大的节日，先秦时期就很流行，被称为"被禊（fúxì）"。"被禊"是一种除灾求福的礼仪，人们要到水边去洗濯，以祈求平安。今天在不少地方还有三月三泼水的习惯，实际上正是先秦"被禊"的延续与发展。告诫人们在尽情游玩之时，也不忘保护环境爱护植被。这一天在吃饭或者举行宴会时有"不可食百草心"之民俗①，就是提醒人们要爱惜刚刚生长出的幼苗，古人的这种生态意识值得今人学习。

在青海，春天要进行"开犁祭"的活动，表示一年农业生产的开始。"开犁祭"就是在开犁的当天，牵上耕牛并将牛角涂成红色，人们到田里后要下跪、焚香、放鞭拜天地，祈求丰收。然后，架牛犁先在田中央逆时针犁一圈，再在圈里犁上一个十字，形成一个"田"字，仪式到此结束。②"田"是农民的命根，也是生存的依靠。

---

① 段成式：《酉阳杂俎》，中华书局，1981年，第105页。
② 朱世奎、周生文、李文斌主编：《青海风俗简志》，青海人民出版社，1994年，第3页。

西北地区在春天还要吃"春饼"，白居易有"二日立春人七日，盘蔬饼饵逐时新"①的诗句。人们还要炒各种各样的豆子，庆祝春天的到来。

4. 食礼同道的饮食观

现代考古发现证明，西北地区有着8000多年连续不断的文化遗存，特别是20世纪80年代天水师赵村和西山坪遗址的考古发现，再一次有力地证明了本地区饮食文化的发展历程。师赵村文化最早距今8000年，最晚距今3000年，有连续5000年的文化遗存。②这里"相当完整地反映了甘青地区新石器时代距今8000年至距今3000年考古文化的发展历程"③，这在中国是唯一的，在全世界也是极为罕见的。所以，我们研究甘、宁、青、新地区的饮食文化，能有着如此完整无缺的饮食文化历史信息，确实是西北地区得天独厚之处，代表着古老的中华文明。

饮食文化的精髓是饮食理念，西北地区饮食文化的观念来自于传统的中国文化，并且有所发展创新。

在中国人眼里，"食"与"礼"息息相关，《礼记·礼运》说："夫礼之初，始诸饮食，其燔黍捭豚，汙尊而杯饮，蒉桴而土鼓，犹若可以致其敬于鬼神。""燔黍捭豚"是说在没有烹煮器的时代，先民们把黍米和肉放在石板上烧；"汙尊而杯饮"，"汙"为小池塘，即在地上挖坑蓄水并且用手捧着喝；"蒉桴而土鼓"，就是用土做成敲鼓的槌来敲击用土做成的鼓，以敬神明。换成今天的话讲，就是说礼最初是由饮食开始的，尽管条件相当简陋，依然非常郑重地敬天敬神。

西北人在祭祀祖先和神灵的时候，祭文的最后一句往往是"伏惟尚飨"，这个"飨"就是"食"，表示接受吃的意思。著名古文字学家裘锡圭先生认为："祭

---

① 彭定求等编：《全唐诗》，中华书局，1999年，第5271页。
② 谢端琚：《甘青地区史前考古》，文物出版社，2002年，第240页。
③ 中国社会科学院考古研究所：《师赵村与西山坪》，中国大百科全书出版社，1999年，第306页。

鬼神可以叫作'食'，鬼神飨祭祀也可以叫作'食'。"①这是对故人和神灵崇敬的具体做法，一直延续到今天。表明人类在进化的过程中通过饮食行为和饮食规范不断强化文明，这就是传统中的礼。在西北人的践行中，反映出食与礼是同道的，即礼从食出，食礼同道。在中国很多典籍中，也都记载着以"食"来体现君臣上下、长幼尊卑、师道尊严等礼制。

如《礼记·礼器》载："礼有以多为贵者……天子豆二十有六，诸公十有六，诸侯十有二，上大夫八，下大夫六。"再如鼎，天子九，诸侯五，士三等。数量的多少代表着身份的高下，既是食器又是礼制的规定。

又如《管子·弟子职》记载："至于食时，先生将食，弟子馔馈。摄衽盥漱，跪坐而馈。置酱错食，陈膳毋悖。"这段话是说吃饭时老师要先吃，学生后吃。学生要把手洗干净，然后将饭菜送上，跪着将菜摆好，并要按照规矩摆放。

《礼记·曲礼上》称："侍饮于长者，酒进则起，拜受于尊所。长者辞，少者反席而饮。长者举未釂，少者不敢饮。"这段话说的是晚辈陪长辈喝酒的规矩，晚辈要站起来接长辈的酒。如果长辈没有把杯中酒饮干，则晚辈不能饮酒。

这些都说明了中国古代食与礼的关系。

三、西北地区的饮食文化特色

甘、宁、青、新地区饮食文化肇始于距今8000年的伏羲时代，发展于距今6000—4500年间的炎黄时代，引领着早期中华民族饮食文化的发展，至距今4000年以来的夏、商、周三代，与中部地区同步并行。

1. 八千年饮食文化的发展历程

考古资料为我们显示了距今8000年以来西北地区饮食发展的概况，以著名的

① 裘锡圭：《古代文史研究新探》，江苏古籍出版社，1992年，第144页。

大地湾一期文化为代表。其特点为当时的先民们已经食用人工栽培的谷物：黍、粟以及油菜籽和葫芦等，并且食用家庭饲养的动物：猪、牛、羊、狗、鸡等肉食，开创了西北地区饮食文化的先河。同时传统的渔猎活动仍然在继续，当时渔猎的主要对象是：鱼、龟、蚌、鹿、马鹿、麝、狍、野猪、黑熊、狸、猕猴、竹鼠、鼠、鼢鼠等，同时进行一些采集，以满足日常饮食生活的需要。从而揭示出远古时期先民们大体的生存状况，反映出西北先民丰富多彩的饮食生活。

夏商周时期，西北地区"药食同源"的思想开始体现，如昆仑山奇特食材当中的璇瑰、芍药等一些中药材，进入了百姓的日常饮食，成为以食疗疾的早期实践。

由于民族众多，个性突出，西北地区形成了独具特色的饮食文化，其中又以地方性的齐家文化的肉食、饼、粥、面条等食物品种为代表。特别是青铜食物加工工具的广泛使用，拓宽了饮食加工的范围，而刀、匕等进食工具的使用，又带来了进餐时的便捷，特别是对于以食肉为主的古羌族。今天草原上的蒙古族人、维吾尔族人用刀子吃烤全羊时，粗犷豪放地大块吃肉大碗喝酒的场面，即是古代先民之遗风。

尤其是距今4000年的青海喇家面条的发现，将我国食用面条最早记录的东汉时期前提了两千多年，是当今世界上发现最早的面条，这一项了不起的发现，是中华民族对世界饮食文化的一大贡献。

秦汉时期西北地区由于丝绸之路的开通，中西交流空前发展，使一些新的食材进入本地区，极大地丰富了食物的品种。人们熟知的胡桃、蚕豆、石榴、芝麻、无花果、菠菜、黄瓜、大蒜、红蓝花、胡葱、胡麻、葡萄等多品种蔬果，以及调味品胡荽、胡椒、孜然（也叫安息茴香、野茴香）等的使用，为炙、炮、煎、熬、蒸、濯、脍、脯、腊等传统烹饪技艺的发展提供了空间，西北地区逐步形成了特色鲜明的饮食文化传统。尤其是调味品"孜然"在烤羊肉中的使用，成为饭桌上的传统美食，至今长盛不衰。

魏晋南北朝时期是中国历史上大动荡的时期，但是地处西部的甘、宁、青、新地区却相对安定，饮食文化也得以相对稳定的发展。谷类、肉类、果蔬类食品品种繁多，如传统的大米饭、黍与粟的混合米饭、面条、加入胡麻油的豌豆、黑豆粉的烤饼、煮青稞、煮小豆等，以及烧牛肉、烤羊肉、蒸鸡鸭、奶酪，还有胡萝卜、白萝卜、白菜、菠菜、茄、丝瓜、藕，瓜果类的杏、桃、李、梨等。尤其是内地煎饼、饺子的传入，以及秦州春酒等的广泛饮用，使得饮食品种非常丰富。

隋朝（公元589—618年）是个十分短暂的朝代，从统一到灭亡前后不过30年，但是，隋朝之后却是中国历史上最强盛的大唐盛世。

大气磅礴的唐朝是兼容并蓄的强盛王朝，唐朝善于接受外来文化，此时胡食风行西北，胡饼等成为时尚。另外，吐蕃的兴起、吐谷浑的衰落、伊斯兰教的传入带来了清真饮食文化的兴起，以及以素食为主的佛教饮食文化等，极大地丰富了西北地区饮食文化的内容，使其成为极具特色的饮食文化。

宋朝西北地区开始远离政治中心，饮食文化发展放缓，但是，炸、炒、炙、煮、蒸、烤、煎、煨、熬、烧、爝（āo）、焐、燠（yù）、焐（wǔ）、氽等烹调技艺仍可圈可点，以饭、粥、面条、饼、馒头、包子、饺子等面食制作的平民化饮食逐渐形成。

元朝虽然统治时间不算长，但对甘、宁、青、新地区的饮食习惯影响还是很大的，如"秃秃麻食""雀舌子"等食品的出现。另外，在面食与肉食的搭配上，尤其是与羊肉的搭配成为一大亮点。同时，西北地区的"马奶子酒""驼蹄羹"成为长盛不衰的美味佳肴。

明清民国时期是我国饮食文化的成熟期，但是由于西北地区愈加远离了政治与经济的中心，经济文化落后的局面开始显现。但多民族饮食文化的特色始终保持，其中清真饮食文化、蒙古族饮食文化等成为中国饮食文化的佼佼者。其民族食品烤羊肉、手抓羊肉、牛羊肉夹馍等成为脍炙人口的名食。

纵观历史八千年，西北地区有着辉煌的饮食文化历史，自伏羲肇始饮食文明以来，历经炎黄及五帝，直到夏商周时期，文明程度一直在中国的前列。先民们在人与自然的和谐环境中不断发展，在人和、地利、天时中合理利用丰富的自然资源,逐渐形成了以农业经济为主体、畜牧渔猎为辅的生计方式,并在发展中不断地影响着周边地区,开创了西北地区饮食文化之滥觞。但是,由于唐朝以后中国的政治中心和经济中心移向东方,西北地区不可否认地开始落伍,宋朝以后无大建树。这是一个客观的历史事实。

2. 浓郁的民族特色

由于历史的原因,形成了西北地区多民族共存的特点,自夏商周以来,甘、宁、青、新地区在隶属中央王朝的同时,有若干个大小不等的地方性政权建置,如羌、氐、匈奴、胡、鲜卑、高昌、回鹘、突厥、仇池及条支、小安息、小月氏、党项、白兰、吐蕃、坚昆、白狗、丁令、羌无戈、湟中月氏、吐谷浑、乙弗敌、宕昌、邓至等①,他们有着很大的势力,强盛时几乎主宰着这一地区。直到今天西北地区仍然是多民族的聚居区。

目前,甘肃全省共有45个民族,其中人口在千人以上的有汉、回、藏、东乡、土、满、裕固、保安、蒙古、撒拉、哈萨克11个民族,此外,还有34个少数民族。宁夏是国内唯一的回族自治区,区内还有满、蒙古、壮、朝鲜、东乡、藏、维吾尔、苗、彝等31个民族。青海也是一个多民族聚居的省份,主要民族有汉族、藏族、回族、蒙古族、撒拉族、土族等43个民族。新疆共有47个民族,其中世居民族有13个:维吾尔族、汉族、哈萨克族、回族、柯尔克孜族、蒙古族、塔吉克族、锡伯族、满族、乌孜别克族、俄罗斯族、达斡尔族、塔塔尔族。正因为如此,西北地区的饮食文化才呈现出异彩纷呈的特色和琳琅满目的食物品种。

以新疆美食为例,新疆牧区的饮食习俗是"把牛奶制成奶油、奶皮子、奶疙瘩、奶豆腐、酸奶子和奶油等,味道各有不同,别有风味",还有烤包子,"用面皮内包羊肉洋葱做成不规则扁平四方形,大小如掌心,贴于烤坑内烤制而成,香酥味美,便于旅行携带",以及烤羊肉串"是最富有新疆民族特色的风味小吃,

---

① 乐史:《太平寰宇记》卷一五〇,江苏广陵古籍刻印社,1991年。

已风靡全国，其味鲜美，独具特色，其制作是鲜羊肉切成小块穿在铁钎子上，放在炭火烤肉炉上并撒上调味品烤熟"等。①

宁夏"回族的风味小吃，有清汤羊肉、羊羔肉、手抓羊肉，牛羊肉夹馍、烩羊杂碎、酿皮、白水鸡、切糕等。煎制食品有油香、油饼子和馓子。"宁夏茶俗有特色，"常见的茶具为盖碗，上有盖，下有托盘，又名'三炮台'。茶有红糖砖茶、白糖清茶、冰糖窝窝茶。名贵的'八宝茶'除茶叶外，有枸杞、红枣、核桃仁、芝麻、果干、桂圆、冰糖。常饮能延年益寿，多为回族老人所喜爱"②。

正是这些多民族灿烂的饮食文化才构成了西北地区的饮食特色，作为珍贵的饮食文化财富，是可持续发展的宝贵资源。

---

① 《中国农业全书·新疆卷》编辑委员会：《中国农业全书·新疆卷》，中国农业出版社，2000年，第303页。
② 《中国农业全书·宁夏卷》编辑委员会：《中国农业全书·宁夏卷》，中国农业出版社，1998年，第270页。

第二章 远古时期

中国饮食文化史

西北地区卷

中国西北地区甘肃省、宁夏回族自治区、青海省和新疆维吾尔自治区的饮食文化史，从目前的考古发现看，至少可以追溯到距今6万年的甘肃大地湾遗址。刷新了古人类在甘、宁、青、新地区活动记录的时间上线。"对这些遗物的研究显示，古人依次经历了原始狩猎采集、发达狩猎采集、大地湾一期原始农业和仰韶早晚期成熟的农业四个经济发展阶段。专家们认为，人类自距今6万年就进入到大地湾地区，成功度过了寒冷的末次盛冰期并延续下来，使用先进细石器技术的狩猎采集人群可能随末次盛冰期的来临向南迁徙到这一地区，在大地湾地区开始了原始的粟作农业，并大约于仰韶晚期发展成成熟的粟作农业。"[1]在距今3万多年的甘肃省武山县鸳鸯镇西南大林山，发现了保存较完整的早期人类化石[2]，还有甘肃陇东高原上的环县楼房子、刘家岔、庆阳巨家塬、镇原黑土梁、姜家湾、寺沟口等旧石器时代文化遗存[3]；距今3.1万—2.5万年的宁夏回族自治区的灵武水洞沟旧石器时代遗存[4]，以及中卫长流水等中石器时代文化遗存[5]。

---

① 《大地湾考古又获重大发现6万年前就有先民》，《兰州晨报》，2009年8月13日。
② 《六盘山以西发现早期人类化石》，《新华文摘》，1987年第4期。
③ 甘肃省博物馆：《甘肃文物考古工作三十年》，《文物考古工作三十年》，文物出版社，1979年，第39页。
④ 庄电一：《五次发掘：水洞沟有多少秘密》，《光明日报》，2012年5月11日。
⑤ 宁夏文物考古研究所：《宁夏文物考古工作十年》，《文物考古工作十年》，文物出版社，1991年，第334页。

图2-1 旧石器时代研磨棒和研磨器，青海省贵南县拉乙亥遗址出土，距今10000年以上（《中国少数民族文化史图典·西北卷下》，广西教育出版社）

在青海省的贵南县拉乙亥乡、柴达木盆地的小柴旦湖滨、青海湖南岸黑马河边，也发现了距今6.7万—1万年的旧石器时代晚期或新石器时代早期的文化遗存[①]。其中在贵南县拉乙亥遗址就发现了旧石器时代晚期加工粮食作物的研磨棒和研磨器。在新疆维吾尔自治区乌鲁木齐的塔什库尔干发现了距今至少1万年的旧石器时代的文化遗存[②]，在柴高铺、哈密七角井等地发现了距今1万—7000年左右的中石器时代文化遗存[③]。考古资料为我们显示了距今1万—7000年的西北地区人类生活的发展概况，从而揭示出远古时期先民的大体生存状况，展示了先民们丰富多彩的饮食生活。

第一节 发轫于伏羲时期的饮食文化

考察甘、宁、青、新地区饮食文化的起源，目前基本上能够说清楚的是从距

---

① 青海省文物考古研究所：《青海近十年考古工作的收获》，《文物考古工作十年》，文物出版社，1991年，第327页。

②《塔什库尔干县吉日尕勒旧石器时代遗址调查》，《新疆文物》，1985年第1期。

③ 新疆文物考古研究所：《新疆文物考古工作十年》，《文物考古工作十年》，文物出版社，1991年，第344页。

今8000年的伏羲时期开始。本书之所以提出从远古时期的伏羲开始，而不是采用考古学上的"史前时期"，即旧石器时代、新石器时代，其原因就在于：第一，过去被认为是传说时代的"三皇五帝"，在学者们的不断努力下，已经被认同为信史。目前学术界研究的趋势是以中国传统的文化序列作为参照，开拓创新。第二，西北地区的历史具备从伏羲到炎黄及夏商周以来的完整发展历程，再加之借助了一些考古资料，又弥补了文献记载之不足，使我们有足够的条件能说清这段历史。

西北地区的饮食文化传统起源于8000年前的伏羲时代，发展于距今6000—5000年间的炎帝时代和距今5000—4500年左右的黄帝时代。他们虽然分属于各自不同的时代，但研究成果却表明伏羲与炎帝、黄帝同出于渭水流域，考古发现验证了伏羲、炎帝和黄帝的真实存在。

伏羲，亦称伏犧、庖犧、炮牺、宓犧、皇犧等多种称谓，是人而不是神，在考古学上是新石器时代早期的代表，是华夏儿女的人文始祖。

伏羲出生于古成纪，即今甘肃天水，归葬于河南濮阳，是目前比较认同的主流观点。

图2-2　天水伏羲庙
"开天明道"牌坊，公元
1521年所建

据考察，伏羲之"伏"，《说文》称："伏，司也。从人，从犬。"徐铉《注》："司也。今人作伺。"段玉裁《注》："司者，臣司事于外者也。司今之伺字。凡有所司者必专守之。伏伺即服事也。"是说伏羲这个"伏"的本意就是服侍人，为他人服务。

伏羲又有"春皇"之称，所以伏羲又成为古人生殖崇拜的"禖神"。历史学家顾吉辰先生在《伏羲崇拜考述》中认为，"帝王们希望在伏羲神前求生一个男孩，可以接续香火，维系王朝的持久统治"应该是有道理的。

《孟子·告子》里有句名言"食、色，性也。"讲的就是吃饭与性同等重要。可见自古以来饮食与繁殖后代是紧密联系在一起的，即孔子在《礼记》中所说："饮食男女，人之大欲存焉"。

"羲"本意与西部的"羊"有关。"羲"当从"羊"，源于西羌。《说文》称："羌，西戎牧羊人也。从人，从羊，羊亦声。……西方羌从羊。"汉代以前，在西北影响最大、分布广、人口多的民族就是羌人。有专家认为："古羌族分布在云、贵、川、藏、青、甘、陕、新疆、宁夏和内蒙一带，长期从事采集狩猎游牧生活"①。羌人以家庭饲养羊作为主要肉食的来源，所以"羲"从"羊"。"羊"又是美味佳肴，如"羨""羹""美"等都与"羊"有关。

另外，伏羲之所以又称"伏犠"者，"犠"，为祭祀宗庙用的牺牲。《周礼·宰夫》郑玄《注》说："牢礼之法，多少之差及其时也。三牲，牛、羊、豕具为一牢。"据知周礼祭祀用三牲者牛、羊、豕。究其内涵，所称"犠"者，本为取牺牲（包括其他动物）以供食用之意，是原始社会时期先民们生活的真实反映。

从中国饮食文化发展的进程看，《汉书·律历志》载："《易》曰：'炮牺氏之王天下也。'言炮牺继天而王，为百王先，首德始于木，故为帝太昊。作罔罟以田渔，取牺牲，故天下号曰炮牺氏。"炮，类似于今天的烧烤；而牺就是取肉食进行加工。颜师古注引《汉书·古今人表》说："作罔罟田渔，以备牺牲。"

---

① 王在德、陈庆辉：《再论中国农业起源与传播》，《农业考古》，1995年第3期。

《帝王世纪》载："取牺牲以供庖厨，食天下，故号曰庖牺氏。"这些都说明了伏羲多种称谓的由来，以及与"食"的密切关系。

一、特色食材的发现

西北地区人最早吃的是何种粮食，有多少品种等涉及有关农业的起源问题，过去有一种流行的观点，认为畜牧业先于种植业，是人们为了解决饲料的需要才产生了种植业。摩尔根在《古代社会》一书中指出：东半球（旧大陆）的农业，是游牧部落为了解决牲畜的饲料而产生的。但是，世界各地的考古实践都证明摩尔根的说法是错误的，尤其他所说的东半球有关中国农业的起源更加错误，西北地区农业文明的起源就回答了这个西方人的错误看法。

1. 黍与粟的栽培与食用

黍，中国人最早吃的粮食之一，起源于西北地区。

1978年，考古工作者在甘肃大地湾一期遗址H398底部发现了已经炭化的植物种子[1]，经鉴定为粮食作物黍和油菜籽[2]。距今已有8000多年历史了[3]，被认为是目前"国内考古发现中时代最早的标本"[4]。大地湾黍和油菜籽的发现，使我们有机会接触到8000年前西北地区先民们真实的饮食生活。

黍，黍的原始祖型是野生黍，从野生黍驯化为栽培型作物，应有一个比较长的时间，如果把这个过程计算在内的话，则黍在中国栽培的历史至少以8000年为基点，可上溯至万年左右。因此何双全先生则认为："**大地湾一期文化时期的居民完全过着以农业为主的社会生活；特别是黍和油菜籽的发现，就是有**

---

[1] 甘肃省文物考古研究所：《秦安大地湾——新石器时代遗址发掘报告》，文物出版社，2006年，第60页。
[2] 甘肃省文物考古研究所：《秦安大地湾——新石器时代遗址发掘报告》，文物出版社，2006年，第914页。
[3] 中国社会科学院考古研究所编著，谢端琚主编：《师赵村与西山坪》，中国大百科全书出版社，1999年，第306页。
[4] 甘肃省文物考古研究所：《秦安大地湾——新石器时代遗址发掘报告》，文物出版社，2006年，第704页。

力的证据。它不仅使我们看到了当时的食物，而且为研究我国原始社会农作物的栽培技术和农业获得了极其珍贵的资料。"[1]如在陕西出土的造型十分奇特的伏羲谷物图即是鲜明例证。

该画像所表现的是伏羲右手拿着一株谷物正在向人们展示，或者说是向人们传授种植谷物的方法。结合伏羲生活在8000年前这一地区的历史，再来考察陕北绥德发现的伏羲画像石，"黍"作为当时主要的食物来源也就不言自明了。

魏仰浩先生在《试论黍的起源》一文中以甘肃大地湾石器时代遗址中发现了黍的确凿证据，有力地驳斥了国外学者提出黍原产于印度、埃及、阿拉伯地区、埃塞俄比亚及北非地区的说法，从而得出中国是栽培黍的起源地这一科学结论[2]。

黍与粟，古代中国历史最悠久的粮食作物，长期以来黍与粟是人们日常的口

图2-3 伏羲持谷物画像，陕西省绥德县出土（《汉代人物雕刻艺术》，湖南美术出版社）

① 何双全：《甘肃先秦农业考古概述》，《农业考古》，1987年第1期。
② 魏仰浩：《试论黍的起源》，《农业考古》，1986年第2期。

粮。古代黍米要比粟米值钱，《诗·周颂·良耜（sì）》郑玄《笺》："丰年之时，虽贱者犹食黍。"孔颖达《疏》曰："贱者当食稷耳。"据专家统计，一部《诗经》共出现黍28次、黍稷连称或同时出现16次[①]，可见直至春秋时代黍与粟依然是重要的粮食作物。

粟，亦称稷，西北地区又称谷子，是古代中国人主要的食物品种之一。中国古代把国家称之为"社稷"，或者是"江山社稷"。《白虎通·社稷》称："人非土不立，非五谷不食。……故封土立社示有土尊；稷，五谷之长，故封稷而祭之也。""稷的这一突出地位是由它对人们生活的重要性所决定的。"[②]稷与黍同属于禾本科一年生草本作物，生长期短，抗旱能力极强，因此在北方尤其是西北地区最为普遍种植。粟的产量高于黍[③]，主要用于口粮，而黍则用于酿酒，所以黍贵粟贱。

粟的远古遗址发现于距今6500年的大地湾二期遗址。中国科学院植物研究所的植物遗存鉴定报告认为："大地湾一期QDH398发现的黍是我国黍中距今最早的，与世界上较早的希腊阿尔基萨发现的黍年代相近。在仰韶文化早期QDH379样品中发现粟米粒，距今6500—6000年，它虽然晚于河南新郑裴李岗遗址（距今约7800年）和河北武安县磁山村遗址（距今约7900—7400年）的粟，与陕西西安半坡仰韶文化遗址（距今约6700年）的粟相近，但大地湾遗址的粟在甘肃是最早的。因此，大地湾遗址黍和粟的发现为研究我国乃至世界这两种主要粮食作物的起源及发展提供了重要依据"。[④]

2. 辅料食材的栽培与食用

伏羲时代的甘肃东南部地区已形成定居的村落，特别是天水一带的农业经济相当发达。先民们充分利用大自然的恩赐，进行狩猎、捕鱼、采集植物和发展农

---

① 刘毓瑔：《诗经时代稷粟辩》，《农史研究集刊》第二册，科学出版社，1960年。

② 许嘉璐：《中国古代衣食住行》，北京出版社，2002年，第66页。

③ 扬之水：《诗经物名新证》，北京古籍出版社，2000年，第73页。

④ 刘长江：《大地湾遗址植物遗存鉴定报告》，甘肃省文物考古研究所：《秦安大地湾——新石器时代遗址发掘报告》，文物出版社，2006年，第915～916页。

业、畜牧业等。当时西北地区民众的饮食中，除了肉类与黍、粟粮食食品之外，还有一定数量的蔬菜作为食物。这些蔬菜有采集于野生的蕨类植物，还有家庭培养的油菜籽和葫芦等。

大地湾一期文化中油菜籽的发现，表明中国有着8000多年油菜的栽培史。

葫芦，远古时期最具代表性的蔬菜之一，作为西北地区食用蔬菜的重要品种，又与伏羲相关。葫芦的嫩实和叶都可食用，但其文化价值已经远远超出了食用功能，围绕着葫芦有不少故事在流传，尤其是生殖崇拜。闻一多先生认为："至于为什么以始祖为葫芦化身，我想是因为瓜类多子，是子孙繁殖的最妙象征。""于是我试探的结果，'伏羲'、'女娲'果然就是葫芦。"① 所以从距今8000—3000年之间，西北地区葫芦器形瓶与葫芦纹的陶器、彩陶器占据相当的比例。

西北的先民们在陶器制作时，根据自己长期食用葫芦的经验，有意识地制作成葫芦的造型，并且在器皿上描绘各式各样的葫芦纹，特别是7000年前葫芦器形瓶水器的普遍使用，正是当时民间广泛食用葫芦的真实反映。

图2-4 葫芦瓶，甘肃麦积区出土，距今7000年

① 闻一多：《闻一多全集》第一集，生活·读书·新知三联书店，1982年，第59页。

二、渔猎与家庭饲养

远古时期西北地区的饮食生活已经不单一枯燥，食材来源于各个方面。人们在定居的环境下继续从事着农耕畜牧和渔猎采集，如"西山坪遗址出土的大地湾一期文化的动物遗骸中，保存了较多的野生动物遗骸，如马鹿、麝、黑熊、竹鼠和野猪等，表明当时先民的生产活动中狩猎经济占了较大比重"[1]，遗址中还包括各种各样的鱼类。形成了西北先民农业渔、猎并存的生计方式。

1. 鱼与熊掌兼得

人们常说鱼与熊掌不能兼得，但是，在远古时期的西北地区恰恰就是鱼与熊掌兼得，成为独具特色的饮食风尚。鱼，来自于渔猎，熊掌则来自于狩猎。于是乎鱼与熊掌便成为当时餐桌的美味佳肴。

鱼，得力于上苍的恩赐与优越的生态环境。距今8000年前后的西北甘肃地区有着大面积的森林、水草和沼泽，受夏季风的影响，雨量充沛，气候湿润，气候和今天秦岭以南地区相类似。生活着各种亚热带动物，其中有今天生长在热带、

图2-5　左侧为鱼钩、右侧为骨网坠，大地湾出土，距今6500年

图2-6　鱼纹造型彩陶盆，大地湾出土，距今6500年

---

[1] 中国社会科学院考古研究所编著，谢端琚主编：《师赵村与西山坪》，中国大百科全书出版社，1999年，第338页。

亚热带的苏门犀、苏门羚以及于秦岭以南地区的猕猴等①，还有鱼类以及大量的植物，生态环境优越。"理想的植被为人类提供了丰富的野生植物，同时山林、草原的各类动物和河湖里大量的水生鱼类，也为早期人类的渔猎和狩猎提供了良好的场所"②。

当时西北地区的先民们就是通过下水摸鱼，张网捕鱼和下钩钓鱼等方法，捕获各种各样的鱼，丰富了食物品种，强壮了人的体质。这些工具就是最好的说明③。

考古工作者已经复原了当年饭桌上的食物，为深入研究这一时期西北地区的饮食文化提供了实物依据。我们通过一些精心加工过的生活用品，仿佛看到了当年古人的场景。鱼纹造型盆中如此精美绝伦的图案，必然源于日常生产生活的经验，历经六七千年依然栩栩如生。古人将生活体验精心地描绘在日常使用的器物上，以展示生活的乐趣。面对如此精美的艺术品，我们仿佛触摸到远古的信息。

图2-7 鲵鱼纹彩陶瓶，甘肃甘谷县出土，距今5800年左右

---

① 王香亭主编：《甘肃脊椎动物志》，甘肃科学技术出版社，1991年，第979页。
② 吴加安：《略论黄河流域前仰韶文化时期农业》，《农业考古》，1989年第2期。
③ 甘肃省文物考古研究所：《秦安大地湾——新石器时代遗址发掘报告》，文物出版社，2006年。

图2-8　变体鲵鱼纹彩陶
盆，大地湾出土，距今5900年

又如鲵鱼图案的彩陶器，其中一只为1958年出土于甘谷西坪的彩陶瓶。瓶高38厘米，口径6.8厘米，底径10.8厘米，橙黄陶，深褐彩，瓶上的图纹奇特，为人面变体鲵鱼纹①。还有变体鲵鱼纹彩陶盆，腹部绘有与甘谷彩陶瓶相同的图纹。

鲵鱼，即娃娃鱼的学名。西北地区的天水、武都一带有产，当今属于国家一级保护动物。这两只娃娃鱼图案的彩陶瓶，使我们了解到当年食物品种的相对丰富。

远古时期西北地区饮食生活之所以丰富，缘于野生动物的丰沛。通过出土动物骨骸的鉴定可以得知，先民们狩猎的对象主要是鹿、马鹿、麝、狍、野猪、黑熊、狸、猕猴、竹鼠、鼠、鼢鼠以及龟、蚌等②；另外，我们在宁夏中卫的岩画中也发现了岩羊、驯鹿、马鹿、大角鹿、长颈鹿、虎、豹、牛、狼、狗、狐狸、熊、野猪、兔、马、驴、骆驼、鸵鸟、雕、鹰、雀、水鸭、鸡等，其中"大部分在公元前一万年左右的中石器、新石器时代"③；真实地反映出当时人们的经济活动和饮食生活状况。

① 张朋川：《中国彩陶图谱》，文物出版社，1990年，第486页。
② 周本雄：《师赵村与西山坪遗址的动物遗存》，中国大百科全书出版社，1999年，第335～336页。
③ 周兴华编著：《中卫岩画》，宁夏人民出版社，1991年，第205页。

图2-9　宁夏中卫岩画

2. 家庭饲养与食材开拓

家庭饲养是人类文明进步的表现，使人们摆脱了对自然的过分依赖，基本保障了日常饮食生活的需要，同时生产经验的不断总结，家庭饲养成为人类获取食物的主要方式。师赵村与西山坪的出土文物，"相当完整地反映了甘青地区新石器时代距今8000年至距今3000年考古文化的发展历程"[1]，使我们看到西北地区早在距今8000年就已经开始了家庭饲养，其中以猪、羊、牛、鸡、狗等畜禽类作为肉食原料，不断满足日常饮食生活的需要。

（1）家猪的人工饲养　猪肉一直是人类的主要肉食来源，远古时期人工饲养家猪极大地丰富了先民们的饮食生活。考古发现表明，8000年前的甘肃"是我国羊、马、牛、猪等家畜驯养地之一"[2]。在大地湾一期文化的M15和M208墓葬中就发现了殉葬的猪下颌骨[3]，并且置于人骨架的腹部[4]。用猪下颌骨殉葬同样

---

[1] 中国社会科学院考古研究所编著，谢端琚主编：《师赵村与西山坪》，中国大百科全书出版社，1999年，第306页。

[2] 王在德、陈庆辉：《再论中国农业起源与传播》，《农业考古》，1995年第3期。

[3] 张朋川、周广济：《试谈大地湾一期和其他类型文化的关系》，《文物》，1981年第4期。

[4] 甘肃省文物考古研究所：《秦安大地湾——新石器时代遗址发掘报告》，文物出版社，2006年，第68页。

出现在师赵村遗址当中[①]，说明家猪饲养比较普遍。

殉葬猪是古人葬俗，反映出死者生前对猪肉的渴求与家庭饲养业的繁荣。这种丧俗不但在西北地区有，而且在山东、江苏、安徽等地区"距今6100—4600年，前后延续约1500年"的大汶口文化时期[②]，也颇为盛行陪葬猪，最多的一座墓葬竟有14个猪头之多。显而易见，这种随葬的形式就是考虑到为死者身后食用而特意设计的。这种对死者的关爱是要有物质基础的，足见家猪饲养业的发达与猪肉在当时饮食生活中的地位。

在比较稳定的农耕活动环境下，人们的生活方式和饮食习惯也随之发生变化，为饲养业的兴起提供了条件。

根据《大地湾遗址动物遗存鉴定报告》提供的数据，大地湾共出土猪的骨骼5677件，占全部哺乳动物骨骼数量的二分之一，是遗址中数量最多的动物，而绝大多数是驯养的家猪[③]。周本雄先生的鉴定表明："**这个时期家畜的种类齐全，数量大为增加。在可鉴定的301件标本中，猪骨256件，占标本总数的82%，人们饲养家猪，在这个时期肯定有一个大的发展**"[④]。对此，考古学家何双全先生认为"**当时家庭是以饲养猪为副食，而养猪是以农业为后盾的，所以从养猪业证明农业是比较发达的**"[⑤]。发达的农业经济与粮食作物的储备，带动了家庭饲养业的大发展，作为人类最早饲养的主要家畜之一，猪肉成为当时西北地区的餐桌上最常见最普通的肉类食物，所以人们还将猪的形象描绘在每天使用的器物上，如猪面细颈彩陶壶。

[①] 中国社会科学院考古研究所编著，谢端琚主编：《师赵村与西山坪》，中国大百科全书出版社，1999年，第336页。

[②] 山东省文物考古研究所：《前进中的十年——1978—1988年山东省文物考古工作概述》，《文物考古工作十年》，文物出版社，1991年，第167页。

[③] 甘肃省文物考古研究所：《秦安大地湾——新石器时代遗址发掘报告》，文物出版社，2006年，第30~32页。

[④] 周本雄：《师赵村与西山坪遗址的动物遗存》，中国社会科学院考古研究所编著，谢端琚主编：《师赵村与西山坪》，中国大百科全书出版社，1999年，第318页。

[⑤] 何双全：《甘肃先秦农业考古概述》，《农业考古》，1987年第1期。

图2-10　猪面细颈彩陶壶，甘肃省秦安县出土，距今5000年左右（《娲乡遗珍》，甘肃省秦安县博物馆）

（2）狗的家庭饲养　在家庭饲养的家畜当中，狗也是当时肉类食材的主要来源，家庭饲养比较普遍。

后来，吃狗肉的食俗得以延续，成为中国古代传统的饮食习惯，这在后世的一些典籍中都可见记载。西北地区有将日常食物品种画在不同器物上的习惯，西北大地湾遗址出土了"彩绘狗纹罐"，正是西北地区人盛行吃狗肉的见证。如同彩陶器皿上的鱼一样，是西北地区表现各种日常食品的方式之一，是先民们日常生活的真实写照，是原始美学的体现。

（3）羊的家庭饲养　羊是古往今来的中国人都非常喜欢吃的肉食，所以"羔、美、羞（馐）、羹"等与美食有关的字眼都与羊有关。人类早期吃的羊肉主要是通过狩猎获取，由于食用量的不断增大，人们开始人工饲养，以缓解日益增加的供需矛盾。在中国，西北地区人工饲养羊已有8000多年的历史，是目前国内唯一的，也是最早的地区。[1] 在中国食物品种的发展历史中占有十分重要的地位。在西北地区，羊一直是最重要的肉食原料，绵延数千年而至今。

———————————

① 郎树德：《大地湾农业遗存黍和羊骨的发现与启示》，《大地湾考古研究文集》，甘肃文化出版社，2002年，第300页。

图2-11、图2-12　彩绘狗纹罐，大地湾出土，距今5500年左右（《秦安大地湾——新石器时代遗址发掘报告》，文物出版社）

（4）家鸡的人工饲养　鸡，也是远古人类重要的肉食原料，8000年前就出现在中国的西北地区，成为人们享受的美味。考古工作者在距今8000年的西山坪大地湾一期文化遗存中发现了人工饲养的家鸡①，对于探索家鸡的起源提供了重要的实物证据和年代依据。

家鸡是由原鸡驯化而来，因此，有专家指出："家鸡的发现极为重要，西山坪的大地湾一期与马家窑文化层均有出土。这种家鸡曾在河南省新郑裴李岗、河北省武安磁山、陕西省临潼白家村与山东省滕县北辛等新石器早期文化遗址中发现，后在中原地区仰韶文化和龙山文化遗存中也有发现，其年代都不及这儿早。大地湾一期文化的新校正年代为公元前6220年，这是迄今所知年代最早的记录，对探讨家鸡的起源具有重要的学术价值。"②从家庭饲养鸡的发展历史看，过去一直认为是距今5000多年的西安半坡，但是，甘肃大地湾家鸡的发现改变了过去的

---

① 蔡连珍：《碳十四年代的树轮年代校正——介绍新校正表的使用》，《考古》，1985年第3期。
② 中国社会科学院考古研究所编著，谢端琚主编：《师赵村与西山坪》，中国大百科全书出版社，1999年，第318～319页。

传统认识。

达尔文在《物种起源》中提出：中国的原鸡发源于中印度，由印度飞入中国的观点。学者陈启荣先生经过长时间的研究，特别是通过考古发现和实地考察后，得出中国是原鸡的发源地之一，欧美的鸡种源自中国的结论。[1]8000年前西北地区家鸡的出现，不但揭开了我国食用鸡起源的新纪元，而且对全世界饮食文化的发展作出了重大贡献。

从饮食品种的发展看，家鸡的饲养对于丰富中国人的饮馔品种和饮食习惯的形成无疑起着十分重要的作用，几千年来延续至今未有改变，于是就有了"无鸡不成宴""无酒不成席"的食俗。

三、粮食储藏器具

饮与食都离不开储藏，安全完备的储藏系统是延长食物寿命与增进人类健康的保证。远古时期，人们储藏食物的能力很差，往往是费尽九牛二虎之力得到食物，只能吃三分之一，腐败三分之一，虫害三分之一，人为消耗远远低于自然消耗。史称古时之人："饥即求食，饱即弃余，茹毛饮血，而衣皮革。"[2]在食物不富裕的时代，原始自然的储藏方式，对于人本身的生存与繁衍是非常不利的。

如何破解这一难题，西北地区聪明的先民在长期的生活实践中，想出了用陶器储藏食物的方法，收到了巨大的成功。

1. 窖藏与陶缸、瓮、罐

西北地区早期粮食的储存是直接在地下挖一个窖穴，把食物藏起来。后来又对窖穴进行加工，以增加抗虫害的效果。考古工作者在甘肃天水发现了距今8000

① 陈启荣：《世界家鸡起源研究的新进展》，《古今农业论丛》，广东经济出版社，2003年，第481～486页。
② 陈立：《白虎通疏证》，中华书局，1994年，第50～51页。

年的存储粮食的窖，该"窖直径1.15～1.95米，深0.6米，直壁平底"[1]。另外，在渭河中游陕西宝鸡的关桃园遗址中也发现有储藏窖，其"口径1.4米，底径1.6米，深1.38米，呈口小底大，坑壁和地面平整光洁，并经过火烧烤处理，比较干燥、坚固，作用显然是用作储藏粮食的。从这个储藏窖的容积来看，当时的农作物栽培技术已经相当成熟，粮食产量已相当可观，种植面积已具备一定的规模。先民们不但能够从栽培后的收获中获得大量的粮食，而且还掌握了建造窖穴储藏粮食的技艺"[2]。当时主要储藏的粮食正是黍和粟，充分说明当时是以黍和粟为主要的食物品种。

但是，窖藏不能解决食物的虫害问题。因此，随着居住条件的固定与不断改善，特别是农业经济的发展，粮食作物的不断增多，这就要求人们必须将粮食有效地储藏起来，于是西北地区的一些制陶工匠，在制作日常生活饮食器具的同时，又创造出筒状深腹的罐、缸、瓮等一些特意为储藏粮食而制作的大型陶器，使粮食储存手段获得了长足的进步。

图2-13　陶缸，甘肃西山坪出土，距今7300年（《师赵村与西山坪》，中国大百科全书出版社）

图2-14　陶瓮，甘肃西山坪出土，距今8000年（《师赵村与西山坪》，中国大百科全书出版社）

[1] 中国社会科学院考古研究所编著，谢端琚主编：《师赵村与西山坪》，中国大百科全书出版社，1999年，第230页。

[2] 刘明科：《宝鸡关桃园遗址早期农业问题的蠡测——兼谈炎帝发明耒耜和农业与炎帝文化年代问题》，《农业考古》，2004年第3期。

西北地区这些陶器的出现至少已有8000年以上的历史，考古学家王吉怀先生指出："西山坪遗址从大地湾一期文化到齐家文化，每个时期都有非常发达的制陶技术，这说明，在当时人类物质文化的发展上，任何一种新兴工艺，都是在农业生产中脱离出来，继而进行各种手工业生产的。西山坪遗址的各期陶器数量多，器形规整，而且火候也很高，并从一期开始就出现了各种最原始的彩绘。还出现了一些大型器物，如缸、瓮罐等。这样的大型器物并不适宜用作生活中的饮食器具或炊具，是专门为贮存粮食而制作的。"[①]王吉怀先生的研究很有道理。陶器的大量使用，特别是各种用途的饮食陶器不断完备，是先民们饮食生活不断发展的表现，并且丰富着饮食文化的内涵。

2. 带盖陶器的使用

陶器的发明，是人类智慧的结晶，对于饮食文化而言是一种革命性的创举。如果说火解决了吃熟食的问题，那么，陶器的出现则完成了生、熟食的储存，可以说彻底解决了这个困扰人类上万年的难题，特别是带盖陶器的出现，进一步解决了食物遭长虫、鼠类侵害以及液体食物的保存问题，为陶器工艺锦上添花。

防止昆虫和鼠类的侵害确实是当时储存食物最大的麻烦。东汉大思想家王充在其《论衡·商虫》中说道："甘香渥味之物，虫生常多，故谷之多虫者，粢（zī）也。"意思是说甘甜美味的东西容易生虫子，特别是谷子一类的粮食作物。

这件5000年前的陶罐就是一件加盖的陶器，令人极其震撼。带盖陶器的使用，有效地杜绝了虫害的侵入。五千年前的福祉至今泽及后人。正如美国学者史密斯所说：由于"陶器的出现，与食物生产和食物储备有着不可分割的联系，所以随着食物生产经济的发展，各种各样的容器便频频出现于考古记录中。陶器之重要性，在于它所具有的功能。……如果用这种以无机材料做成的容器储存食物，不仅能防止昆虫和鼠类的侵害，并且能长时间地保住液体。它也不像木、

---

① 王吉怀：《甘肃天水西山坪遗址的原始农业遗存》，《农业考古》，1991年第3期。

图2-15 带盖陶罐，大地湾出土，距今5000年左右（《秦安大地湾——新石器时代遗址发掘报告》，文物出版社）

草、皮制品那样受到湿气影响而很快地毁坏。值得提及的陶器的另一个优点是，由于陶器的使用，烹饪范围有所扩大，使得以前不能食用的东西现在也能够食用，像带荚的豆类和籽实类，只要用陶器煮一煮便可以食用。从这个意义上说，由于陶器的发明，食物资源的扩大便容易得多了。"①

四、鼎、甑与烹饪技艺

火的发现对于人类而言无疑是一大进步，但是，真正意义上的熟食加工，则是在陶器出现之后。陶器的大量使用，结束了长期以来"燔黍捭豚""汙尊杯饮"的自然状态，进入到文明的殿堂。

1. 鼎食与国家

食品加工是饮食生活的重要手段，也是饮食文化的主要内容之一。远古时期西北地区粮食加工的种类主要是黍和粟，加工方法是传统的碾磨方式，即用磨棒、磨盘、石臼、石杵进行脱粒及磨碎。从出土的器物分析，当时是以粒食为

---

① Ph.E.L.史密斯著，玉美、云翔译：《农业起源与人类历史（续）》，《农业考古》，1989年第2期。

主，也有一定数量的半粒食、粉食。而且食物加工还出现了类似于羹之类的流食，因为我们从出土器物中观察到碗、钵等主要用于盛饭的陶器内壁上有被流食糊过的痕迹。

有意义的是，我们发现这一时期西北地区使用的烹煮器是以鼎和甑为主，中期发展到鬲、釜、甗（yǎn）等，并形成了以鼎文化为特色的饮食文化。

鼎，中国古代传统的炊具，西北地区最早使用是在8000年前，在早期食物加工过程中具有十分重要的作用。例如，大地湾第一期文化遗址出土了陶器268件，其中"鼎"类的器物居多，如有罐形鼎14件，盆形鼎4件，钵形鼎19件等，共计41件，占整个出土生活用具的17.3%。鼎类器物高比例的出现，说明鼎的普遍使用，同时也表现出崇尚鼎的文化现象，从而开启了后来中国鼎文化之先河。

鼎，是烹煮食物的炊具，其主要功能是烹煮食物。由烧烤及至烹煮，丰富了食物加工的手段，极大地扩充了食品的种类。西北地区出土的陶鼎真实地再现了7000多年前烹煮的痕迹，从这件钵形鼎中我们非常清楚地看到长期用火烧过而留下的烟垢痕迹。

鼎，就是做饭的锅，没有锅就无法做饭，没有饭吃国家就不稳定。在中国，吃，一直是中国人最关注的事情，也是使用频率最高的词汇，从吃的范围一直推及至其他范围，如吃苦、吃力、吃亏、吃惊等，学问都在吃字里，这是中国饮食文化特有的现象。鼎，作为一种食具，也频繁地出现在日常用语中，诸如"一言九鼎"，即言之所说的话就像九只鼎那样有分量。这里所说"九鼎"的"九"，正是"九州"的"九"。"九州"代表着中国大地，而"九鼎"则象征着祖国的每一个地方都有"锅"，都有饭吃，这才是"九鼎"的真正含义。所以自古以来"鼎"在中国被看作是国家、天命和权力的象征。史称："黄帝作宝鼎三，象天、地、人。禹收九牧之金，铸九鼎"[①]。九鼎者"象九州"，从此以后"九鼎"便成为国家权力的象征，所谓"问鼎天下"即始于此，而"钟鸣鼎食"则成为贵族筵宴豪

---

① 司马迁：《史记》，中华书局，1959年，第1392页。

图2-16 钵形鼎,大地湾出土,距今7000年以上(《秦安大地湾——新石器时代遗址发掘报告》,文物出版社)

华排场的代名词。

鼎,作为7000年前西北地区饮食文化的重要构成,在中华文明的进程当中占有十分重要的地位。通过考察西北地区鼎在饮食文化中的重要作用,便足以说明鼎最初的功能是与悠久的农业文明息息相关的。

除了鼎之外,当时做饭的烹煮器还有甑。甑,也是西北地区人远古时期经常使用的煮饭工具,主要功能是蒸,如蒸黍米、粟饭,或者蒸肉、蒸鱼等。流传千古的典故"破釜沉舟",讲的正是霸王项羽为灭秦而采取的"皆沈(古通假字,通'沉'字)船,破釜甑,烧庐舍,持三日粮,以示士卒必死,无一还心"[1]。其中的"甑"与"釜"就是用来煮饭的锅。直到今天,家庭用以蒸米饭的锅依然是8000年前"甑"的延续。

中国的饮食文化历史悠久、丰富多彩,由于人地关系的差异,形成了不同地区典型的饮食器。有的地区以"釜"为代表,有的地区以"鬲"为代表,而7000年前的西北地区则是以"鼎"为代表,形成了具有西北地区特色的鼎文化。

2. 陶器与烹饪

自从人类发现火的功用以来,食物的烹饪方式一直是人们探寻的主要课题。

---

[1] 司马迁:《史记》,中华书局,1959年,第307页。

图2-17、图2-18　陶甑，甘肃西山坪出土，距今8000年（《秦安大地湾——新石器时代遗址发掘报告》，文物出版社）

　　远古时期人类吃熟食非常简单，就是将去毛肉类直接烧烤，或将肉串起来架在火上直接烧，与今天的烧烤大体相当，被称之为"炙"。《诗经·小雅》："有兔斯首，燔之炙之"。在"炙"的时候，人们又用泥巴把肉包裹起来放在火里烧，熟后，剥去泥巴来吃，类似于今天的"叫花鸡"。还有把肉直接放进火里去烧的，叫作"燔"。这些都是在还没有出现成熟的烹饪器具的情况下一些简陋的烹饪方式。

　　陶器的出现与广泛应用，极大地改变了人们的饮食方式，"进而为我国烹饪技术的发展提供了物质条件。早期陶器的功用并无明显区分，人们用陶器储水，同时也用陶器烹煮食物和储存食物"[1]。表明人们还没有陶器用途分工的概念。

　　8000年前，西北地区的制陶业已经发展到相当的水平，"泥质陶的陶土一般经过人工选择和淘洗，质地纯净。陶器表面光滑，质地细腻坚硬，多做饮食器，如盆、钵、碗等。也有在细泥土内羼（chàn）和少许细砂粒者，其硬度较高，这种陶土适于做水器、容器，如尖底器、盘、缸等。加砂陶一般不经过淘洗，陶土羼和砂粒和石英粒，其质地松脆粗糙，但耐火性较高，这种陶土多用制作储藏器

––––––––––––––––

[1] 林正同：《浅谈食器文明对中华烹饪技艺的影响》，《农业考古》，1999年第1期。

和炊器"①。说明先民们对器具已经有了质地粗细和用途分工的明确概念，学会了各尽其用。

先民们对粗、细的区分是一个进步，它来源于生活的实践并传于后人，无论是新石器时代晚期还是夏、商、周三代，但凡是饮食器具都较一般器具精细得多，并在器具的表面以不同的彩绘图案以示区别，如变体鱼纹彩绘陶钵和弧线三角纹陶罐。这些陶器上的几何图案由点、线、面构成，既抽象又美观，反映出远古先民美好的原始审美意识。

8000年前后西北地区已经形成了系列的饮食生活用品，如罐形鼎、盆形鼎、钵形鼎、筒状深腹罐、圜底盆、圜底钵、圈足碗、壶等，构成了食具的基本组合。组合饮食器具的出现，反映出社会经济的发展与饮食生活的丰富，它以强大的生命力一直流传至今。

先民们丰富的饮食生活是在稳定的居住环境里得以实现的，大地湾考古的发现，为我们复原了6000年前西北地区先民的生活场景，遗址中的这座房子，近似方形，半地穴式，房子长5.29米，进深6.24米，保存有0.5米高的墙壁，门道由三级台阶组成，掘有圆形的灶坑，室内的居住面上有4个柱洞，并且有青石柱础。

图2-19　变体鱼纹彩绘陶钵，甘肃秦安出土，距今6000—5000年

图2-20　弧线三角纹彩陶罐，甘肃秦安出土，距今6000年左右

① 中国社会科学院考古研究所编著，谢端琚主编：《师赵村与西山坪》，中国大百科全书出版社，1999年，第28页。

图2-21、图
2-22、图2-23、
图2-24　大地湾
F301房址及火塘，
距今6000年以上

靠近门口的是火塘，火塘直接对着门，一是防止野兽的侵扰，二是借助门风进氧助燃，以提高做饭效率，这是先民们长期生活经验的结果。为了能保持火种常年不灭，他们还在火塘的上方挖了一个洞，作为储藏火种之用，使我们看到了6000多年以前人类薪火相传的真实景况。

当年先民们就是在这样的房子里用陶鼎、甗等用具烹煮着各种各样的食物。饮食文化专家王仁湘先生认为："有了陶器，火食之道才比较完善起来，陶烹时代也就到来了。""陶烹使得火食技术得到充足发展，它奠定了烹调发达的重要基础。"①以罐形鼎、盆形鼎、钵形鼎、甑、盆、碗、壶、杯等为代表的各种饮食器具，形式多样、制作精良、功能各异。陶烹的出现，极大地丰富了食物的品种，扩大了食物的来源，为先民们提供了更大的食品制作空间。

第二节　炎黄时期的饮食文化

炎黄，指的是炎帝和黄帝。炎帝又称神农氏，是农业民族的象征，之所以称其为"炎"者，就是烧木燔草垦荒之意。表明炎帝带领氏族放火烧荒，发展生产，才有了"炎"的美称。揭示出古代英雄们所付出的劳动。所以《管子·轻重篇》称："神农教耕生谷以致民利"。山东《梁武祠碑》的画像石上刻有"神农氏因宜教田辟土种谷，以振万民"②的语句，这是后人对炎帝及其部落发展农业功绩的真实记录和称颂。

黄帝之所以称其"黄"者，也是农业民族的象征。自秦始皇以后历代皇帝虽然以"黄"为"皇"，但是最终还是以"黄"色成为一统天下的皇家象征，代表着江山社稷万物生灵。

如果从泛生殖的范围讲，黄土、黄河等都是养育中华民族的重要物质资源，孕育万物，滋养万民，是中华民族文化的发祥地。因此，黄，是中华民族崇尚的颜色，是文明先祖的颜色。

还有专家认为，一切与水、与土有关的事都系黄帝所为："黄帝之为水母大神，一切与水有关的神灵，共工、鲧（gǔn）、禹，也可列入黄帝系神话中；黄帝又为地母大神，一切与土地有关的神灵，共工、后土、禹，也可列入黄帝系神话中。"③

---

① 王仁湘：《中国饮食的历史与文化》，山东画报出版社，2006年，第275页。
② 王昶：《金石萃编》卷二十，北京市中国书店，1985年，第2页。
③ 陆思贤：《神话考古》，文物出版社，1995年，第205~206页。

图2-25　宝鸡炎帝陵炎帝像

一、骨耜等生产工具的使用与发展

炎帝神农氏，是中国农业文化的代表，距今6000—5000年。他最大的贡献之一就是"尝百草之实，察酸苦之味，教人食五谷"[1]。在西北地区是以地方性的马家窑文化为代表。马家窑文化是继大地湾、师赵村文化之后，在西北地区出现的著名文化。因1923年由瑞典学者安特生首次发现于甘肃临洮县马家窑村而得名，亦称"甘肃仰韶文化"。马家窑文化分布于甘、宁、青境内的黄河及其支流泾河、渭河、洮河、湟水与西汉水、白龙江、岷江的广大流域，覆盖了整个黄河上游的甘肃、宁夏、青海等广大地区。从行政区划上讲，东起甘肃东部泾水上游的平凉市泾川县，西至青海省的兴海、同德县，北入宁夏清水河流域的中卫县，南达四川岷江流域的汶川县、阿坝藏族自治州北部等。

---

① 王利器：《新语校注》，中华书局，1986年，第10页。

1. 骨耜的使用

炎帝时期西北地区以旱作农业生产为主，生产工具以骨耜和石器为主，食材以黍、粟等为代表。《周易·系辞下》载："包牺氏没，神农氏作。斫（zhuó）木为耜，揉木为耒，耒耜之利，以教天下。"《风俗通义》称神农氏"始作耒耜，教民耕种。"讲的都是炎帝神农氏发明或者制作耕播工具耒耜，用以发展农业生产。骨耜是耜耕农业的代表性生产工具，据说是炎帝的发明。

2002年年初，在渭水上游河谷中段的甘、陕两省交界处，在宝鸡拓石关桃园发现了距今7000多年的骨耜和窖藏粮食，对于研究炎帝时期的饮食文化很有意义。

关桃园出土了24件骨耜，其中8件距今7300年，16件距今7300—6900年[①]，这些图片使我们清楚地看到该骨耜长期使用所留下的痕迹。而且是"从曲颈用以握手的情况说明，耒耜最初是先民们蹲下直接用手握曲颈用以挖坑翻土或栽培农作物的，并不是像后来人们所想象的是捆扎固定在木棒上使用的"[②]。显然西北地区与南方骨耜的使用方法有所不同。

西北地区渭水流域7000多年前骨耜的出土，意义十分重大。由于骨耜过去"在北方地区一直没有明确的发现，这次有成批的骨耜出土，不仅填补了北方地区农业生产工具的空白，而且为探讨我国北方旱作农业的起源和发展水平提供了最直接的实物证据"。[③]推翻了过去一直被认为"骨耜"主要应用于长江流域的观点，从年代上讲，关桃园遗址中的"骨耜"早于距今约7000年的浙江余姚河姆渡出土的"骨耜"[④]。表明"骨耜"不仅仅使用于稻作农业，而且同时使用于旱作农业。充分证明在西北地区的黄土高原上曾经有过与河姆渡相同、或者说相似的

---

① 陕西省考古研究院、宝鸡市考古工作队：《宝鸡关桃园》，文物出版社，2007年，第325页。

② 刘明科：《宝鸡关桃园遗址早期农业问题的蠡测——兼谈炎帝发明耒耜和农业与炎帝文化年代问题》，《农业考古》，2004年第3期。

③ 陕西省考古研究院、宝鸡市考古工作队：《宝鸡关桃园》，文物出版社，2007年，第326页。

④ 浙江省博物馆：《三十年来浙江文物考古工作》，《文物考古工作三十年》，文物出版社，1979年。

图2-26、图2-27　甘、陕两省交界处拓石关桃园出土的骨耜。左图骨耜距今7300年，右图骨耜距今7000年左右（《宝鸡关桃园》，文物出版社）

图2-26　　　　　图2-27

农业耕作方式，只是西北地区应用于黍、粟等旱作谷物而已。另外，由此证明了"骨耜"使用的范围不仅限于稻作植物，还应该包括历史悠久的旱作谷物。关桃园遗址的年代是以大地湾为下层的，因此，极就有可能"骨耜"的发源地在西北地区。"骨耜"在西北地区的发现，为研究当时的农业经济和饮食原料的构成提供了不可多得的实物展示。

　　7000年前耒耜的推广使用，大大促进了农业生产的发展。故后人有载："神农之时，天雨粟，神农遂耕而种之，作陶，冶斧斤，为耒耜锄，耨，以垦草莽，然后五谷兴助，百果藏实"①。《尸子·重治篇》说在神农氏的领导下"神农氏治天下，欲雨则雨，五日为行雨，旬为谷雨，旬五日为时雨，正四时之制，万物咸利，故谓之神"。今天看了似乎有些神话的感觉，古代人们之所以将炎帝称之为"神农"，是因为他顺应了自然的发展规律，开启农业文明，为人类造福。正如《白虎通》所说："谓之神农何？古之人民皆食禽兽肉，至于神农，人民众多，禽兽不足，于是神农因天之时，分地之利，制耒耜，教民农作。神而化之，故谓之

---

① 马骕：《绎史》，上海古籍出版社，1993年，第83页。

神农也。"还有历史上流传至今的《神农书》《神农之禁》《神农本草经》《神农教田相土耕种》等，虽然是后人的总结与发展而成，但它说明炎帝作为中国农业最高级别的"神农"是有本有据，当之无愧的。炎帝的历史功绩在于，当人类只凭狩猎、采集的单一手段感到食物资源不足时，他率民开创了原始农业，发明了耒耜等农具，肇始了中华民族的农耕文明。

2. 多种材质的生产工具

西北地区饮食文化的发展，首先得力于农业生产的发展，包括渔猎采集、家庭饲养等。而这些生活资料的获得，在很大程度上又与当时的生产工具密切相关。当时主要的生产工具是石器、骨器、角器和陶器等。

其中以石器为传统的生产工具，有着上万年的历史，一直延续到炎帝时期。它们分别为：石刀、石铲、石斧、石锛、石纺轮、石球、石叶、石锤、石凿、石臼、石杵、石矛、石镞、石核、石弹丸、石盘状器、研磨器、研磨棒、刮削器、敲砸器、磨石、燧石片、石网坠、磨盘、圆形石器、梯形石器、环状器等。考古工作者在距今8000年的大地湾一期文化中就出土了打制、磨制、琢磨过的石刀、石铲、石斧。石刀是收割的工具。大地湾的石刀一般长6.7厘米、宽4.7厘米，厚0.7厘米，扁而薄，刀很锋利，有使用痕迹。还有石铲，是翻土和播种的工具。大地湾的石铲带肩，便于手握，还可以装柄，以提高劳作效率。石铲一般长8.4厘米、宽4.7厘米、厚1.7厘米，同样是使用过的工具。另外，石斧，作为砍伐工具，有长条平刃和弧刃两种，亦为使用过的工具。当时建筑所需用的大量木材就是通过石斧砍削完成的。

骨器类生产工具，是人类利用吃过动物肉之后的骨骼加工而成，骨器的特点是成本低易加工，轻巧方便。西北地区传统的骨器有：骨锄、骨锥、骨镞、角锥、骨凿、骨锯、骨匕、牙刀等。

陶器出现最晚，但却最具人类的智慧。陶器可以根据人的主观愿望进行创造加工，以满足日常生活的各种需要。陶器有：陶刀、陶纺轮、陶球、陶弹丸、陶

图2-28　石铲，甘肃省天水市麦积区出土，距今7000年左右　　　图2-29　骨锄，甘肃省秦安县出土，距今6000年左右

锉、陶拍、陶垫、陶饼、陶筐。

　　人们常说"工欲善其事，必先利其器"，农具的产生、发展与淘汰，始终与农业生产过程相适应，优者会得以延续，劣者则会被淘汰。优胜劣汰，概莫能外。

二、五帝时期食材的人工栽培

　　五帝，指黄帝、颛顼（zhuānxū）、帝喾（kù）、唐尧、虞舜，是司马迁《史记·五帝本纪》的排序，以司马迁为代表的史官们以黄帝作为中国第一个国家首领，作为中华文明的开篇人物，是中华民族大一统历史观的充分反映。作为信史，黄帝出现在距今5000—4500年比较合理，传统的中华文明五千年，正是从这里开始的。

1. 黄土与黄帝

　　黄帝作为中华民族的人文初祖，确有史可依，黄帝的业绩在"人间而非天上，是有生有死，有祖先，有后裔，有姓氏，有来历，有业绩的首领"①。关于黄帝究竟生于何处，《国语·晋语》记载："昔少典娶于有蟜（jiǎo）氏，生黄帝、炎帝。黄帝以姬水成，炎帝以姜水成。成而异德，故黄帝为姬，炎帝为姜，二帝用以相济也，异德之故也。"姬水在今天的陕西省境内。

但是，也有专家认为黄帝起源于甘肃。如历史学家何光岳先生认为，"故秦州应为黄帝轩辕氏最早的居地"，"故秦的发祥地在天水炎黄旧地"②。秦州，即今甘肃天水市。还有历史学家杨东晨先生也提出：炎黄约距今6000—5000年，其中黄帝源于甘肃天水，而起于陕西宝鸡③。还有著名古史专家刘起釪先生提出：炎黄均出自于古代西北的氐羌二族的观点。"姬水即渭水，姜水即羌水，亦即白龙江、白水江之水。……更有理由确认黄帝族出自少典族即出自氐族，炎帝族出自有蟜族即出自羌族。"④通过专家们的研究，可以认定炎、黄的范围主要集中于甘肃东部涉及陕西西部的陇山两侧，因此至今在这一小范围内饮食习俗也有诸多的相同。

黄帝之所以称其为"黄"者，是黄土地的颜色。与他发祥地的甘肃黄土高原有关，更与黄土地的农作物果实有关。黄土，《禹贡》称："黑水西河惟雍州：厥土惟黄壤，厥田惟上上，厥赋中下。"上边这段记载说明，黄土，在九州当中被认为是"上上"品，为九州"第一等"。

美国芝加哥大学教授何炳棣先生指出："对中国农业起源的研究者说来，记住这一点是重要的，那就是尽管黄土高原的自然环境非常严酷，却不失某些可取之处。准确地说，黄土由于其风成起原因和长期的干旱半干旱的形成条件，使其土壤结构异常均匀、松散并具有良好的透水性。很利于木质原始掘土农具的翻掘……另外，黄土一般具有良好的保水性和供水性能，在雨量较少的情况下，粮

---

① 林祥庚：《黄帝传说辨析》，《光明日报》，2003年1月28日。
② 何光岳：《炎黄源流史》，江西教育出版社，1992年，第511～515页。
③ 杨东晨：《炎黄故地考辨》，《炎帝论》，陕西人民出版社，1996年，第57～69页。
④ 刘起釪：《古史续辨》，中国社会出版社，1991年，第177页。

食作物的收成高于其他土壤。所有这些因素，促成了中国农业和新石器文化突破某些自然条件的限制，在黄土高原的中心地区的出现。"[1] 正是这得天独厚的黄土地造就了黄帝氏族发展壮大的物质基础，因而历来学者都认为黄帝是农业文明的代表。司马迁《史记·五帝本纪》说黄帝氏族"播百谷草木"等，都反映出黄帝氏族在农业方面的贡献。

黄土之所以贵，不但在于黄土壤以十分明显的肥力优势于全国之上，而且就传统的农业国家而言，黄土对中国历史的发展起过相当重要的作用。考察中国早期农业文明的发展，黄土壤是农业经济最早开发和最富裕的地区，并且在很长一段时间内处于全国的领先地位。

长期以来中国人尚黄色、崇拜黄色，称中华民族为黄帝的后代，究其渊源，均与西北地区广袤的黄土地以及黍、稷成熟后的金黄色息息相关。

图2-30　东汉时期的黄帝画像砖
（《金石萃编》，北京市中国书店）

---

① 何炳棣著，马中译：《中国农业的本土起源》，《农业考古》，1984年第2期。

五帝时期相传黄帝勤政于民，不断求索利民之道，以造福于民。《史记·五帝本纪》载，黄帝曾"西至于空桐（崆峒），登鸡头"，问道于活神仙广成子。其中内容之一就是与为政之道的"食"相关。《庄子·在宥》载："黄帝立为十九年，令行天下，闻广成子在于空同（崆峒）之山，故往见之。曰：'我闻吾子达，于至道，敢问至道之精。吾欲取天地之精，以佐五谷，以养民人。吾又欲官阴阳，以遂群生，为之奈何？'"意思是说黄帝在位19年，已令行天下，听说有道的广成子居住在崆峒山，便特地前去求教，如何帮助五谷生长以养天下百姓。由此可见，黄帝是非常重视关乎百姓生存的农业生产的。

在以黄帝为代表的五帝时期，西北地区的原始农业为先民们提供了食物来源，人们以农作物粟、黍、麻等为主要食物。天水西山坪遗址可为佐证。"曾在马家窑类型的一个灰坑中，发现一个罐内的填土为草木灰状颗粒物，很像是粟粒炭化而形成，说明当时的粮食已经有了剩余，人们发明了大型陶器用以贮存粮食"①。另外，在大地湾发现的"袋状窖穴H219储藏的粮食，则以粟为主。上述结果表明，在大地湾，黍的种植虽然早于粟，但最终发展为以粟为主要作物品种"②。

还有，在青海地区马家窑文化晚期的马厂类型遗址中，发现死者随葬粮食的现象已经比较普遍，这表明当时的农业产量已颇具规模。同时形成了家庭饲养与采集、渔猎互为补充的饮食模式。

五帝时期的西北地区对中国饮食文化最大的贡献，就是人工培育了粮食作物小麦、粱、麻和青稞，成为我国重要的食物来源。

2. 小麦的发现与食用

小麦，是当今世界最主要的粮食品种，也是古代中国先民的主食之一。《孟子·滕文公上》"五谷"说："稻、黍、稷、麦、菽"为五谷。也有以麻、黍、稷、

---

① 王吉怀：《甘肃天水西山坪遗址的原始农业遗存》，《农业考古》，1991年第3期。
② 甘肃省文物考古研究所：《秦安大地湾——新石器时代遗址发掘报告》，文物出版社，2006年，第704页。

麦、菽为五谷的。《周礼·太宰职》称：黍、稷、稻、粱、麻、麦、大豆、小豆、苽（gū）为"九谷"。在"五谷"和"九谷"当中，黍、麦、粱、麻就起源于甘、宁、青、新地区。其中黍起源于8000年前的大地湾，而麦、粱、麻的最早考古发现为5000年前已有人工栽培。

关于小麦的起源问题，国内外有不同的看法。国外学者认为小麦起源于西亚地区，是由西方传入中国的。日本人甚至认为中国的小麦是由张骞通西域后才传入的[①]。这种说法显然是不正确的。因为在甲骨文中已经有"麦"字的出现，而且就是作为粮食小麦记载的，其一期卜辞有："有告麦"，"允有告麦"，"受麦年"；二期卜辞有："月一正食麦"；四期有"登麦""麦年"等[②]。甲骨文一期在武丁时期，距今有3200多年，关于"麦"的卜辞就是最好的反映。

1986年秋天，甘肃省文物考古所与北京大学、吉林大学考古系联合对河西走廊地区的四坝文化遗址进行了调查和复查。1987年夏天对甘肃酒泉干骨崖、民乐东灰山遗址进行了发掘，在东灰山和西灰山遗址中发现了大量的炭化麦粒，引起了世人的关注[③]。中国科学院遗传研究所的李璠教授曾经于1985年、1986年两次在东灰山遗址中发现了大麦、小麦、高粱、粟、稷等五种炭化籽粒[④]，经碳14测定，年代距今5775—5000年，"这样就解决了我国新石器时代是否种植小麦的长期争论，把我国小麦种植的历史推到5000年前，是我国近年来农业考古的一个重大收获"[⑤]。甘肃东灰山小麦的发现意义十分重大，它不但说明了小麦种植源于中国本土，而且说明了民乐河西走廊一带是中国种植小麦最早的地方。该考古发现对西北地区乃至整个中国饮食文化的发展都有着极为重要意义。

小麦，中国最主要的食材，是五帝时期西北地区普遍食用的粮食品种。1964

① 筱田统：《五谷的起源》，日本《自然和文化》，1955年第2号。
② 彭邦炯：《甲骨文农业资料考辨与研究》，吉林文史出版社，1997年，第334～343页。
③ 甘肃省文物考古研究所：《甘肃省文物工作十年》，《文物考古工作十年》，文物出版社，1991年，第317页。
④ 李璠：《甘肃省民乐县东灰山新石器遗址考古遗址新发现》，《农业考古》，1989年第1期。
⑤ 陈文华：《农业考古》，文物出版社，2002年，第51页。

年在新疆天山东部的巴里坤石人子乡土墩遗址发现了完好的炭化小麦，该遗址"属新疆新石器时代三种文化类型之一的'含彩陶类型'，……这些麦粒虽因被烧而变黑，但颗粒仍然完好。从同一遗址出土的大型马鞍形磨谷器及双耳罐看，当时那里的农业已相当发达，小麦可能已是主要粮食作物之一"[1]。小麦在新疆的发现，从丰富食物品种而言意义非同凡响，表明新疆不仅有着发达的畜牧业经济，而且同时并存着发达的农业经济。

小麦的栽培不仅扩大了食物来源，而且增加了食物的品种。特别是小麦加工为粉食之后，极大地拓展了加工的空间，丰富了人们的饮食生活，至今面食品种仍然是西北地区的经典食品。

3. 粱、麻的栽培与食用

粱，"九谷"之一。高粱系禾本科一年生草本作物，抗旱耐涝，是北方主要的粮食作物。过去一直认为高粱原产于非洲中部，但在中国的古文献中早就有"粱""膏粱""秫（shú）""粱秫"的记载，可能都指高粱。

以前考古发现高粱栽培的时间都比较晚，目前，真正可以代表最早种植高粱的依旧是西北地区甘肃省民乐县的东灰山，在这里发现了完整的高粱炭化籽粒，距今已经有5000多年，成为中国最早栽培和食用高粱的地区。

除小麦、高粱之外，另一重要的食用作物"麻"最早也发现于甘肃[2]。根据对甘肃省东乡林家遗址的考古发现，在马家窑文化中发现了"大麻籽"，距今已有5000多年，这是马家窑文化的首次发现，也是中国发现的最早的麻[3]。

麻，桑科一年生草本作物。麻是古代主要的纺织原料，麻籽却是可以当作粮食来食用，亦可用于油料加工。

---

[1] 张玉忠：《新疆出土的古代农作物简介》，《农业考古》，1983年第1期。

[2] 西北师范学院植物研究所等：《甘肃东乡林家马家窑文化遗址出土的稷与大麻》，《考古》，1984年第7期。

[3] 甘肃省文物工作队等：《甘肃东乡林家遗址发掘报告》，《考古学集刊》，1984年第4期。

麻在古代地位很高。《周礼》中所说的"五谷",其排序就是:麻、黍、稷、麦、豆,麻位列第一,一直延续到汉代。在长达三千年的时间里,麻一直占据着重要的地位,它与人们生活息息相关。《吕氏春秋·孟秋纪》称:"孟秋之月,……天子居总章左个,乘戎路,驾白骆,载白旗,衣白衣,服白玉,食麻与犬,其器廉以深。"天子"食麻",而且必须要在深秋之际,可见"麻"在饮食生活当中地位的重要。

4. 青稞的食用

五帝时期西北地区有着丰富的食材,其中特有的粮食品种之一就是青稞。青稞,又称稞大麦,"产于我国西北部、四川西北部、西藏、青海等地,在海拔三千五百多公尺地区均能生长发育,属于一种耐高寒农作物,一般三月至五月播种,七月至九月收割,在栽培史上称为春性稞大麦。青稞是藏民族地区主要粮食作物之一,也是藏族人民不可缺少的口粮,因它是加工'糌粑'的主要原料"。青稞有着悠久的栽培历史,"青稞的栽培可能在新石器时代中期(距今约5000年)。地区是在黄河上游的青海东部和黄南一带开始栽培。藏文吐蕃王朝《世绪明鉴》中记述:藏王布贡夹在位时(公元1世纪),藏族地区已'垦原作田,种植稞麦'"①。青稞是西北地区主要的粮食作物之一,以青海最为普及。

根据贾思勰《齐民要术·大小麦》中载:"青稞麦,与大麦同时熟。好收四十石,石八九斗面。堪作饭及饼饪,甚美。磨尽无麸。"

另外,在距今3000年左右的新疆哈密县五堡墓地就发现了"青稞穗壳"②。由此可见新疆地区同样是青稞的产地和食用区。

小麦、高粱、麻与青稞的人工栽培,表明在5000年前后,西北地区的饮食生活较之于其他地区丰富。

---

① 王治:《青稞的由来和发展》,《农业考古》,1991年第1期。
② 王炳华:《新疆农业考古概述》,《农业考古》,1983年第1期。

三、粮食的计量与分配

自从人类脱离蒙昧以来，分配就成为永恒的主题。古代中国曾经有一种以"礼"为准则的分配形式，强调按照一定的规矩进行分配，包括食物的分配。在西北地区大地湾F901中出土的一套古量器（见图2-31），使我们看到了这套造型奇特的远古时期的量器。古量器分别为条形盘、铲形抄、箕形抄和四把深腹罐等。专家们的实测表明，这是一套二进制和十进制相结合的古量器，"其中条形盘的容积约为264.3立方厘米；铲形器的容积约为2650.7立方厘米；箕形抄的容积约为5288.4立方厘米；四把深腹罐的容积约为26082.1立方厘米"。就容积而言，可以推算出，它们之间的比值关系的公式是"四把深腹罐=5箕形抄=10铲形抄=100条形盘"。这套最早的度量衡实物，"将我国度量衡史的实物资料提前了2000多年"[1]。升、斗作为中国传统的量器，是古代国家法权的象征，一直到20世纪70年代才退出历史舞台。

西北地区古量器"条升、抄斗、四把斛"的发现，以其准确的进位表明，这套5000年前的古量器应是长期生产生活中分配实践的产物，其性质标志着行为规范的标准化和约束力，从古量器本身的质地来看，应该是当时分配粮食的专有量器。

图2-31 古量器，大地湾出土，距今5700年（《大地湾考古研究文集》，甘肃文化出版社）

---

① 赵建龙：《大地湾古量器及分配制度初探》，《大地湾考古研究文集》，甘肃文化出版社，2002年，第274～275页。

图2-32 箕形杪，大地湾出土，距今5700年

标准化量器的使用，表明当时的人们已经有了数的概念。科学史专家们将中国数学的历史分为五期，其中第一期就是从黄帝到汉代[1]。数来源于生产生活的需要，大地湾F901古量器的发现，证实了在5000年前的黄帝时期就已经在使用二进制和十进制相结合的古量器，与黄帝的大臣"隶首作数"相吻合[2]。旨在完善分配的公正，保证每个人都得到相等的食物，特别是在粮食短缺的时候尤为重要。也说明了当时的农业经济已经发展到相当高的水平，粮食不断增多，因此有必要对分配过程进行规范，于是升、斗、斛应运而生。

四、探索西极的饮食文化

甘、宁、青、新地区历史上对昆仑山的探索，曾经对中国文化尤其是对饮食文化产生过巨大的影响。昆仑山是中国神话之母，古人对昆仑山的崇拜，从文化层面来说，主要是因为此山有西王母的缘故。由于远离中原，因此西王母所居住的地方被古代中国人认为是最接近西天的西极之地。

昆仑山，又称昆仑之墟、玉山，历来是盛产美食之地，后人曾有许多有关记

---

[1] 李俨、钱宝琮：《科学史全集》第三卷，辽宁教育出版社，1998年。
[2] 范晔：《后汉书》，中华书局，1965年，第2999页。

载，如《吕氏春秋·孝行·本味篇》在列举天下顶级食物时，其中就有"流沙之西，丹山之南，有凤之丸，沃民所食。菜之美者：昆仑之苹，寿木之华。……和之美者：阳朴之姜，招摇之桂，越骆之菌，鳖鲔之醢，大夏之盐，宰揭之露，其色如玉，长泽之卵。饭之美者：玄山之禾，不周之粟，阳山之穄，南海之秬。水之美者：三危之露，昆仑之井。……果之美者：沙棠之实"。东汉著名训诂学家高诱《注》曰：寿木，昆仑山上木也。华，实也。食其实者不死，故曰"寿木"。是为长寿之木。

1. 凤卵与视肉

昆仑山的神奇在于这里有许多与内地不同的奇特食材。例如昆仑山的水就非常特别，《吕氏春秋·本味篇》中的"昆仑之井"，正是司马迁《史记·大宛列传》中所说的"其上有醴泉、瑶池"。指的都是甘甜的水源。而《山海经·海内西经》记载，昆仑山有"九井"之多。根据《山海经·大荒西经》记载："西有王母之山、壑山、海山。有沃民之国，沃民是处。沃之野，凤鸟之卵是食，甘露是饮。凡其所欲，其味尽存。爰有甘华、甘柤、白柳、视肉、三骓、璇瑰、瑶碧、白木、琅玕、白丹、青丹、多银铁。鸾凤自歌，凤鸟自舞，爰有百兽，相群是处，是谓沃之野。"视肉、珠树、不死树、木禾、甘水等，乍一看近乎神话传说，但仔细分析，却是多种食材的记载。"沃民之国"或"沃民之野"，指的就是水草肥美的农耕区和农牧区的众多物产，所以称之为"此山万物尽有"[①]。西北地区古代特有的食物品种，曾引起了历代人们的关注。

凤卵，又作凤丸，是鸟类之卵，抑或鸡卵，古代美食之一。后人的典籍记载了许多带有神话色彩的人吃卵的故事，《史记·殷本纪》记载："殷契，母曰简狄，有娀氏之女，为帝喾（相传为黄帝之曾孙）次妃。三人行浴，见玄鸟堕其卵，简狄取吞之，因孕生契。"《史记·秦本纪》记载："秦之先，帝

---

① 袁珂校注：《山海经校注》，上海古籍出版社，1980年，第407页。

颛顼（黄帝之孙）之苗裔，孙曰女修。女修织，玄鸟陨卵，女修吞之，生子大业。"讲的虽然是各自的由来，但在客观上却为我们提供了鸟卵作为食材的历史事实。在远古的炎黄时期，鸟卵作为昆仑山地区的一种食材，民众食之，当属一代食风。

视肉，也是昆仑山所产。西北地区地高土凉，环境特异，肉类以其高脂肪、高蛋白、能御寒御风的特有功能，早在远古时期就已经被先民们食用。

2. 珠树、甘木与甘柤

昆仑山的植物食材尤其丰富，如珠树、不死树、甘木、甘柤、沙棠等。昆仑山上的珠树为木本植物，果实可吃，且延年益寿。列子："珠玗之树皆丛生，华实皆有滋味，食之皆不老不死"。[1] 但是珠树果实具体为何物，历来无解。

据"珠"之解，当是类似于今枸杞子之类的野生植物，枸杞有补虚羸益精髓之功效，食之可滋补身体。枸杞，又被称之为：天精、地仙、仙人杖、西王母杖等，无怪乎《神农本草经》称："久服坚筋骨，轻身。"因而有益寿延年之说，特别是"西王母杖"之称，充分说明了珠树果实的保健功能。

甘木，郭璞《注》曰："甘木即不死树，食之不老。"对此多有解释。今张维慎先生考证认为：甘木即"某"字，属樟料乔木，也作丹，即"酸果"[2]。至此可知，不死树之所以可食者，乃是酸果一类的水果，具有开胃之功效。对于"不死树"，东汉训诂学家高诱注《吕氏春秋·本味篇》曰："食其实者不死，故曰寿木。"在《山海经·大荒南经》中亦有"（大荒之中）有不死之国，阿姓，甘木是食。"就是说吃了该树的果实之后，就可以延年益寿。

甘柤，据袁珂先生的考证，当为"梨木之神"，是为梨[3]，属于水果之类。甘露，就是甘甜可口的泉水。

---

① 王强模译注：《列子》，贵州人民出版社，1993年，第125页。
② 张维慎：《〈山海经〉中的"甘木"考辨》，《陕西历史博物馆馆刊》第二辑，三秦出版社，1995年。
③ 袁珂校注：《山海经校注》，上海古籍出版社，1980年，第246页。

后人秦相吕不韦在其所著的《吕氏春秋·本味篇》中记载了昆仑山的"沙棠之实"。沙棠，树木的名称，《山海经·西山经》记载："有木焉，其状如棠，黄华赤实，其味如李而无核，名曰沙棠，可以御水，食之使人不溺。"棠即梨，沙棠就是沙梨，水果的一种。但是，昆仑山的沙梨很特别，不但没有核，而且分量比一般梨都要轻，相传人吃了以后可以使身体漂浮在水面上，其神奇之处可见一斑。

3. 木禾与荅（答）、堇

木禾与荅、堇都是西北地区的著名食材，《山海经·海内西经》郭璞《注》曰："谷类也，生黑水之阿，可食，见《穆天子传》。"《穆天子传》是一部记载周穆王游历四方的记录。其中有不少内容涉及了当地出产的食物品种。如"黑水之阿，爰有野麦，爰有荅堇，西膜之所谓木禾"等。

木禾就是野麦。其未驯化的叫作山羊草，分布于黄河流域和新疆牧区 [1]。1985年和1986年中国科学院遗传研究所的李璠教授在甘肃省民乐县六霸乡东灰山新石器时代遗址中，发现了大麦、小麦等5种粮食作物，从而证实了《山海经》中以西王母为代表的西北人所吃的食物，其来源就有麦类作物。而考古发现4000年前青海喇家遗址出土的面条，则为《山海经》中有关食材的记载提供了难得的物证。

荅、堇，是两种不同的食用作物。荅，东汉许慎《说文》称："荅，小尗也"。从草，合声。尗，《说文》称："尗，豆也。象尗豆生之形也"。

豆就是菽。为古代五谷之一，发源于中国的北方地区，西北地区早有人工种植，发现的最早实物距今4620±135年 [2]，也就是说至少在黄帝时期豆类作物在西北地区就已经广泛种植。作为主要的口粮之一，距今已有3000年以上的历史，这在《诗经》《周礼》及《史记》等典籍中多有记载。

堇，有两种典型的说法，一为"米"，一为"菜"。《说文》称："堇，草也，

---

① 王玉棠、吴仁德、张之恒、陈文华主编，香港树仁学院编著：《农业的起源和发展》，南京大学出版社，1996年，第7~9页。
② 谢伟：《案板遗址灰土所见到的农作物——兼论灰像法的改进》，《考古与文物》，1988年第5~6期。

根如荠，叶如细柳，蒸食之，甘。"又，《尔雅·释草》郭璞《注》曰："今董葵也，叶似柳，子如米，汤食之，滑"。苔与董都是耐寒作物，宜于高原生长，所以成为西北地区最常见的素食食材。

五、以食疗疾的肇始

药食同源是中国传统饮食思想，明代大医学家李时珍曾这样总结了远古时代神农尝百草的历史功绩："太古民无粒食，茹毛饮血。神农氏出，始尝草别谷，以教民耕艺；又尝草别药，以救民疾天。轩辕氏出，教以烹饪，制为方剂，而后民始得遂养生之道"。

中国的中医从食而来，神农氏尝百草，即是古代先民寻找食物、开辟食源的艰辛过程，而一日遇七十毒，为解其毒，只能再去寻找解毒之草，这就是草药的由来。人们在长期的生活中不断地尝试不断地实践，终于从可食的植物中筛选出可治病的药，最终形成了中华民族医食同源的宝贵思想，是为中国饮食文化的一大鲜明特色。

西北地区医食同源的实践则始于昆仑山。

昆仑山盛产"璇瑰"，相传为西王母所用。"璇瑰"又作玫瑰，花类。花瓣和根都可以入药，具有顺气和血、疏肝解郁之功效。对气喘、消化不良、胃病等有辅助疗效，还可治妇女经血不调。至今甘肃河西走廊东端的苦水一带还盛产玫瑰，位居全国产量第一[①]。

芍药，也是西北地区名产，白者名金芍药，赤者名木芍药。味苦，平，无毒。有养血，敛阴，柔肝止痛，平抑肝阳之功效。古代多用于入菜肴以调味。

苦，是人类最早接触和总结出的基本味觉之一，这是因为先民们在生产力极端低下的状态下，采集常常是饥不择食。当食用过一些气味特别浓烈的植物后，

---

① 陈锐编：《甘肃特产风味指南》，甘肃人民出版社，1985年，第77页。

便留下深刻的印象。有些则意外地发现能减轻人的某些痛苦，经过反复验证，这些草便成了药，但是作为食物吃的功能并没有完全消除，食疗正是在此基础上逐渐完善的。后来人们常利用苦性来消暑降温清心明目，是为食疗的一大发明。

六、青铜器的发明与艺术彩陶的出现

五帝时期西北地区率先发明了青铜器，相对于还在石头上下功夫的地区，已经开始接近文明时代。特别是进食工具青铜刀和匕的出现，标志着西北地区早期的科技水平迈上了一个新台阶。

1. 进食工具刀与匕的使用

五帝时期西北地区先民们吃饭时的主要餐具是刀和匕，并且已经开始使用青铜质地的刀和匕，成为中国最早使用青铜器进食工具的地区。也是西北地区人们生活质量提高的重要标志。

国内考古发现，西北地区对青铜器的使用，在中国冶金发展史上有很重要的位置。其中最有名的是于甘肃东乡县林家马家窑文化遗址中出土的中国第一把青铜刀[①]，而且是用范（模子）铸的青铜刀。据北京科技大学的孙淑云、韩汝玢先生研究，在商代以前发现的铜器当中，甘肃占了总数的80%以上，在中华文明起源和发展中占有重要的地位。

学术界在探讨中华文明起源的问题时，曾经有过不同的标准，它以文字、城市、青铜器、冶金术、国家等出现为标志。例如，著名的考古学家夏鼐先生在《中国文明的起源》中提出商代殷墟文化"具有都市、文字和青铜器三个要素"，表明已进入了灿烂的文明时代，成为中国以夏商进入文明社会的立论点。西北地区"甘肃东乡林家马家窑文化遗址出土的含锡6%～10%的青铜刀，是我国发现最

---

① 北京钢铁学院冶金组：《中国早期青铜器的初步研究》，《考古学报》，1981年第3期。

早的一件青铜器，它的年代（公元前2740年）与世界范围内最早出现青铜的时代相当"①。充分表明西北地区的青铜冶炼与世界青铜冶炼的发展是同步的。

青铜刀的出现与该地食肉的生活习惯密切相关。西北地区猪、狗、羊、牛、鸡家畜饲养的迅速发展，使餐桌的食品越来越丰富。这是在马家窑文化遗址和墓葬中可以看到的先民们生活的遗迹。如新疆木垒县四道沟遗址中就出土了许多马、牛、羊、狗等动物的骨骼。这一时期农业的发展和人们相对定居的稳定生活，使人们对生活质量有了新的要求，如要求肉食加工工具的更新，于是金属的刀具便应运而生。

西北地区有使用刀、匕进食的传统，此为突出的地域特征。最早我们在甘肃发现了距今6000年前后的骨体石刃刀，在青海的同德县还出土了一套5000年前的骨质餐具，包括骨叉、骨勺和骨刀。

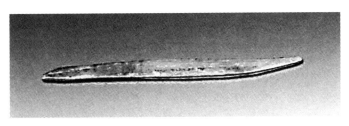

图2-33 骨体石刃刀，大地湾出土，距今6000年左右（《秦安大地湾——新石器时代遗址发掘报告》，文物出版社）

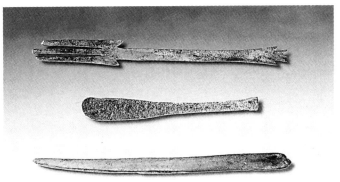

图2-34 骨叉、骨勺、骨刀，青海省同德县出土，距今5000年（《中国少数民族文化史图典·西北卷下》，广西教育出版社）

① 孙淑云、韩汝玢：《甘肃早期铜器的发现与冶炼制造技术的研究》，《文物》，1997年第7期。

青铜是铜加锡的合金，具有硬度大、熔点低、刃口锋利的优点。由自然铜发展到合金铸造是一次巨大的革命，青铜器的出现极大地提高了社会生产力，加速了人类社会前进的步伐。马家窑文化时期青铜器的使用，改变了万年以来人们只能使用石器、骨器的传统，为西北地区生产生活注入了新的活力。

2. 丰富多彩的精神生活

健康向上的精神生活，是社会文明进步的标志，五帝时期西北地区的人们享有丰富的精神生活，1973年青海大通县上孙家寨出土了一件马家窑类型的舞蹈彩陶盆，极其精美，被认为是描绘当时人们文化生活的艺术珍品。该彩陶盆口径

图2-35、图2-36　舞蹈彩陶盆，青海大通出土，距今5000年

图2-37　陶鼓，青海省民和县出土，距今5000年

28.5厘米，高12.7厘米。盆内壁绘有三组5人连臂的舞者，十分精妙[①]。舞步一致，翩翩有序，使我们似乎听到了五千年前先民们律动着的舞步。

青海同德县宗日也出土了一件舞蹈盆，该盆口径26.4厘米，高12.3厘米，内壁绘有11人一组和13人分组的连臂舞者[②]。这两件绘有舞蹈图案的彩陶盆可以说是5000年前中国绘画的巅峰之作，它是5000年前先民们日常生活的再现。

通过这两件彩陶舞蹈盆以及陶鼓、陶埙、陶响铃等乐器的发现，尤其是青海民和出土的陶鼓，使我们受到了极大的艺术感染。

发达的彩陶上布满了三角纹、草叶纹、花瓣纹、平行条纹、漩涡纹、水波纹、锯齿纹、葫芦形纹、圆圈纹、菱形纹、网格纹，以及鱼纹、鸟纹、蛙纹等动物形象装饰纹。这些纹饰画工复杂，手法细腻，线条生动流畅，这些彩陶既是当时人们日常实用的生活用具，又反映出当时人们对周围世界的认识。远在数千年前的五帝时期，西北地区人们的文化生活如此丰富，令后人叹为观止。

[①] 青海省文物考古队：《青海大通县上孙家寨出土的舞蹈彩陶盆》，《文物》，1978年第3期。
[②] 青海省文物管理处：《青海同德县宗日遗址发掘简报》，《考古》，1998年第5期。

第三章 夏商周时期

夏朝为大禹所建，时间是距今4070年 [1]，是我国第一个有明确记载的王朝。夏商周时期西北地区陕、甘、宁的部分地区属于古九州之一的雍州，《周礼·职方》称雍州："其畜宜牛、马，其谷宜黍、稷"。

图3-1　东汉时期的大禹画像砖
（《金石萃编》，北京市中国书店）

---

[1] 夏商周断代工程专家组：《夏商周断代工程1996—2000年阶段成果报告》，世界图书出版公司，2000年，第86页。

从公元前890年西周孝王时期开始，秦人开始管理西北地区的甘肃东部一带。到东周时期的公元前688年（秦武公十年）"伐邽（guī）、冀戎，初县之"[1]，首次设立邽、冀二县，这里便成为中国最早设县的地区。

周朝分为东西两个阶段，西周的政治经济中心在陕西关中，东周在洛阳，其政治经济中心为中原地区。西北地区均属于西周东周的西部边陲，是狄、獂、邽、冀、氐、羌、犬、义渠、猃狁（xiǎnyǔn）、绵诸、绲戎等西戎诸民族大发展的聚居区。

因此，多民族、多个性成为西北地区的鲜明特色，并形成了具有浓郁民族风格及地方特色的饮食文化，其中以齐家文化的肉食、黍粟饼、黍米粥以及4000年前的面条等为其代表性食物品种。

第一节　齐家文化时期的饮食生活

齐家文化因1924年夏季在甘肃广河齐家坪首先发现而得名。其年代可分为东西两部，东部地区在距今4100—3900年之间；西部地区在距今3900—3600年之间，与中原地区的夏代相当，下限可晚到商代。齐家文化分布范围较广，东起泾、渭河流域，西至河西走廊东部及青海东部，南抵白龙江流域，北达内蒙古西南部以及宁夏南部，即甘肃、青海、宁夏及四川、内蒙古等地，东西长约800多公里，已发现遗址在1200处以上。

齐家文化时期西北地区仍以肉食为传统饮食，而发达的农业生产"一直是以耐旱早熟的粟为种植对象"。另一方面"由于自然条件的复杂，有着丰富多样的自然资源，适于发展多种经济，天然植物与栽培植物，也将在人类劳动实践中，

---

① 司马迁：《史记》，中华书局，1959年，第182页。

突破土地条件的限制，蓬勃茂密的繁殖起来"①。特别是青海民和回族土族自治县喇家齐家文化遗址中4000年前面条的发现，为我们研究西北地区的饮食文化提供了不可多得的实物资料。

一、铜器的发展与饮食生活水准的提高

齐家文化时期以发达的冶铜业为标志，社会生产力的高度发展，特别是铜器刀、匕的继续使用，提升了食物的加工水平，丰富了饮食文化的内涵，成为这一时期最重要的特征之一。

学者们一般把中国青铜器文化的发展划分为三大阶段，即形成期、鼎盛期和转变期。其中"形成期"是指龙山时代，距今4500—4000年；"鼎盛期"即中国青铜器时代，包括夏、商、西周、春秋及战国早期，延续时间大约1600余年。

1. 铜质进食器的延续

西北地区是中国青铜器的发源地，从距今5000年开始，到距今4000年前后的齐家文化时期，西北地区的青铜器更是有了迅速的发展。如甘肃齐家文化的武威皇娘娘台、永靖秦魏家、广河齐家坪，四坝文化的玉门火烧沟、民乐东灰山、酒泉丰乐乡干骨崖、安西鹰窝村等出土了红铜、青铜制成的匕、刀、镞、锥、耳环、泡等器物，这些器物既有铸造的，也有锻造的。还有出土于青海西宁市城北区马坊乡小桥大队沈那齐家文化遗址的铜矛；海南藏族自治州贵南县尕马台墓地齐家文化遗址的直径9厘米、厚0.4厘米的七角星几何纹铜镜。②特别是新疆地区古墓沟文化遗址的发掘和研究③，表明大约四千年前新疆部分地区已进入青铜时代④。

---

① 王吉怀：《齐家文化农业概述》，《农业考古》，1987年第1期。

② 青海省文物管理处考古队：《青海文物考古工作三十年》，《文物考古工作三十年》，文物出版社，1979年，第162页。

③ 王炳华：《孔雀河古墓沟发掘及其初步研究》，《新疆社会科学》，1983年第1期。

④ 陈光祖著，张川译：《新疆金属器时代》，《新疆文物》，1995年第1期。

图3-2 青铜刀，甘肃武威出土，距今4000年左右（《中国少数民族文化史图典·西北卷下》，广西教育出版社）

铜器的出现极大地提高了社会生产力的发展。齐家文化的铜器主要分为红铜和青铜两大类，而青铜多于红铜，以小规模的家庭作坊式生产为主。特别是铜质生产工具和食物加工工具的大量出现，加速了农业经济和畜牧渔猎经济的大发展，铜质刀、匕的普遍使用，为居家过日子的食物精加工提供了极大的方便，人们开始由简单的原生态加工向精细发展，技术含量和艺术含量都在不断提高。

不过，铜毕竟是贵金属，虽说是西北地区最先使用，但未必人手一器。因此，传统的骨匕仍然在使用。齐家文化时期发现有大量的骨匕，集中在甘肃永靖的大何庄与秦魏家遗址，其中秦魏家出土骨匕22件[①]，大何庄出土骨匕106件和1件铜匕[②]。考古发现明确地告诉我们西北地区使用匕吃饭确实是有着悠久的传统。

饮食文化来源于人类的生产与生活，而生存条件和生活环境在一定程度上左右着饮食文化的形式、内容和内涵。考古发现为我们提供了他们最基础的生活信息，使我们知道"**齐家人足迹踏遍了黄河上游及其支流的洮河、湟水、大夏河流域和渭河上游、河西走廊、西汉水流一带。以农业畜牧业为其生产活动，过着比较稳固的定居生活**"[③]。他们在河边的台地上搭建方形和长方形半地穴式的房屋。房屋中间有一圆形灶，门道大多向南。屋内地面涂一层白灰面，卫生、光洁、坚

① 中国科学院考古研究所甘肃工作队：《甘肃永靖秦魏家齐家文化墓地》，《考古学报》，1975年第2期。
② 中国科学院考古研究所甘肃工作队：《甘肃永靖大何庄遗址发掘报告》，《考古学报》，1974年第2期。
③ 王吉怀：《齐家文化农业概述》，《农业考古》，1987年第1期。

实耐用。长期生活于定居的状态下，决定他们的生产方式是以农业为主，虽然畜牧渔猎经济为辅的生活仍在继续，但是饮食生活却悄然地随着环境在不断发生变化，向着稳定定居的方向发展。

2. 农牧业并举的经济形态

在食材的培育方面，肉食来源的家猪饲养成为亮点，"随着农业经济的发展，时间愈晚家猪的数量就愈多"[①]。而齐家文化时期养猪的比例为最高，表明这时以猪为主的饲养业有了突破性的大发展，并且作为牺牲而形成了以猪、羊为祭品的葬俗。家庭副业的发展带动了传统的人工养羊，羊的大量饲养，满足了日常的食用，同时也用于祭祀与殉葬。

考古发现在甘肃永靖大何庄遗址有六处作为宗教祭祀场所的"石圆圈"，在"石圆圈"附近发现有卜骨和母牛、羊等动物的骨骼[②]。齐家文化发达的家庭饲养体现在家畜作为牺牲的种类和数量上，其中包括"羊、牛、马、狗、猪"，以及"成对的羊角、羊腿、羊胛骨"等[③]。正常情况下，猪与羊是作为衡量人们生活富裕与贫困的标志，而殉葬家畜如果没有足够的生活保障，就不可能使用大量的羊、牛、马、狗、猪作为牺牲。齐家文化时期大量动物骨骼的出现，反映出肉类食物的丰富，说明饮食文化发展又迈上了一个新的台阶。

在宁夏地区"粮食主要是粟。除农业外，还饲养猪、羊、牛、马等家畜，聚落范围大，遗址堆积厚，说明定居生活持久而稳定，这显然与以旱田农业为主，兼营狩猎、畜牧业不甚发达的马家窑文化有别"[④]。由此证明，夏商时期宁夏地区的饮食资源发生一些变化，家庭饲养业的发展，为人们提供了充裕的食物储备。

与此同时，"青海地区自新石器时代诸文化之后，畜牧经济有了较快的发展，

① 中国社会科学院考古研究所编著：《师赵村与西山坪》，中国大百科全书出版社，1999年，第318～339页。
② 中国科学院考古研究所甘肃工作队：《甘肃永靖大何庄遗址发掘报告》，《考古学报》，1974年第2期。
③ 李水城：《四坝文化研究》，《考古学文化论集》，文物出版社，1993年。
④ 许成、韩小忙：《宁夏四十年考古发现与研究（1949—1989）》，宁夏人民出版社，1989年，第5页。

主要是由于人口的不断增长，氏族制度的不断分裂和由于其他原因造成的迁徙，那些原本不甚利于农业生产的地区先后得到开发的缘故。这一时期畜牧经济的发展，并非人们有意放弃了原有的农业生产，正相反，原来比较适合农业耕作的地区，农业和畜牧业都得到了较快的发展。在新开垦的地区，畜牧经济因素所占的比重较大，但是，这种大小、多少，均是由当地的自然条件决定的"①。畜牧业是青海的传统，有着悠久的历史，发展畜牧业是先民们适应环境利用环境的经验选择。

夏商时期，甘、宁、青、新地区大部分民众已经生活在定居的环境里，在稳定的条件下，他们可以有计划地安排自己的农业生产、家庭饲养和畜牧渔猎。他们种植的传统粮食作物有"小麦、大麦、黑麦、黍、稷、高粱"等②，并且饲养猪、羊、鸡、狗、牛、马等，以满足日常的饮食生活。随着生活质量的提高，人们使用的器物也越来越有特色，展现出人们在稳定的生活中对美的追求。

夏商时期，甘、宁、青、新地区的齐家文化完全可与中原相媲美，受到了世人的关注。这里曾经有过发达的养蚕业，"养蚕业的出现，表明了距今四千年前

图3-3　圆点弦纹双耳彩陶罐，青海出土，距今4000年左右

图3-4　三角网纹单耳彩陶罐，甘肃天水出土，距今4000—3000年

① 尚民杰：《对青海史前时期农牧因素消长的几点看法》，《农业考古》，1990年第1期。
② 李曙等：《甘肃省民乐县东灰山新石器遗址农业遗存新发现》，《农业考古》，1989年第1期。

后的齐家文化时期，在洮河流域的气候比现今要湿润而温暖。同时，也是当今所知史前时期养蚕业最西的分布地区，为养蚕丝织业的向西传播，提供了可靠的实物资料"①。

二、箪饼以食

孔子曾经表扬他的爱徒颜回说："贤哉，回也！一箪（dān）食，一瓢饮，在陋巷，人不堪其忧，回也不改其乐。贤哉，回也。"②孔夫子所称之"一箪食"之"箪"，是中国古代传统的用竹、苇、草等编织的食具，这种食具在新疆地区的考古挖掘中已得到了实物的验证。

1. 箪

中原地区称之为"箪"的箪篓，由于是竹、苇等材质所编，所以很难保存下来。但是，1979年在新疆罗布淖尔地区孔雀河古墓沟的考古发掘中就发现了"箪"的实物，大大早于孔子时代，令人大开眼界。研究报告称："草篓，是这一墓区普遍出土的文物，人具一篓，用为盛器。它是由韧皮纤维如麻类以及芨芨等为原料编制而成，形制通常是平口鼓腹圜底或小平底，高一般在15厘米上下。少数编制精巧的不仅平整细密，而且利用纬向材料光泽程度的不同而显示'之'字、波纹、几何形拆曲纹饰等，富有装饰效果。从部分篓中盛小麦、白色糊状物看，可能与食具有关。以草编器作为食具，在过去未见实物。汉文古籍中有所谓'箪'、乃指竹、苇编器。其中一部分也用为食具，'箪食壶浆'，即是一例。它们，颇可说明用竹、苇、草编器作为食具、盛具，曾是我国古代一种比较普遍的餐具"③。

① 吴汝祚：《甘肃青海地区的史前农业》，《农业考古》，1990年第1期。

② 杨伯峻译注：《论语译注》，中华书局，1980年，第59页。

③ 新疆社会科学院考古研究所：《孔雀河古墓及其初步研究发掘》，《新疆文物考古新收获1979—1989年》，新疆人民出版社，1995年，第94页。

图3-5 草篓，新疆罗布淖尔出土，距今4000年左右（《沧桑楼兰——罗布淖尔考古大发现》，浙江文艺出版社）

在古墓沟同时还发现了木盆、木盘、木杯等食器，以及草编小篓，可谓致密。

草篓的发现意义非同一般，草篓是当时人们居家生活经常使用的工具，多用作盛谷物、蔬菜、瓜果和粥等食物。让我们看到了4000年前西北地区已经流行使用这种很精美而实用的盛器了。

2. 糜以为粥

粥在内地历史悠久，但过去鲜有实物参照。然而新疆地区的考古发现为我们大开了眼界。根据孔雀河古墓沟出土的草编小篓里边"也有盛白色浆状物（已成糊干）"的食物分析[1]，糊干的白色浆状物形，与吐鲁番地区考古发掘出的糜子粥相比照[2]，可能就是用糜子熬成的粥或者是用米熬的粥。

1992年3—4月间，新疆文物考古研究所考古队对善鄯县吐峪沟苏贝希村附近的墓地进行了发掘，同样发现了"随葬陶器盛放的糜子食品和干巴了的糜子

[1] 新疆社会科学院考古研究所：《孔雀河古墓沟发掘及其初步研究》，《新疆文物考古新收获（1979—1989年）》，新疆人民出版社，1995年，第93页。

[2] 新疆文物考古研究所、吐鲁番地区文管所：《善鄯苏贝希墓群一号墓地发掘简报》，《新疆文物考古新收获（续）1990—1996年》，新疆美术摄影出版社，1997年，第47页。

粥”[①]。由此可见，新疆地区有喝糜粥的习惯。不过，从孔雀河古墓沟草编小篓里发现有小麦粒的情况来看，除了糜子粥之外，还很有可能盛放的是与麦粉有关的流质食物。

新疆地区不止一处有粥的发现，证明夏商时期这里的饮食习俗与内地同步发展，无论是中原还是西北都在食粥便是一例。

粥是中国传统的食物种类之一，历史悠久。据说黄帝时期就已经出现。《礼记·月令》称：“仲秋之月，是月也，养衰老，授几杖，行糜粥饮食。”意思是说中秋时节要注意赡养老人，给予他们几案、拐杖，做粥给他们吃。另外，粥的重要还与礼制关系密切。史书记载鲁穆公的母亲去世了，就派人去问曾子如何办理丧事，曾子说：“饘粥之食，自天子达。”[②]饘即稠粥，意思是说服丧期间吃粥喝稀饭，从天子到老百姓都是一样的，不可违规越礼。

粥，亦称“糜”，《说文》：“糜，糁也。”《尔雅·释言》注：“粥之稠者曰糜。”汉代著作《释名》称：“糜，煮米为糜，使糜烂也。粥浊于糜，育育然也。”早期的粥是用糜子为原料，这在新疆地区考古发掘出的糜粥中得到证实。

粥有很好的食疗效用，这在后世的典籍里多有记载。对于经常食用肉食的西北地区人而言，粥无疑是一种很好的调养剂。

3. 面饼

饼，是面食当中最为常见的品种，它早在夏商时期就已经出现在西北人的饮食中。

用小麦粉或者粟、黍粉加工后烤成饼，在西北地区已有4000多年的历史。考古工作者在新疆哈密市五堡乡“**发掘的墓葬随葬品中，常有一种用小米做的厚约3～5厘米的饼子。这种小米饼作为一种随葬品而放入许多墓内，似反映了谷子**

① 新疆文物考古研究所、吐鲁番地区文管所：《善鄯苏贝希墓群一号墓地发掘简报》，《新疆文物考古新收获（续）1990—1996年》，新疆美术摄影出版社，1997年，第148页。

②《礼记·檀弓上》，中州古籍出版社，2010年。

是那里的人们当时种植比较普遍的一种谷物。"① "出土颇多。大部分作方形，长约二十厘米，厚三至四厘米。由于粉碎不好，饼内的卵圆形小米颗粒仍清晰可见。民丰县尼雅遗址，即汉代精绝王国的废墟内，曾在数处房址中见到小米，有的房屋遗址内铺得厚厚一层，因年久而结成了硬块。楼兰地区，也曾见到粟类遗物。"② 粟由内地传到新疆，遂成为新疆较早种植的粮食作物之一，种植区域包括天山南北。其中"在天山以北的东北地区，1977年考古工作者在大垒哈萨克族自治县东城公社四道沟发掘了一处原始社会晚期的村落遗址，出土文物中有似为粟的谷物。"③

除了粟之外，还有黍最为普及，同样在哈密五堡墓地"M151墓底尸体身旁还见随葬的已朽蚀的糜饼"④。哈密五堡粟（小米饼）黍（糜饼）的发现，足以证明粟、黍不但在中原地区种植，在西北地区的新疆同样也是大量种植，因而面饼十分普及。联系到今天新疆有名的面饼"馕"，两者之间的传承关系显而易见。

1979年年底，在新疆罗布淖尔地区孔雀河的考古"取得了不少前所未见的工作成果"⑤。特别是发现了粮食作物小麦，成为西北面食普及的历史佐证。

过去认为夏商时期新疆罗布淖尔地区人民生活的衣、食来源主要是畜牧业。小麦的发现，改变了传统的看法。作为中国主要的传统食材，新疆发掘出土的小麦"是我国所见最早的小麦实物标本。说明近4000年前，我国新疆东部地区，已有纯一的小麦和普通圆锥小麦群的存在"⑥。因此，考古学家王炳华先生认为："小麦是世界最古老的栽培作物之一，也是我国人民的主要粮食作物之一。上述的资

① 张玉忠：《新疆出土的古代农作物简介》，《农业考古》，1983年第1期。

② 王炳华：《新疆农业考古概述》，《农业考古》，1983年第1期。

③ 张玉忠：《新疆出土的古代农作物简介》，《农业考古》，1983年第1期。

④ 新疆文物考古研究所：《哈密五堡墓地151、152号墓葬》，《新疆文物考古新收获（续）1990—1996年》，新疆美术摄影出版社，1997年，第116页。

⑤ 新疆社会科学院考古研究所：《孔雀河古墓及其初步研究发掘》，《新疆文物考古新收获1979—1989年》，新疆人民出版社，1995年，第92页。

⑥ 新疆社会科学院考古研究所：《孔雀河古墓及其初步研究发掘》，《新疆文物考古新收获1979—1989年》，新疆人民出版社，1995年，第95页。

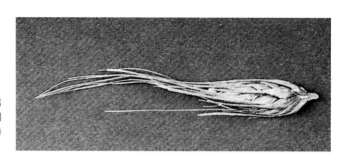

图3-6　小麦，新疆哈密出土，距今4000年左右（《中国少数民族文化史图典·西北卷上》，广西教育出版社）

料说明，唐代以前，新疆地区已经普遍种植小麦。过去，一般认为它在新疆只有两千多年的栽培历史，现在孔雀河出土的小麦标本，把小麦在新疆地区的栽培历史提早到近四千年前，而且对新疆小麦的起源也提出了新的问题，在农学史研究上的意义是很大的。"[1]食材小麦在新疆的发现，对于我们进一步认识西北地区的饮食生活无疑有着积极的意义。

三、中国面食之最

面食，是农业中国传统的食物品种，而面条又是最常见最普及的面食，甘、宁、青、新地区的老百姓历来把"吃面条"称之为"吃饭"，在他们的生活习惯中"面条"就代表着"饭"，直到物质生活极大丰富的今天，依旧保持着这一传统的习惯。历史上黍、粟与小麦的大量栽培，是西北地区面食发达的物质前提。青海喇家齐家文化遗址20号房址中发现的面条成为中国面食之最。

1. 面条四千年

中国人吃面条的历史，不会晚于4000年，而且早期的面条是由粟和黍面粉做成的，这个结论来源于西北地区青海省民和回族土族自治县官亭镇的喇家遗址。

---

① 王炳华：《新疆农业考古概述》，《农业考古》，1983年第1期。

喇家遗址距离青海省西宁市190公里，总面积约20万平方米。2000年5月—9月，中国社会科学院考古研究所甘青工作队和青海省文物考古研究所对这里进行了正式发掘，使我们看到了堪称经典的史前大灾难的遗迹，被称之为东方的庞贝古城。在喇家遗址众多的发现当中，以面条的发现最为引人注目，成为我们研究西北乃至中国食物品种的重要实证。

2005年10月13日出版的英国《自然》杂志，刊登了对青海喇家遗址出土齐家文化的面条状遗存物的鉴定论文，使我们得知青海喇家遗址出土的面条状遗存是小米粉做成的面条。据新华社报道，"据发掘该探方的青海省文物考古研究所蔡林海介绍，当时出土时，红陶碗倒扣于地面上，碗里积满了泥土，在揭开陶碗时，发现碗里原来存有遗物，直观看来，像是面条状的食物。但是已经风化，只有像蝉翼一样薄薄的表皮尚存，不过面条卷曲缠绕的原状还依然保持着一定形态。面条全部附着在后来渗进陶碗里的泥土之上，泥土使陶碗密封起来，陶碗倒扣，因此有条件保存下来。"① 后经过吕厚远研究员大量的实验鉴定，最终确认了喇家面条的食物成分是粟和黍。

粟，也称之为稷，就是人们经常食用的谷子、小米，因为耐旱，所以是古代主要的粮食作物。黍，就是糜子，是西北地区最早栽培的主要粮食作物之一，已有8000多年的历史，用粟、黍加工的面条至今为西北地区人喜爱。

喇家面条的发现将我国食用面条最早记录的东汉时期提前了两千多年，是当今世界发现最早的面条，堪称了不起的伟大发现。

青海喇家面条在形态上近似于今天的拉面，专家的意见也认为喇家面条可能是用某种简单的工具压制而成。如果是用加工工具制成，其意义就显得更加伟大，也就是说我们的祖先至少在4000年以前就开始使用专业工具加工面条。

喇家面条的发现说明，该地区的小麦食用，已从传统的粒食发展到粉食，进

---

① 新华社：《青海喇家遗址出土4000年前的面条》，2005年11月8日19:09:06，http//news.xinhuanet.com/photo/2005-11/08/content_3750933.htm，2005年11月9日。

而由粉食加工成面条。

喇家遗址还发现了一批"夹砂红陶有盛储器、饮含器、水器、炊煮器四种，夹砂褐陶均为炊煮器"[1]，这是面条食用时的配套炊具。另外，喇家遗址已经普遍使用壁炉烤制面食和用火塘烹煮粒食。

喇家遗址还出土了骨制刀、叉等食肉餐具，说明这一地区的饮食既有面食又有肉食，饮食结构并不单一。

2. 锅巴的前身

考古发掘证明，早在夏商时期西北地区就已经有锅巴。不过，当时获取"锅巴"的方法比较特别，即制熟锅巴后，须将做锅巴的陶鬲打碎，然后取出"锅巴"。河南省济源市文物保管所在小浪底施工区调查文物时，"发现一陶鬲片上有一层熟食遗物（即俗称的'锅巴'），其厚度如纸，面积有十平方厘米，呈黄色。据考证，其年代当在四千年前。据考古发现，在使用金属烹煮器之前，人们主要使用陶器。在烹煮过程中，一些流质食物会附着在陶器上，时间一长，就会结成一层痂，这就是'锅巴'，但很难将其铲下来，只好将陶器打碎，取出锅巴"[2]。

鬲，烹煮器，曾经在西北地区使用了6000年左右，之所以长盛不衰，我们现在才明白其中还有不为外人所知的原因。西北地区发达的制陶业与锅巴之间的关系竟然是如此的微妙，确实出乎人们的想象。当然也不排除为了锅巴而长期使用鬲来熬粥，以专门获取锅巴。今天甘肃天水有一种小吃叫作"呱呱"美食品种，是用荞麦面熬制成稠糊状，熟了以后将其中的一部分盛出，锅里只剩下大约一寸许，再用文火将其烧成一层锅巴，然后用手把锅巴掰成不规则的小碎块，加入调料，即可食用，此为古食之遗风。

---

[1] 中国社会科学院考古研究所甘青工作队、青海省文物考古研究所：《青海民和县喇家遗址2000年发掘简报》，《考古》，2002年第12期。

[2] 卢化南：《河南济沅发现四千年前锅巴》，《农业考古》，1997年第3期。

图3-7　有火烧痕迹的陶鬲，甘
肃省天水市出土，距今4000年左右

第二节　两周时期的饮食文化

周人有重视农业的传统，周的始祖名弃，弃从小就喜欢农业活动。《史记·周本纪》记载，"其游戏，好种树麻、菽，麻、菽美。及为成人，遂好耕农，相地之宜，宜谷者稼穑焉，民皆法则之。帝尧闻之，举弃为农师，天下得其利，有功"。因此，后人称其为"后稷"，亦为农神。周朝的食材已经相当丰富，仅《诗经》中记载的粮食作物就有15个，分别是：黍、稷、麦、禾、麻、菽、稻、秬、粱、苣、荏菽、秠、来、牟、稌，其中黍出现19次，稷出现18次，麦出现9次。①而黍、稷、麦、麻、菽、稻、粱等最为常见，其中值得关注的就是大麦和水稻。发达的食材经历代种植繁衍至今，仍然是今人的主食，从而积淀了深厚的农耕文化。

一、采薇采薇

《采薇》是西周初年的一首歌名，讲述着一段不吃周食而宁愿饿死的感人历

————————————

① 齐思和：《毛诗谷名考》，《农业考古》，2000年第1期。

史。故事的主人公是古代中国大名鼎鼎的伯夷和叔齐。他们是殷商孤竹君的两个儿子。

《史记·伯夷列传》中讲述了这样的一段故事：孤竹君死后，伯夷与叔齐不愿继承王位为君，遂西逃投奔周文王。但当兄弟俩赶到时，周文王已逝，却正逢其子周武王兴兵伐纣。伯夷、叔齐拦住周武王的队伍，说文王刚殁，尚未殡葬，你就大动干戈，是为不孝不忠。周武王不听劝阻继续伐纣并取胜夺天下，建立了周朝。伯夷和叔齐深感耻辱，决定不食周食。二人遂西行至甘肃的首阳山隐居，以吃薇菜了却残生，直至饿死。饿死之前，他们作了一首被后人称之为《采薇》的歌：

> 登彼西山兮，采其薇矣。
>
> 以暴易暴兮，不知其非矣。
>
> 神农虞夏，忽焉没兮，我安适归矣？
>
> 于嗟徂兮，命之衰矣。

《采薇歌》影响极大，由于背景是武王灭商"以暴易暴"，所以这段历史故事为历代儒家所推崇，孔子在《论语·季氏》中称赞"伯夷、叔齐饿于首阳之下，民到于今称之"。该典故一直流传至今。

首阳山，在今甘肃省的渭源县 [①]，是伯夷、叔齐采薇菜的地方。山上有夷齐庙和伯夷与叔齐的二贤墓冢。

薇，薇菜，是一种比较常见的野菜，为豆科多年生草本植物。人们日常食用的薇菜颜色绝大多数为黄褐色，伯夷、叔齐所吃的薇菜却是白色的，而且只有首阳山上的薇菜是白色的，颇为传奇。

薇，亦为苦菜，又作荼。《尔雅·释草》："荼，苦菜"。苦又作苦药，《说文》："苦，大苦，苓也。从草，苦声。"《诗·唐风·采苓》有"采苓采苓，首阳之巅"，"采苦采苦，首阳山下"。采苦，即采集苦菜。

---

① 鲁廷琰：《陇西志》卷二，《西北稀见方志文献》卷三十九，兰州古籍书店影印出版，1990年。

如今在首阳山上伯夷、叔齐墓冢前的牌坊上刻有一副对联，上联：满山白薇味压珍馐鱼肉；下联：两堆黄土光高日月星辰。白薇正是伯夷、叔齐采薇而食的薇菜。他们是文献记载西北地区最早吃野菜的名人。

二、面食与肉食

稻，中国传统的粮食作物，已有万年的栽培史。一般认为稻产于南方地区。事实上，考古发现在西北地区的甘肃庆阳就有仰韶文化时期的人工栽培食用稻，被称之为"庆阳古稻"。西北地区的庆阳古稻是"是中国当前所发现最西北的古栽培稻"[①]。庆阳古稻的发现，说明西北地区食粮作物是丰富多样的，既有黍、稷类，也有稻类等，构成了特有的饮食文化。

周代甘、宁、青、新地区气候湿润，水草丰盛，林木茂密，既有大量的鱼类及野生动物，又有果蔬等农作物，从而形成了以农业为主，畜牧业为辅，饲养、采集与渔猎相结合的生计方式，并一直延续下来。

1. 面食制品

从食材的开发看，两周时期西北地区在种植黍、稷、麦、麻等传统粮食作物的同时，又在普遍种植新的粮食品种——大麦。

大麦的最早发现是在新疆的哈密市。根据新疆文物考古研究所1991年对哈密市五堡墓地151、152号墓葬的发掘清理，意外地发现了距今3000年的大麦。

发掘报告称："在M151的盖木与穴壁间的缝隙中填塞有谷秆；在M152盖木上铺有一层麦草，在填土中还见大麦穗和谷穗1节。大麦穗长4.3厘米（去芒）、宽1.0～1.2厘米，粒长0.6～0.62厘米、宽0.21～0.23厘米"。经过鉴定，专家们得

---

① 张文绪、王辉：《甘肃遗址古栽培稻的研究》，《农业考古》，2000年第3期。

出的结论是："从出土古大麦与现在乌鲁木齐县农家栽培大麦比较，除穗子较短外，其他特征基本相似，同属于Hordeum Vulgare L. ……同时也表明，古大麦与新疆现在栽培的大麦属于同一个种（Hordeum vulgare L.）"[1]。人们用大麦加工成面饼，丰富着西北人的饮食生活。

麦类作物的种植，促进了面制食品的发展，如"在哈密巴里坤的兰州湾发现有炭化的小麦和面粉。在哈密伊吾盐池古城出土有小麦和面粉。小麦粒在新疆孔雀河下游青铜时代的墓葬内也有发现"。在哈密还发现了一件造型特殊的食品，其"船形食物，长11.9厘米，厚3厘米，宽4.1厘米。中间凹，呈船形"。专家们还认为："从外形上看为水蒸食物。……从出土的食物看，当时民众已懂得了多种烹调工艺，如水蒸、火烤等加工技术，使得当时人们的食物品种增多，也丰富了他们的饮食文化"[2]。

哈密发现的"船形食物"，虽然不能知道它的确切名称，但是根据造型分析，可能就是蒸饺之类的食品。

2. 肉食传统

周代新疆地区的肉食资源依然在不断开拓。1977年在新疆乌鲁木齐鱼儿沟出土了一件铜鸭，根据造型来看，应该是家庭饲养的水禽，是新疆地区日常生活中的肉类食品。

1997年在新疆霍城县东干乡征集到一只双耳圈足铜鍑。鍑，类似于今天的锅，是古代烹煮器之一，以煮制肉食为主，是民间食肉的又一物证。

1985年9月新疆考古工作者在且末县扎洪勒克遗址中发现了"除陶罐、木梳、骨勺外，还有用红柳枝穿成串的羊肉块"。对此，专家认为："从中原地区多处出土的汉代画像中，都可以看出当地人民食烤肉也相当普遍。以后随着经济的发展，农业比重增大，畜牧业比重下降，烤肉在内地人民生活中逐日减少，烤肉方

---

[1] 于喜风：《新疆哈密市五堡152号古墓出土农作物分析》，《农业考古》，1993年第3期。
[2] 张成安：《浅析青铜时代哈密的农业生产》，《农业考古》，1997年第3期。

图3-8 铜鸭，新疆乌鲁木齐出土，距今3000年左右

图3-9 双耳圈足铜镂，新疆霍城县征集，
距今3000年左右

法、器具也多告失传。然而对维吾尔族来说，因其居住地基本给他们提供了保持和传承这一传统饮食的良好的生态环境，因此烤肉才没有失传，留至今日"。[①]

红柳是新疆特色的树种，用红柳枝烤羊肉独具地方风格。1986年笔者在新疆20多天的考察中，多次品尝红柳枝串的烤羊肉，味道确实不一般。

西北地区地域广阔，饮食生活因地而异，农耕民族食谷、游牧民族食肉的饮食结构一直延续至今。

三、饮品与食品

酒，人类文明的产物，是社会生产力发展到一定水平的表现，酒的发现丰富了人们日常的饮食生活，同时也丰富了饮食文化的内涵。酒是古代中国粮食丰歉的晴雨表，又与社会政治密切关联，甚至被提到国家兴亡的高度。

1. 酒文化的发展高峰

在西北地区，酿酒与饮酒是饮食生活中的一大特色。

---

① 奇曼·乃吉米丁、热依拉·买买提：《维吾尔族饮食文化与生态环境》，《西北民族研究》，2003年第2期。

酿酒的原料主要用的是黍，即糜子。《黄帝内经·汤液醪醴论》称："黄帝问曰：为五谷汤液及醪醴奈何？岐伯对曰：必以稻米，炊之稻薪。稻米者完，稻薪者坚。"《说文·酉部》"酉"字解曰："八月黍成，可为酎酒。"可见古代中国酒的原料主要来自于粮食中的黍，是酿酒的主要原料。

酒文字，最早出现在距今3200年的甲骨文中，甲骨文中酒字被写作 💧、酉、酉、酉，像酒樽之形和酒坛子，如《甲骨文合集》之"癸亥卜，酒上甲"，"悚（sù，鼎中的食物）王其纳酒"[1]；《殷墟文字甲编》之"甲子卜，宾贞，卓酒在广不从。""酉"又通"酒"，《殷契佚存》之"辰卜，翌丁已先用三牢羌子酉用"、"贞酉弗其丛"等。[2]

周代是酒文化发展的一个高峰，这时至少能生产出：鬯（chàng）酒、秦酒、旨酒、饎酒、醴酒、醁酒、澄酒、春酒等，还有天子及贵族饮用的高浓度的清酒、医酒等。从商末周初的甘肃毛家坪遗址出土的小酒杯来看[3]，说明甘

图3-10　异兽形提梁铜盉，甘肃省泾川县出土，距今3000年左右

① 李实：《甲骨文丛考》，甘肃人民出版社，1997年，第416页。
② 徐中舒主编：《甲骨文字典》，四川辞书出版社，1983年，第562~1601页。
③ 甘肃省文物工作队、北京大学考古学系：《甘肃甘谷毛家坪遗址发掘报告》，《考古学报》，1987年第3期。

图3-11 青铜爵，甘肃天水出土，距今3000年左右 　　　图3-12 青铜尊，甘肃灵台出土，距今3000年左右

肃在这一时期已经开始酿酒。一部《诗经》共23篇说到酒[①]，所谓的"五齐、三酒"[②]，涉及《国风》3篇、《小雅》13篇、《大雅》7篇。酒已深入到生活的方方面面，并且创造出多种造型优美工艺精湛的青铜酒器。如图3-10中的异兽形提梁铜盉（hé）、图3-11中的青铜爵即是。

周代的酒器非常繁复，大体有：爵、角、尊、卣（yǒu）、壶、彝、盉、斝（jiǎ）、罍（léi）、觥（gōng）、觚（gū）、觯（zhì）、醽（líng）、瓿（bù）、杯、枓（dǒu）、钫等。其中尊是最常见盛酒器，材质有陶、青铜等，大小不一，亦可加温。

人类赋予酒以许多社会功能，谓之出征酒、庆功酒、贺寿酒、喜酒等，饮酒现象普遍。但是，在粮食尚未十分充足的情况下，其大量消耗酒的背后必将带来可怕的粮食危机。在生产力低下的年代，多数人尚不能果腹，而少数人则消耗大量的粮食用作奢侈，商朝嗜酒成风，商纣酒池肉林，其结果必然会引起社会的动

---

① 陈全方：《"诗经"中所见的酒》，《西周酒文化与当今宝鸡名酒》，陕西人民出版社，1992年。
② 杨天宇译注：《周礼译注》，上海古籍出版社，2004年，第78页。

荡，因此，酒是中国粮食丰歉的晴雨表，每当粮食丰收的年成，国家基本上不干预酒的酿造，专心于税收。但是当粮食歉收时，国家则一定要限制酒的生产，毕竟吃饭是头等大事。因此，酒常常被提到与国家兴亡有关的高度。周朝建立后，针对商朝国君嗜酒而亡国的教训，坚决阻止饮酒之风蔓延，于是周公颁布了戒酒的诰词，这就是历史上著名的《酒诰》。《酒诰》从正反两个方面总结了殷商戒酒兴国和纵酒亡国的历史教训，阐述了戒酒对维持社会稳定的重要性，并规定了严厉的戒酒法令，违令者杀。

"厥戒诰曰：'群饮'。汝勿佚。尽执拘以归于周，予其杀。又惟殷之迪诸臣惟工，乃湎于酒，勿庸杀之，姑惟教之。有斯明享，乃不用我教辞，惟我一人弗恤弗蠲，乃事时同于杀。"

《酒诰》的颁布，在一定程度上缓和了社会矛盾。

商周以来，人们把贪食的饕餮，化作有目、有角、有身的纹饰[1]，铸于青铜器上，尤其是食器、酒器及礼器上，以警示当世及后人不可"贪于饮食"[2]。

对于酒文化，儒家尚其礼，道家尚其乐，仙家尚其寿，俗家尚其饮，武侠尚其勇，文士尚其妙，谋士尚其术，官商尚其利。酒的社会功能，包括了社会生活的方方面面。

图3-13　饕餮纹图案，
商周时期青铜器上常见的纹饰

[1] 芮传明、余太山：《中西纹饰比较》，上海古籍出版社，1995年，第316～330页。
[2] 杜预注，孔颖达疏：《春秋左传集解》，上海人民出版社，1977年，第523页。

2. 食材与食具

两周时期西北地区的食物品种已经相对丰富，其食材来源主要由粮食、家庭饲养、畜牧渔猎以及蔬菜瓜果等构成。其中粮食品种仍然是：黍、稷、粟、麦、粱、稻、菽、糜，以及大麦和青稞。

肉类食物主要有羊、牛、猪、犬、鸡、马，以及捕鱼打猎获取的野生动物。

西北地区的蔬菜，主要有葫芦、韭菜、葵、芜菁、芥、芹、茆、芦菔、莲藕、薤、葱、姜、蕨类植物等，一些蔬菜和中原地区种植的品种差不多，如芹、茆、葱、芥、韭等，很丰富。如在《诗·鲁颂·泮水》中记载的中原地区的一些菜蔬："思乐泮水，薄采其芹。思乐泮水，薄采其茆"。《礼记·内则》："脍，春用葱，秋用芥。豚，春用韭，秋用蓼。脂用葱，膏用薤"等。芹，即芹菜，芥，指芥菜酱，韭，即韭菜，薤，属于百合科蔬菜。

西北地区常吃的水果有瓜、枣、栗、桃、李、杏、梅、梨、柿、橘、柑橘等。《诗·魏风·园有桃》："园有桃，其实之殽。园有棘，其实之食。"《诗·豳风·七月》："七月食瓜"等大概有十几个品种。

两周时期农业生产的发展和食物资源的丰富，使人们对饮食有了新的品质要求，食品的制作也日趋精细，出现了饭、膳、饮、食等不同的分类。

饭，泛指由粮食作物黍、稷、稻、粱、菽等做成的饭。膳，指的是肉羹、肉酱、烤肉以及切细的肉、鱼等。饮，指的是各种各样的酒以及粥和醋水等。食，指的是有肉酱、羹、鱼等副食搭配的饭。在日趋精细的要求下，初备了一定的标准。

以酱为例，酱是西北地区常吃的食品。后来成为调味品。酱多为流汁，以肉调制而成，所以又称之为醢，即肉酱。因此《说文》释"醢"曰："肉酱也。"如《礼记·内则》所说的"卵酱实蓼"，郑玄《注》："卵……即是鱼子。"还有"鱼醢""芥酱"等，按其名实来讲，就是以各种肉、鱼及鱼子为主，再调和以菜，然后用盐、酒等配制成各种各样精美的酱。古人对酱非常重视，特别在祭祀方面要求很高。在祭祀时献熟食必须要用酱，而且有着严格的规定，凸显出酱在饮食生活中的重要作用。

图3-14　青铜鼎，甘肃省礼县出土，距今2700年左右

图3-15　青铜甗，甘肃省天水市出土，距今2500年左右

周代食物的丰富促进了两周时期饮食器具的改良。饮食器具由陶器逐步向青铜器过渡，首先出现在帝王和贵族们的饮食活动当中，如烧烤器中的炉，烹煮器的鼎、甗、甑、鬲、釜等。

鼎，是烹煮食物的炊具，可视为今天锅的前身，材质从最早的陶器发展到青铜器、铁器等。

甗，分上下两部分，上边是甑，下边是鬲。上边甑的底部有气孔，可蒸馒头，下边就是今天的锅，可煮米饭、熬稀饭，一器可同时两用。

食器有：簋、豆、盨（xǔ）、簠（fǔ）、盂、敦、筲锜等；盛冰器有：鉴、匜（yí）；盥洗器有：盘、匜、缶等；进食器有：箸、匕、削、刀、勺、斗、匙、叉等。这些器具系由多种材质制成，有竹木器、角器、陶器、骨器、青铜器、漆器、玉器和象牙器等。

烧烤器和烹煮器在两周时期比较发达，对肉食的加工多以较粗的切割和直接烧烤为主。烤熟的肉食块比较大，可直接手持食用。

丰富的原料又对烹饪技术提出了更高的要求。对此，学者陈彦堂先生指出："这时期发展并完善了烧、蒸、煮的技法，并新发明了煎、腌等制作方式，对水质、火候、原料品质、成品调味等予以特别关注，仅调味品的名称就多达二十余种，较为完整而独特的烹饪理论在这一时期已逐渐形成。……发明出盛食的簋、簠、敦、盂、盒、豆等器物，是新的饮食礼俗的产物，鼎也由专门的炊具发展为煮、调、盛等多种用途。豆则专以盛装肉食，箸匕类进食具开始形成固定的组合与功能。"[①]从考古发现看大体如此。

就吃饭的方式而言，两周时期大体上还是席地而坐的分食制。最早使用的进食工具是刀、匕、叉，而不是筷子，当然不排除手抓，尤其是青海与新疆以食肉为主的地区。这一点与内地的箸文化大相径庭。

第三节　古氐族、羌族的饮食生活

两周时期是我国传统的饮食文化从发展到兴盛的重要历史阶段，孔子"食不厌精，脍不厌细"理论的产生就是在这一时期。但是，西北地区与中原有所不同，其饮食习俗受到了当地多民族的影响，特别是以氐、羌、邦、冀、獂、绵诸、翟、匈奴、义渠等为代表的"西戎"。西戎有着很大的势力，几乎主宰着这一地区的一切。历史上西戎繁荣的时候少数民族曾经多达百余个，而历史文献留下关于他们的资料却少之又少，客观上为我们研究"西戎"这些少数民族的饮食文化带来极大的困难，因而，我们只能结合相关的考古资料进行研究。

一、古氐族的饮食生活

氐，中国最古老的民族之一，主要生活在西北地区。《诗·商颂·殷武》称："昔有成汤，自彼氐、羌，莫敢不来享，莫敢不来王，曰商是常。"氐族的历史十分悠久，在《甲骨文全集》中多有"氐"与"羌"，以及"氐王"、"耒羌"的

[①] 陈彦堂：《人间的烟火·炊食具》，上海文艺出版社，2002年，第35页。

记载①。《史记·西南夷列传》载："自冉駹（máng）以东北，君长以什数，白马最大，皆氐类也。"白马，即白马氐，亦称武都白马氐，武都即今甘肃成县，与秦人共同居住在甘肃东部的西汉水流域。古史大家刘起釪先生认为："在整个西羌区域内，可基本以渭水向西北斜接洮、湟一线，作为氐、羌二者的粗略分界线。渭以北迄河西走廊大抵为古代氐族区域，渭以南的陇西、青海以迄川、藏，大抵为古代羌族区域。"②今天氐族已经消失，被融合到若干个民族当中，虽然今天还能看到一些氐族文化的影子，但是，作为独立的一个民族已经不存在了。

氐族文化在西北地区曾经留下过深远的影响，主要分布在泾水、渭水、西汉水、洮河等流域。史称"秦逐西羌，置陇西郡。秦末，氐、羌又侵之"③。他们曾经有过自己的语言，谓之"氐语"④，但是没有文字。

氐人最显著的文化特点有两个，一是葬俗，二是饮食。

氐人崇尚火葬，《荀子·大略》称："氐羌之虏也，不忧其系垒也，而忧其不焚也。"《吕氏春秋》也说："氐羌之民，其虏也，不忧其系累，而忧其死而不焚也。"就是说氐羌之人不怕死，而害怕死了以后不能火葬。

氐人的饮食习惯是以素食为主，吃黍、稷、稻、粱、菽等五谷杂粮，烹饪方式与汉人相同。食物品种有黍米饭、稷米饭和大米饭，也有黍米饼和小米饼，以及大米稀饭。他们在做饭的时候同样使用与汉人一样的烹煮器、鼎、鬲等。

氐人是农业民族，多为定居。房子以木建筑结构的板材为主，《诗经》说他们是西戎板屋。他们主要聚居在甘肃省南部的长江流域嘉陵江水系，为北、南秦岭之间徽成盆地边缘，徽成盆地是甘肃陇南山区中的江南，这里气候湿润、物产丰富，盛产米、麦、谷、豆等，畜牧发达，"出名马、牛、羊、漆、蜜"⑤，

① 李学勤、彭裕商：《殷墟甲骨分期研究》，上海古籍出版社，1996年，第390页。
② 刘起釪：《姬姜与氐羌的渊源关系》，《华夏文明》第二集，北京大学出版社，1990年。
③ 李吉甫：《元和郡县图志》，中华书局，1983年，第571页。
④ 陈寿：《三国志》，中华书局，1959年，第858页。
⑤ 范晔：《后汉书》，中华书局，1965年，第2859页。

以及驴、骡等。并出产铜、铁、铅、锌矿物质以及麻、椒、蜡等，生态环境非常优越。

蜜，即蜂蜜，氐人地区的特产之一。是一种天然的甜味物质，还有去腥、除异味等效用，并能使菜肴的颜色更加鲜亮。

氐人喜欢吃甜食，他们在烧菜或者做饼食的时候，常常会加入一些蜂蜜，使食品甘美可口。

氐人向以擅长农耕纺织而著称，根据《三国志》引鱼豢所著的《魏略》记载："氐人有王，所从来久矣。……其俗，语不及羌杂胡同，各自有姓，姓如中国之姓矣。其衣服尚青绛。俗能织布，善田种，畜养豕牛马驴骡。其妇人嫁时著衽露，其缘饰之制有似羌，衽露有似中国袍。皆编发。多知中国语，由与中国错居故也。其自还种落间，则自氐语"。氐人一般都通晓汉语。氐人还会"煮土成盐"[1]，并且成为经济收入的主要来源。这里大量生产麻，氐人妇女个个都是纺织能手，她们纺织麻布（即麻单布），并且染成青绛色，是为时尚。

由于氐族与华夏民族长时间的紧密相处，形成他们与汉人差不多的饮食习惯。

二、古羌族的饮食生活

羌，中国最古老的民族之一，其生存方式多以游牧为主。《说文》称："羌，西戎牧羊人也。从人，从羊，羊亦声。南方蛮闽从虫，北方狄从犬，东方貉从豸，西方羌从羊"。说明古羌族是以畜牧业为主，农业生产为辅的经济生活。

古羌族饮食生活的传统习俗是以吃羊肉为主，所以美、羞、羹等古代有关美食的字几乎都与羊相关。

从地域上看，文献记载夏商周时期羌作为西北影响最大的民族，分布广、人口多，有专家认为："古羌族分布在云、贵、川、藏、青、甘、陕、新疆、宁夏

---

① 沈约：《宋书》，中华书局，1974年，第2403页。

和内蒙一带，长期从事采集狩猎游牧生活，但在生态环境适宜农耕的条件下，即渐进入定居农牧经济生活。"①

西北地区人口众多的羌，在历史上曾经是商的主要敌国，被称之为"羌方"。甲骨文中多次出现"伐羌"二字，说明商与羌人的各部落曾经发生过多次战争，羌的生产力水平和经济发展都相对落后于中原，所以羌屡屡成为商王朝主要打击和掠夺的对象。获胜的商把俘获的羌人用作奴隶，而相当的一部分羌人都被用作祭祀的牺牲，称之为"用羌"，即用羌人祭祀。少则几人、十几人，多则几百人。如《小屯·殷墟文字甲编》记载"羌十人用"，《殷墟书契续编》记载"用三百羌于丁"。就是用300羌人作牺牲，用活人祭祀，其残忍程度由此可见。也因此引起了羌人的强烈反抗。对羌人的战争一直迁延至汉代，西北羌人纷纷起义，被汉政权称为"羌祸"。

考古发现表明，与羌人关系最密切的是距今3400—2700年之间的辛店文化。辛店文化范围之广，"东起陕西宝鸡，西至青海共和，这个东西长约650公里的分布空间是甘青地区诸多史前文化所不具备的"②，目前共发现遗址多达四百余处。

有专家认为："西北古羌族是黍稷油菜旱作农牧起源地。自古以来西北也是羌、回等少数民族旱黍稷油菜农牧文化区，包括新疆甘肃青海和宁夏自治区。"③自然条件相对较好的区域，农业生产就比较发达。例如，一般居住在湟水两岸的青海古羌人"农业生产已经是主要的了"④。不过，羌人因生存的环境不同，生产方式即农业和畜牧业的比重以及食物的摄取与饮食习惯也不尽相同。

从整体上看，古羌族经营畜牧业的比重要大一些。地处西北的羌人，他们向以善牧羊而著称，并以家庭饲养羊作为主要肉食的来源。例如，在甘肃东南部的陇山及西秦岭地区，有着丰美的草场，分布在不同的海拔高度上，尽显各自的特

① 王在德、陈庆辉：《再论中国农业起源与传播》，《农业考古》，1995年第3期。
② 谢端琚：《甘青地区史前考古》，文物出版社，2002年，第173页。
③ 王在德、陈庆辉：《再论中国农业起源与传播》，《农业考古》，1995年第3期。
④ 尚民杰：《青海原始农业考古概述》，《农业考古》，1997年第1期。

色。有海拔在2400～2600米的山地草甸草原，有海拔在2300～2400米的山地森林草原，还有山地灌丛草甸草场。这些大面积的草甸，地广人稀，植被完好，水草丰美，为西北羌人的畜牧业提供了坚实厚重的资源。

两周时期青海地区古羌人生活比较稳定，他们居住在有门有窗的房子里，这种房屋分为地面式和半地穴式两种，房子地面是用黄褐土铺垫或用胶泥混细砂铺垫，而且有灶。他们在做饭时，大量使用羊粪作为燃料，羊粪是牧区的主要能源。他们还用树枝及木桩排插而成围栏，作为饲养牲畜的圈栏。

在青海西部柴达木盆地诺木洪文化时期的遗址中出土了大量的兽骨，经鉴定有牛、羊、马、骆驼等，并还出土一件陶塑牦牛。狩猎物有鹿等[①]。有的遗址内还发现有这些动物粪便的堆积，可见这一时期的食物原料比较杂，表现出古羌人肉食来源的多元性。如图3-16青海出土的狼噬牛金牌饰说明了牛是当时畜牧的动物。

羌人狩猎善捕鹿，鹿肉鲜美，营养价值高。虽然鹿的奔跑速度快，但是抗击打能力却很弱，所以一直是人们追逐的肉食对象。我们从图3-17这只绘有七只鹿的彩陶罐上，像是看到了古羌人捕鹿的场景。

值得注意的是，在青海湖一带出土的动物骨骸中以鱼骨为多，这说明当时的

图3-16　狼噬牛金牌饰，青海省海北藏族自治州祁连县出土

---

① 赵信：《青海诺木洪文化农业小议》，《农业考古》，1986年第1期。

图3-17　七只彩绘鹿陶罐，青海省循化撒拉族自治县出土（《青海考古的回顾与展望》，《考古》，2002年第12期）

青海人将青海湖的鱼作为食材而大量食用，食物资源可谓丰富。

古羌人爱美，考古发现，在距今3600年的玉门火烧沟遗址中，发掘出一些用黄金制成的金耳环，而且"金耳环男女都有佩戴"，还有用金银或铜制的"鼻饮"等[①]，而这里正是古羌人的主要活动地区，反映出羌人原始而古朴的审美观。

三、盐、动物油脂与食疗

西北地区海拔高地气凉，口味重，调味品使用相比较内地要多一些，特别是食盐的使用尤为突出，因此形成了"好厨子一把盐"的传统说法。

1. 盐与西北饮食

五味之中盐为王，故有"百味之主""食肴之将"的说法[②]。盐，味咸，是人类身体不可缺少的物质，是维持人类生命的必需品。也是人类最早食用的重要调味品。

---

① 甘肃省博物馆：《甘肃文物考古工作三十年》，《文物考古工作三十年》，文物出版社，1979年，第143页。
② 班固：《汉书》，中华书局，1962年，第1183页。

甘、宁、青、新地区是我国传统的产盐区，这里产有大盐、海盐、井盐、池盐、崖盐、戎盐、光明盐、碱盐、山盐、树盐、草盐、颗盐、末盐、饴盐、苦盐、散盐、生盐、印盐、蓬盐、桃花盐等。其中，"海盐取海卤煎炼而成……井盐取井卤煎炼而成……池盐出河东安邑、西夏灵州……疏卤地为畦陇，而堑围之……海盐、井盐、碱盐三者出于人，池盐、崖盐二者出于天……崖盐生于山崖，戎盐生于土中，伞子盐生于井，石盐生于石，木盐生于树，蓬盐生于草。造化生物之妙，诚难殚知也。"①最负盛名的当数戎盐、光明盐和池盐。

戎盐，又名胡盐、羌盐、青盐、秃登盐、阴土盐等，为卤化物类矿物石盐的结晶。因产地在中国西北部的甘肃、宁夏、青海而名，所谓"西番所食者，故号戎盐、羌盐。恭曰：戎盐，即胡盐也。沙州名秃登盐，廓州名为阴土盐，生河岸山坂之阴土石间，故名。"②西番，带有侮辱性的称谓，但从地域上讲，的确包括西北地区在内。青海省的盐湖和宁夏的盐井正是戎盐的主要产地。清代学者张澍在《凉州记》中引《北户录》："张掖池中生桃花盐，色如桃花，随月盈缩。今宁夏凉州地盐井所出青盐，四方皎洁如石。山丹卫即张掖地，有池，产红盐，色红。此二盐，即戎盐之青赤二色者"。文中所述之凉州、宁夏、张掖等地均属西北地区。

戎盐除了食用之外，还具有一定的药用功能。后人在汉代医学经典《神农本草经》称："戎盐主明目目痛，益气坚肌骨，去毒虫。"有"助水脏，平血热，降邪火，消热痰。去症、杀虫，止血、坚骨、固齿、明目"等功效③。

戎盐呈半透明青白至暗白色晶体状，剔透晶莹。正因为戎盐不但品质好，而且形状也非常好看，又来自遥远的西北地区，所以被蒙上了神奇的色彩，清代张志聪《本草崇原》称："戎盐由海中咸水凝结于石土中而成，色分青赤，是禀天一之精，化生地之五行，故主助心神而明目，补肝血而治目痛，资肺金而益气，助脾肾而坚肌骨。五脏三阴之气，交会于坤土，故去蛊毒。"尤其是西羌出的盐

① 李时珍：《本草纲目》，华夏出版社，1998年，第440～441页。
② 李时珍：《本草纲目》，华夏出版社，1998年，第440～441页。
③ 张瑞贤主编：《本草名著集成·得配本草》，华夏出版社，1998年，第498页。

不需要经过煎炼，自然形成青色的晶体盐，颇为珍贵。

光明盐：又名石盐、圣石、水晶盐等，为天然的食盐结晶。新疆盐泽（今罗布泊）生产的石盐为最好，以色白坚硬如石而著称。明代李时珍在《本草纲目》卷十一称："今阶州（甘肃界内——编者）出一种石盐，生山石中，不由煎炼，自然成盐，色甚明莹，彼人甚贵之，云即光明盐也。时珍曰：石盐有山产、水产二种。山产者即崖盐也，一名生盐，生山崖之间，状如白矾，出于阶、成、陵、凤、永、康诸处。水产者，生池底，状如水晶、石英，出西域诸处。""光明盐得清明之气，盐之至精者也，故入头风眼目诸药尤良。其他功同戎盐，而力差次之。"指出了光明盐的产地与医疗功效，是对前人的一种中肯总结。

世界闻名的青海省察尔汗盐湖、茶卡盐湖所产的就是池盐。察尔汗盐湖面积达1600平方公里，是我国最大的盐湖，著名的盐湖公路就是西北地区盐文化的标志。

甘肃省礼县的盐官镇，古称"西盐"，是古代传统的井盐产地。后来秦朝曾经在此设置"西盐"官征稽税务。一直延续到唐，盐官这个地方仍在产盐。唐肃宗乾元二年（公元759年），大诗人杜甫从华州经过秦州（今天水）入四川成都时曾经过盐官，目睹了当地产盐的盛况，并留下《盐井》一诗，其中就有"卤中草木白，青者官盐烟"的诗句[1]，当是当时生产井盐的真实反映。

盐是古代经济活动中最重要的商品之一，因此，从周代起就有人专门管理盐业，所谓："盐人，掌盐之政令，以共百事之盐。"[2]对盐业实行专营，一直持续了很多朝代。

盐来自北方或西北方，北方重咸味。《说文》："咸，衔也。北方味也。从卤，咸声"；卤，"卤，西方咸地也"。而与咸有关的字大多从卤，如：齁、醝、齡、鹼（硷）、鹹（咸）等。盐在食品制作中的提味功能，在生活中的消毒杀菌功能，特别是盐与人体健康的关系，早就为西北地区的先民们在实践中逐步了解和掌握，并在后世中得到深刻的总结。

---

① 王学泰校点：《杜工部集》，辽宁教育出版社，1997年，第49～50页。
② 杨天宇：《周礼译注》，上海古籍出版社，2004年，第87页。

明代科学家宋应星说得好："天有五气，是生五味。……辛酸甘苦，经年绝一无恙。独食盐，禁戒旬日，则缚鸡胜匹，倦怠恹然。岂非'天一生水'，而此味为生人气之源哉。"[1]是说五味之中的其他四味辛、酸、甘、苦，都可以不太重要，至少在一年之内不吃，也不会出现问题。唯独食盐，只要十天不用，人便四肢无力浑身怠倦。古人虽然不知道其中的科学道理，但是朴素的语言、生活的实践，道出了食盐对人体的重要作用。

西北地区人口味重食盐多，虽然过量食盐不利于健康，但就人的身高发育而言，西北人体型高大威猛强壮却是事实，及至山东半岛、东三省都是食盐重的地区，至今仍然是出彪形大汉的地方。

专家们认为："历代劳动人民和中医诸家，通过一代又一代人的探究和实验，形成了一整套以盐为其内涵的防病、治病、疗伤、养身的医疗、保健药方、配方、药引，从而丰富了传统的中医文化。而盐文化亦在中医中药学的框架中延伸。以盐治病，以盐养生，以盐入药，以盐制药，使盐成为了中医中药学家手中的重要法宝。"[2]

盐，是人类离不开的基本物质，所以自古以来人类栖息大都逐盐而居，可以说盐的产地与文明的发祥地息息相关。例如，光明盐产地之一的"阶、成"，阶，阶州（今甘肃省武都市）；成，成州（今甘肃省的成县），就在中国农业文明发祥地的大地湾一期文化的区域内。

盐不仅为人所必须，也是喂养大家畜的重要辅料，长期以来西北地区之所以有着发达的畜牧业，盐的作用功不可没。

2. 亦食亦疗的动物油脂

两周以来，西北地区先后活跃着翟、匈奴、义渠等游牧部落，特别是匈奴民族，他们"随畜牧而转移""逐水草迁徙"[3]，有着发达的畜牧业生产，长期的马

---

① 宋应星：《天工开物》，广东人民出版社，1976年，第144页。
② 宋良曦：《中国盐与中医学》，《盐业史研究》，1999年第2期。
③ 司马迁：《史记》，中华书局，1959年，第2879页。

背生活形成了食肉饮酪的饮食习惯，特别是对动物脂肪的利用十分独到，形成了亦食亦医的地域特点。

羊脂，又名羊油。养羊食羊是西北地区饮食生活的一大特色，有着8000多年的历史[1]，以养羊而著称的羌人就生活于此，羊全身均可食用，先民们吃羊油以御寒润燥，外用可防皮肤干裂，祛风化毒。

牛脂，俗称牛油。在距今7000多年的甘肃西山坪二期就有饲养牛的遗迹。牛油味道鲜美，食之可御风寒，润肤，补虚劳。

马脂，又名马膏，马鬐头膏。马在我国饲养最早发现于甘肃天水师赵村五期文化，距今已有5400年左右的历史。马油常用来治面黑𪒟，手足皲粗，以及偏风等。[2]

驼脂，又名骆驼脂。有活血消肿之效。

熊脂，又名熊白。西北地区的环境适合熊类生活，自远古以来熊一直就是西北人狩猎的对象。人们用熊脂和酒炼服以治头风、补虚损等。

使用动物脂治疗疾病，是西北地区人民长期生活实践经验的总结，是传承至今的文化瑰宝。至今西北人还在用熊脂治烫伤，用热羊脂外敷治儿童腹痛。

---

[1] 郎树德：《大地湾农业遗存黍和羊骨的发现与启示》，《大地湾考古研究文集》，甘肃文化出版社，2002年，第300页。

[2] 李时珍：《本草纲目》，华夏出版社，1998年，第1818页。

第四章 秦汉时期

秦帝国的建立，奠定了中国古代大一统的国家形态和中央集权的政治制度。其后，汉袭秦制，至汉，西北地区的建置基本形成，国力强盛，进入了极盛时期。

汉武帝建元三年（公元前138年）汉朝派张骞出使西域，开通了丝绸之路，西方食材源源传入，极大地丰富了西北地区的饮食文化，极大地促进了中西文化的交流，在中华民族对外文化交流史上，具有里程碑的意义。

秦汉时期西北地区的饮食方式，仍然是农业区以谷物果蔬为主和畜牧区以肉食为主两大基本特色。汉朝长时间的繁荣富强促进了饮食文化的发展，烹饪技艺不断创新，这一时期已能掌握多种烹饪技法，如炙、炮、煎、熬、蒸、濯、脍、脯、腊等。西北地区逐步形成了地域特色鲜明的饮食文化。

第一节　秦汉帝国与丝路饮食文化

秦，本为地名，是盛产粮食"黍"（糜子）的地方。位于今甘肃省张川县城南一带。据考，"秦"字来源于"黍"字。秦的先祖非子首先在这里沿用"秦"之名号，设立行政管辖。此后秦始皇以秦为国号，最终一统六国，成为中国历史上唯一一个以粮食名称为国家称号的强大帝国。

一、秦：一个以粮食命名的帝国

秦本为黍，是农业文明的象征。黍在甲骨文里写作：菜、菓、宋、羽，状如一穗成熟后散开的黍。在甲骨文一期中就有"受黍年""我受黍年""今岁受黍年""不其受黍年"等记载 [1]，充分说明黍在古代饮食生活中的重要地位。

秦，在金文里写作：𪊥、𪋿、𪋊 等，其字义则是对"秦"（即黍）发展过程的描述。

从释义看，黍为稼穑，从禾。禾，在甲骨文里像一株长着一穗果实的谷子，黍，则是一穗成熟后散开的黍（糜子）。而秦，则是在糜子收割后正在用手（八）抱着工具（𢀙 𠂤）在舂禾（糜子）。特别要说到的是近几年在甘肃省礼县大堡子山秦公墓中出土的秦公鼎、秦公簋上的铭文，上写"秦公作宝用鼎""秦公作宝簋"等字样，其中的"秦"字，中间还保留着"臼"臼字，其字形为"𪋊"[2]。这个字形非常重要，特别是中间的"臼"字，真实地再现了舂禾之意。舂，《说文》："𪋊，捣粟也，从廾持杵临臼上。午，杵省。"臼，《说文》："臼，舂也，古者掘地为臼，其后穿木石，象形，中，米也"。通过文字的演变，我们清楚地看到从"黍"到"秦"有一个完整的时序与操作过程。体现出秦人对黍由生长到成熟再到加工的认识过程，以示不忘食物给他们带来的生机与希望。

秦国有发展农业的传统，特别是商鞅变法之后，推行农战国策，一手抓农业生产，一手抓军事建设，终于统一了六国。所以，作为国名的"黍"在秦人的饮

---

① 彭邦炯：《甲骨文农业资料考辨与研究》，吉林文史出版社，1997年，第318~319页。
② 李朝远：《上海博物馆新获秦公器研究》，上海博物馆集刊编辑委员会编：《上海博物馆集刊》（第七期），上海书画出版社，1996年；《新出秦公器铭文与簋文》，《考古与文物》，1997年第5期。

食生活当中，具有举足轻重的作用。

在秦人的眼里，黍不但是国家的象征，而且是在世之人与过世之人都必须要吃的食物。尤其是过世之人离不开的美味食品。秦人特别注重死后的事，他们可以不惜一切代价去营造死后的世界，并由此产生了秦饮食文化中"事死如事生"的文化特征。

秦人们除了营建如秦始皇陵这样空前绝后的大型地下宫殿之外，还把黍、粟当作金钱不断供奉给亡故者。这在北京大学收藏的秦牍中就有明确的记载。故事情节如下：有一个人死了三年，又复活了，被带到当时的首都咸阳。此人就将自己死后的感受告诉了官吏。他说："死人所贵黄圈。黄圈以当金，黍粟以当钱，白菅以当由"①。白菅即白茅，以当丝绸。这段小故事说的是死去的人喜欢黄圈，即以黄色的豆芽代替黄金成为死者的财富，而黍粟可以当作缗钱给亡故者以花销，白茅可以当作丝绸来穿。这是一个很有趣的故事，我们看到秦代先民以农耕文明为基础的生死观，揭示了中华民族厚重的农耕文化是中国饮食文化发展的肥田沃土。

黍，是古代西北地区主要的食材之一，以黍米为原料制作的黍米饼、黍米粥、黍米酒曾是人们日常生活的主要食品，成为秦代农耕文化的一个重要符号。

大秦帝国像一颗流星，划过历史的长空，虽然短暂，却是无比的耀眼。作为以粮食品种为国名称号的秦，给中国饮食文化史上增添了一抹亮色。

二、西域食品的引进

新疆古称西域。中原王朝对西域的经营是在汉武帝以后，主要标志是丝绸之路的开通。今天所说的"丝绸之路"是西方人对中国向外输出以丝绸为主要商品的贸易交通线的称谓。其实早在汉代丝绸之路正式开通以前，至少在战国时期这

---

① 李零：《北大秦牍〈泰原有死者〉简介》，《文物》，2012年第6期。

条道路对外贸易的商道就已经存在 ① 。但由于匈奴的干扰，长期以来并不畅通。经过汉武帝长达44年反击匈奴战争的胜利，在河西置武威、酒泉、张掖、敦煌四郡的同时，对青海和新疆地区进行了开发。特别是张骞通西域，加速了中西文化的交流，丰富了西北地区饮食文化的内涵和表现形式，从此，畅通的丝绸之路揭开了开拓西部包括与西方饮食文化交流的新纪元。

1. 张骞通西域

张骞通西域，建立了与西域各国政府之间的关系，从汉帝国的角度看可称之为"通"。张骞一生两次出使西域，第一次在公元前139年，第二次是在公元前119—前118年。张骞两次出使西域，游历了大宛、康居、月氏、大夏诸中亚地区的国家，大长了见识，了解到大量的、丰富的域外信息，为后来汉朝开发西域第一次提供了准确的、极有价值的信息。由于他的努力使中西交通有了空前发展，也与大宛、康居、大月氏、大夏、安息、身毒诸国有了更进一步的交往，成为最早开拓西方的重要先驱。

张骞的贡献是巨大的，英国科学史专家李约瑟在评价张骞的历史贡献时说："张骞出使西域是发展丝绸贸易的开端" ② 。而瑞典探险家斯坦因则认为："自此（张骞返西域）以后，丝绸遂由安息经叙利亚以达于地中海" ③ 。所以后人把张骞开通西域的道路，称之为"丝绸之路"。

丝绸之路东起西安（古长安），横穿甘肃全境，经青海、新疆直抵中亚及东罗马帝国，全长7000多公里。

张骞通西域是中外交流史上的一件大事，他广泛而深入地促进了中原与西域各民族人民的交往，使人们开始认识中原以外的广大地区，其中饮食文化的交流异常活跃，大量食物品种的引进，食品加工方式的传入等，对西北地区的饮食生

---

① 新疆社会科学院考古所：《阿拉沟竖穴木椁墓发掘简报》，《文物》，1981年第1期。
② 李约瑟：《中国科技史》第一卷，科学出版社，1975年，第379页。
③ 斯坦因：《西域考古记》，中华书局，1946年，第13页。

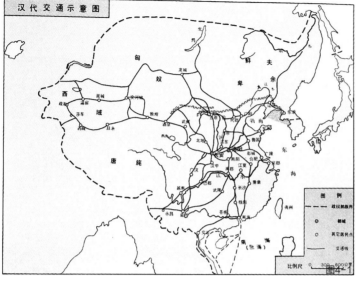

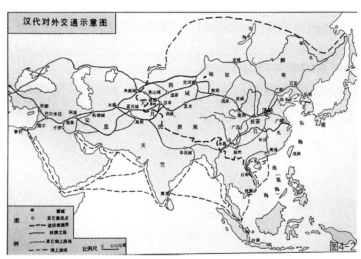

图4-1、图4-2
汉朝交通与对外交通
图（《中国古代交通图
典》，中国世界语出版
社）

活有着重要的影响。

2. 西域食品的传入

丝绸之路开通以后，大量的西域食物传入中国，如"葡萄""石榴""石蜜""胡葱""大蒜""胡荽""茴香""胡椒""孜然"等。

葡萄，西域水果的一种，味甘。葡萄原产于小亚、中亚地区，古埃及在公元前3000年左右就开始种植葡萄和酿造葡萄酒。葡萄传入我国时间不会晚于汉代，《汉书·西域传》记载："自且末（今新疆且末县）以往皆种五谷，土地草木，畜产作兵，略与汉同，有异乃记云。且末国……有蒲陶诸果。""罽（jì）宾（今克什米尔一带）地平，温和，有目宿、杂草、奇木、檀、槐、梓、竹、漆。种五谷、蒲陶诸果，粪治园田"。据此可知，葡萄最先是由西域传入新疆然后再传入中原的。李善注《昭明文选·闲居赋》引《博物志》称："李广利为贰师将军伐大宛，得葡萄。"张宗子先生《葡萄何时引进我国》一文中指出，在公元前137年以前，首先在今新疆地区栽培，后来逐渐流行于祖国各地。

胡桃，又名羌桃。味甘，有补肾固精，温肺定喘，润肠之功效。长期吃可"黑人髭（zī）发，毛落再生也"①。还可以使骨质紧密，皮肤细润。"此果本出羌胡，汉时张骞使西域始得种还，植之秦中，渐及东土，故名之。"②胡桃是丝绸之路交流的产物，所以用"胡"字称谓。

石蜜，味甘。即把甘蔗的茎汁经精制而成的乳白色结晶体。即今之冰糖。后人明代李时珍《本草纲目》卷三十三考证说："按万震《凉州异物志》云：'石蜜非石类，假石之名也'。实乃甘蔗汁煎而曝之，则凝如石而体甚轻，故谓之石蜜也。"具有润肺生津之功效。

胡椒，又名昧履支。味辛，大温。有温中止痛去痰，助食消化之功效。西域胡椒因与中国产的秦椒、蜀椒有别而称之为胡椒。"胡椒，出摩揭陀国，呼为昧履支。……子形似汉椒，至辛辣，六月采，今人作胡盘肉食皆用之"③。《本草纲目》引苏恭语曰："胡椒生西戎，形如鼠李子，调食用之，味甚辛辣"。胡椒除了主要用于调味之外，还可以制酒。根据后人晋代张华的记载，胡椒制酒，胡人谓之荜拨酒。④

----

① 孟诜著，张鼎增补，郑金生、张同君译注：《食疗本草》，上海古籍出版社，2007年，第80页。
② 李时珍：《本草纲目》，华夏出版社，1998年，第1210页。
③ 段成式：《酉阳杂俎》，中华书局，1981年，第197页。
④ 贾思勰：《齐民要术》，团结出版社，1996年，第284页。

图4-3 东罗马鎏金银盘，甘肃省靖远县出土，距今2000年左右

胡荽，又名香荽、胡菜、芫荽（yánsuī），原产于地中海沿岸及中亚地区，今天俗称香菜。李时珍《本草纲目》曰："荽，许氏《说文》作葰，云姜属，可以香口也。其茎柔叶细而根多须，绥绥然也。张骞使西域始得种归，故名胡荽。今俗呼芫荽，乃茎叶布散之貌。俗作芫花之芫，非矣。"胡荽，气味辛温，有发汗透疹开胃之功。

孜然，是维吾尔语音译，也叫安息茴香、野茴香，因产于安息故名。安息在古中亚地区，现今伊朗一带。

孜然是当今世界上除了胡椒之外的第二大调味品。它气味芳香浓烈，具有一定的药用功能，可以醒脑通脉、降火平肝，能祛寒除湿、理气开胃，对消化不良、胃寒疼痛等均有疗效。

张骞通西域的贡献是多方面的，特别是在西域食品的引进与饮食文化交流方面，可称之为"中华第一人"。

丝绸之路的官方开通，使东西方之间的交流迅速提升，如西域良马、骆驼的引进，对改善新疆及整个西北地区的交通运输条件起了十分重要的作用。又如出土的东罗马鎏金银盘等食器，证明了东西方之间在食物交流的同时，也促进了食器的交流。

三、特有的民族饮食

秦汉时期西北地区饮食文化的亮点之一正是特有的民族饮食。包括曾经影响过世界文明进程的匈奴，以及塞种、月氏、乌孙、羌、车师等。

1. 匈奴饮食

考察西北地区曾经有过的诸多民族中，有一个十分强大的民族，这就是秦汉政权为之头疼的匈奴。匈奴是我国北方历史上的一个游牧民族，其地盛产良马。《史记·匈奴列传》称：该族"逐水草迁徙，毋城郭常处耕田之业，然亦各有分地。毋文书，以言语为约束"。由于居无定所，形成了集体行动，善骑善战的特点。"儿能骑羊，引弓射鸟鼠；少长则射狐兔，用为食。士力能毋（guàn，古通'弯'）弓，尽为甲骑。""其俗，宽则随畜，因射猎禽兽为生业，急则人习战功以侵伐，其天性也。"因此，自战国以来一直为北部劲敌，迫使各国筑长城以拒匈奴。"直至武帝北伐匈奴时，朝那（今宁夏回族自治区固原县东南）、肤施（今陕西榆林县南）一线与战国时秦修筑的长城走向大体一致，则汉初秦长城仍具有边塞的防御功能，这一线也就成为西汉王朝与匈奴族间的边界线"，"从而构筑了一条游牧民族和农耕民族控制区间人为边界线"①。

匈奴是典型的马背上生活的游牧民族，"平时也常在马背上，连吃饭、闲谈及办交涉都在马背上"②。匈奴畜牧业相当发达，尤以马、牛、羊为最多，《史记·匈奴列传》记载："匈奴之俗，人食畜肉，饮其汁，衣其皮；畜食草饮水，随时转移。"其食物的分配方式是"壮者食肥美，老者食其余"。匈奴人的其他许多日用品也多仰给于牲畜。长期的马背生活形成匈奴人吃肉饮酪的饮食习惯，同时也捕食一些鹿、野驴、鸟类等野生动物。③

---

① 朱圣钟：《西汉时期黄土高原上的农物交错地带》，《中国历史理论丛·增刊》，2001年。
② 陈序经：《匈奴史稿》，中国人民大学出版社，2009年，第78页。
③ 林干：《匈奴通史》，人民出版社，1986年，第134页。

匈奴人在农业方面虽然也有所经营，但由于处在没有定居的游牧生活中，虽然有农作，也只是在游牧过程中进行，食用谷物只是食肉的一种补充和调剂。

匈奴人也吃鱼。《汉书·李广苏建传》记载苏武到匈奴处："单于弟於靬王弋射海上。武能网纺缴，檠弓弩，於靬王爱之，给其衣食"。对此，民族史专家陈序经教授认为"这里说的网纺，应该是捕鱼的网纺。捕鱼方法，应该早已传入匈奴，匈奴人也会以鱼为食。可能鱼在匈奴人的食品中所占成分太少，故史书少有记载。"[1]

公元91年匈奴被汉王朝打败之后，一路西迁。到公元四世纪，匈奴人进入罗马，直驱匈牙利、意大利、德意志、法兰西，横扫欧洲大陆，又成为今天欧洲人研究的重点。

2. 塞种、月氏、乌孙等民族的饮食习俗

从先秦至两汉，新疆地区先后有塞种、月氏、乌孙、羌、车师等民族生活在这里。他们大多以游牧生活为主，但也有些许的差别。

塞种人，亦称塞人，传统的游牧民族，曾经居住在伊犁河谷与准噶尔盆地，其饮食风俗"大致与匈奴相同"[2]。塞种人崇拜虎、好骆驼，他们的饮食与北方游牧民族相似，以肉食和奶酪为主，其中以羊肉最多。现代考古发现，在出土的物品中有羊肉和小刀并列于木盘之中，似乎给人以刚刚开宴的感觉。

月氏，西域三十六国之一，月氏原在河西敦煌一带，在公元前209—前174年期间被匈奴赶到今新疆的伊犁河流域。月氏人主要从事畜牧业活动，食物主要是畜产品，以牛肉、羊肉、牛羊奶、奶酪为主，还有打猎获得的兽肉等，其中羊肉仍占有主要地位。随着定居生活的稳定，月氏人农业生产的比重不断加大，月氏人的烹饪方式也由烧烤转入烹煮，素食逐渐成为他们饮食的一个部分。

乌孙，游牧民族，其饮食风俗与匈奴相同。1994年出版的《新疆历史词典》

---

[1] 陈序经：《匈奴史稿》，中国人民大学出版社，2009年，第77页。
[2] 陈序经：《匈奴史稿》，中国人民大学出版社，2009年，第152页。

图4-4　金骆驼装饰品，新疆乌鲁木齐出土（《中国少数民族文化史图典·西北卷上》，广西教育出版社）

称："分布于今伊犁河到天山一带。从事游牧，兼营狩猎。"乌孙的饮食习惯基本上是以肉食为主，羊、牛、马、骆驼肉都吃，但以羊肉为多，吃奶酪喝牛羊奶。考古发现，乌孙墓葬中往往也是羊骨和小刀在一起，应该是当时乌孙人生活的真实反映。[1] 乌孙也从事一些农业生产，有着比较固定的生活环境。

乌孙的副食比较丰富，尤其是瓜果。考古发现，在"2000多年前，伊犁河三大支流上游的野果林分布区是伊犁最古老的游牧民族塞人和乌孙人的活动范围。当原始农业还不能为古代人类提供较好的食物时，只有伊犁野果林中的各种野果才是最好的自然生长的植物性食物"[2]。伊犁流域是苹果、杏、李的起源地，作为当地各民族日常生活中食物的补充和丰富，新疆地区的瓜果在西北区的饮食文化中占有十分重要的地位。

羌人，畜牧业为主的民族，随着环境的改变，生活在西域羌人的饮食除了肉食之外，也种植和食用一些粮食作物。

车师，西域三十六国之一，历史上有车师前国、车师后国、车师都尉国及车

[1] 王炳华、王明哲：《乌孙历史上几个重大问题的探讨》，《新疆社会科学》，1982年第3期。
[2] 林培钧：《天山伊犁野果林在人类生态和果树起源上的地位》，《农业考古》，1993年第1期。

师后长国等。根据史书记载，车师在今新疆东部的天山南北，地理位置相当重要。但是，对于车师的饮食情况却知之甚少。

考古发现，车师人主要从事畜牧业活动，饮食习俗以吃肉、奶酪和喝奶为主。在出土的文物中发现了羊排、羊腿伴以小铜刀或小铁刀，有些羊肉就置于木盘、木盆之中，上边还插着小刀，鲜活地展示了车师人的游牧饮食生活。

3. 尼雅人的生活

由于历史的变迁，西北地区有些显赫一时的文化已经悄然消失，他们曾经拥有过的饮食生活也随之销声匿迹，尼雅即是陨落的文明。"**今天掩埋在茫茫沙海中汉晋时期的尼雅遗址两千年前曾是一片繁荣的绿洲，是精绝王国的中心。公元三四世纪后，这颗沙海中的明珠突然在历史上消失了**"[1]。直到近代探险家的出现，尼雅才逐渐为世人所了解，包括他们的饮食习俗。

说到西域考古，瑞典探险家斯坦因是最早进入新疆进行考古发掘的人。他先后三次到我国的新疆、甘肃等地进行考察活动，时间分别是1900—1901年、1906—1908年、1913—1916年。在发掘中，斯坦因曾经在尼雅遗址中发现了一件捕捉老鼠的"捕鼠夹"，他大喜过望，认为捕鼠夹的发现说明应该有一定数量的粮食存储。果然接着又发现了小麦的"麦粒"，用于存放"馕"的"大食橱"[2]，以及葡萄枝、精美的丝织品等。

斯坦因首次向世界展示了古代精绝王国尼雅人的生活片段，使世人第一次知道尼雅人以吃粮食为主，食物品种以"馕"为特色，而且数量非常之大。与此同时，尼雅人还种植葡萄，以果蔬作为副食。

1959年新疆维吾尔自治区博物馆在被斯坦因破坏过的尼雅遗址上，再次发现

---

① 信立祥：《全国考古新发现精品展巡礼》，《文物》，1997年第10期。
② 奥雷尔·斯坦因著，刘文锁、肖勇、胡锦州译：《踏勘尼雅遗址》，广西师范大学出版社，2000年，第115页。

图4-5

图4-6

图4-7

图4-5、图4-6、图4-7　绵羊与羊骨，新疆尼雅
遗址出土，距今2000年左右（《中日共同尼雅遗迹学
术调查报告书》第三卷）

了"捕鼠夹""打麦场""粟米""小麦""烤饼的馕坑"以及棉布等①。馕的再次
发现，表明秦汉时期新疆地区的面食已经相当普遍，馕即是其中最传统的面食代
表，直到今天。

　　1993年、1997年，中日联合进行了调查，发现了不少珍贵的资料，其中编号
为97MNI的文物中就有放在钵里的绵羊、羊肉、羊骨等。在此之前尼雅遗址中同
样也发现羊肉等食物。由此可见，传统的肉食依旧是尼雅人的重要饮食。考古学
家卫斯教授的调查表明，在尼雅遗址中同样发现了黍、粟、稷、麦子、青稞、糜

① 新疆维吾尔自治区博物馆：《尼雅遗址的重要发现》，《新疆文物考古新收获（1979—1989年）》，新
　疆人民出版社，1995年，第414～416页。

图4-8 烤羊肉，新疆且末县扎滚鲁克出土，距今2000年左右

谷等粮食作物[1]，还有蔬菜干蔓菁，以及水果葡萄、牧草紫苜蓿和干羊肉羊蹄等，表明了农业的发达。尼雅人的饮食习惯有不少与中原相同，考古发现的小米饼就是最好的说明。[2]

除尼雅之外，1996年在新疆且末县扎滚鲁克一号墓地同样发现了肉食品和面食品共存的现象，其中"食品出土有两种，一种是面食品，为小饼；另一种是肉食品，为羊排骨串和羊排骨。小饼：1件（M65R：22）。面较粗，加工成椭圆形。长4厘米、宽1.6厘米、厚0.8厘米。羊排骨串和羊排骨：14串。作为食品随葬，羊排骨是相连的三四条肋骨，羊排骨串是将羊排骨用木棍串起来，类似现代的烤肉形式。"专家们认为："该期墓葬存在放置食物的习惯，主要是羊排骨和羊排骨串，面食少，有墓葬殉牲习俗，一般是羊头（山羊和绵羊）、肩胛骨、牛角、马头、马牙、马下颌和马肩胛骨、狐狸腿等。"[3]这表明肉食应该是生活的主要构成。

[1] 卫斯：《尼雅遗址农业考古揭秘——精绝国农业考古资料搜括记述》，《中日共同尼雅遗迹学术调查报告书》第三卷，2007年，第315～326页。

[2] 新疆维吾尔自治区博物馆、新疆社会科学院考古研究所：《建国以来新疆考古的主要收获》，《文物考古工作三十年》，文物出版社，1979年，第172～173页。

[3] 新疆维吾尔自治区博物馆、巴音郭楞蒙古自治州文物管理所、且末县文物管理所：《新疆且末扎滚鲁克一号墓地发掘报告》，《考古学报》，2003年第1期。

扎滚鲁克一号墓第二期文化墓葬年代在春秋至西汉之间，大约延续了七八百年。从第二期文化墓葬出土的食物分析，这里的农业和畜牧业是同时发展，饮食生活比较丰富，与其他地方一样，面饼成为当时新疆地区主要的面食品种。另外，1984年在和田地区山普拉古墓地还发现了羊头、羊肉、炒面、油饼和点心等随葬食品。①。在天山东部乌鲁木齐的鱼儿沟还发现了"小铁刀往往与马、羊骨（或置于木盘内）在一起，可以想到日常生活中的肉食"②。

总之，从多处考古遗址发掘的情况来看，尼雅人的肉食比例显然要大一些。

第二节　屯田与饮食文化

甘、宁、青、新地区饮食文化的发展，是在交流中不断提升的，尤其以丝绸之路的开通和西北屯田最为重要。如果说丝绸之路打开了与外国交流的大门，那么，屯田则加速了西北地区与内地的文化交流。在大规模人员流动的同时，内地的文化也随之进入，如各式面点的制作，特色菜肴的加工，尤其是不同风格的饮食习俗的传入，直接促进了西北地区饮食文化的发展。

一、屯田与农业开发

屯田是在维护祖国统一的前提下，中央王朝对西北地区的重要战略性措施。屯田的首要任务是解决戍边将士的吃饭问题，因此在组织形式上分为民屯和军屯两大类。民屯的生产者多来源于招募和迁徙的贫民，即徙民实边。历史上汉文帝

① 新疆文物考古研究所：《新疆文物考古工作十年》，《文物考古工作十年》，文物出版社，1991年，第349页。
② 新疆维吾尔自治区博物馆、新疆社会科学院考古研究所：《建国以来新疆考古的主要收获》，《文物考古工作三十年》，文物出版社，1979年，第172～173页。

和汉武帝时期曾经前后进行过五次民屯[1]，其中有三次就与甘、宁、青、新地区有关。分别为公元前169年、公元前121年和公元前111年。

军屯则不然，是指军队在守边的同时边训练边生产，有战即战，无战即农，实行自给自足，以减轻国家的负担。这一措施从汉代开始直至各朝代，历久不衰。

西北地区的屯田是伴随着汉朝对西部的开发同步进行的，所以专家们认为"青海地区进入文明时代始于汉武帝开辟湟中之后"[2]。其范围包括今天的甘肃武威、张掖、敦煌，宁夏的银川、青铜峡，青海的乐都、平安、湟中，新疆的轮台、尉犁、车师、北胥鞬（jiān）、焉耆、姑墨、眩雷、赤谷（今吉尔吉斯斯坦之伊什提克）、伊循、楼兰、伊吾庐、金满城、且固城、柳中、高昌壁、疏勒、精绝、于阗（tián）等地，以及今乌兹别克斯坦费尔干纳盆地一带。形成了一条沿黄河从内蒙到宁夏、甘肃、青海、新疆的军事屯田线，为丝绸之路的繁荣提供了物质保障。

大规模的屯田有效地开发了当地资源，提高了农业生产的水平，据汪一鸣《汉代宁夏引黄灌区开发》一文的研究，北地屯田的今宁夏回族自治区的银川一带"汉代的城址遍布宁夏南北，反映了汉代宁夏地区经济开发水平。城址内除有大量的砖和瓦等建筑材料外，还有货币、铜器、陶器及其他生活用品发现。在固原县的一些汉代城址中，还多次发现陶水井圈、曲尺形陶水管、陶套管等，表明宁夏当时的城区已有了比较完善的供水、排水设施"[3]。其中著名的灌溉水渠有光禄、七级、尚书、御史、汉渠、高渠、蜘蛛、七星等渠。农田水利有较大发展，说明宁夏的不少地区已经是典型的农耕区[4]。其中汉延渠"支引黄河水绕城溉田，可万余顷"[5]。

---

① 朱和平：《汉代屯田说》，《农业考古》，2004年第1期。

② 青海省文物考古研究所：《青海近十年文物考古文物考古的收获》，《文物考古工作十年》，文物出版社，1991年，第332页。

③ 宁夏回族自治区博物馆：《宁夏回族自治区文物考古工作的主要收获》，《文物》，1978年第8期。

④ 朱圣钟：《西汉时期黄土高原上的农物交错地带》，《中国历史理论丛·增刊》，2001年。

⑤ 顾祖禹：《读史方舆纪要》，中华书局，2005年，第2947页。

青海屯田以湟水为中心，包括洮河、大夏河及庄浪河流域等，称之为"河湟"或"河陇"等①。"湟水又名西宁河，是黄河上游一条重要支流，……是青海省农业最发达的地区。不仅是粮、油主要产区，而且是蔬菜、瓜果的重要生产基地。"②公元前61—前60年，西汉赵充国进入湟水流域开始设县屯田。西汉末年已经开拓至青海湖地区。再加上屯田的人口有中原淮阳、汝南的士卒，他们从内地移民到河湟屯田，把内地先进的农业技术，如水利灌溉、水磨等，以及已经被广泛使用的牛耕铁犁技术带进了青海，这标志着青海原始农业已经终结，传统农业开始起步，有效促进了河湟一带农牧业的进一步发展。值得关注的是，当时青稞已经在青海种植，青稞耐寒能力强，属裸粒大麦，后来成为藏族人民的主食，而著名的糌粑则成为青藏高原上最具特色的地方食品。

新疆为之西域屯田始于汉武帝时期，规模大、范围广、影响深。《史记·大宛列传》载："而敦煌置酒泉都尉，西至盐水往往有亭。而仑头有田卒数百人，因置使者，护田积粟，以给使外国者"。"仑头"即轮台，"盐水"即今罗布泊，在轮台县克子尔河畔卓果特沁古城，亦曾发现一处汉代粮仓遗迹，遗址里发现了大量的青稞和麦粒，③表明屯田直接促进了农业经济的发展。

在若羌县附近"丝绸之路南大道上的米兰（当时叫伊循，为鄯国的国都）屯田，……米兰屯田生产尚田连阡陌。直到今天生产建设兵团农二师的米兰垦区，还完整地留下汉唐时代的屯田水利工程遗址和见到在屯田畦埂堆积物处所埋藏的小麦和黍谷"④。小麦和黍谷的发现，说明了这里的食物构成，这些都来自于屯田的收获成果。

---

① 陈守忠：《河陇史地考述》，兰州大学出版社，1993年。
② 田尚：《古代湟中的农田水利》，《农业考古》，1987年第1期。
③ 张玉忠：《新疆出土的古代农作物简介》，《农业考古》，1983年第1期。
④ 饶瑞符：《"屯垦戍边"的历史意义》，《农业考古》，1985年第1期。

二、屯田与饮食交流

屯田从某种意义上讲，是一种大规模的移民活动，而每次移民的结果都促进了当地文化与经济的发展。例如，在尼雅遗址曾经出土过几件带有汉文吉祥语的织锦，其中一件彩锦色泽艳丽，图案题材新颖，有孔雀、仙鹤、辟邪、虎、龙等形象，并织出"五星出东方利中国"文字。"五星出东方利中国"可与《汉书·天文志》"五星分天之中，积于东方，中国大利"的记述相对应。

另外一件，色彩鲜艳、完美如新。锦以藏青色为地，以绛、白、黄、绿等色织出舞人、茱萸等图样，其中间嵌织隶书"王侯合昏千秋万岁宜子孙"的字样①。茱萸出现在这里令人十分惊奇，盖因茱萸与饮食文化渊源颇深，内涵极其丰富。

1. 茱萸与饮食

尼雅遗址茱萸的发现，是西北地区与内地饮食文化交流的具体表现。茱萸，又名薁（yì）、榝（xiè）、艾子、越椒、樧（dǎng）子、辣子。木本茱萸有山茱萸、吴茱萸和食茱萸之分。《神农本草经·木部中品》称"山茱萸：味酸，平。主心下邪气，寒热，温中，逐寒湿痹，去三虫。久服轻身。一名蜀枣。生山谷"。而"吴茱萸：味辛，温。主温中，下气，止痛，咳逆，寒热，除湿血痹，逐风邪，开腠理。根：杀三虫。一名薁。生山谷"。《礼记·内则》载："三牲用薁，和用醯（xī）"。薁，郑玄《注》曰："煎茱萸也"。

"茱萸"是一种生命力很强的植物，关于它的食用价值、药用价值，以及佩茱萸以辟邪恶之风俗，曾见于后人的很多经典之作中，如北魏的《齐民要术》、唐代的《茶经》、宋代的《图经本草》、明代的《本草纲目》，以及元代的《饮膳正要》等均有所述。若是早在汉代茱萸就出现在了新疆的尼雅遗址中，意义就非同一般了。它雄辩地证明了，汉代屯田政策带来了文化大交流的重大意义，让我

---

① 信立祥：《全国考古新发现精品展巡礼》，《文物》，1997年第10期。

们又一次看到，文化交流是中国饮食文化发展的不朽动力。

2. 面点的交流

秦汉时期西北地区经常食用的粮食品种有胡麻、粱米、白米、穬（kuàng）米、黍米、黄米、黄谷、白粟、麦、土麦、胡豆、秫、穈、荞、荠、苃、秾、谷、菽、鞠、小豆、黑豆等20余种。肉类食物来自马、牛、羊、猪、鸡、狗、骆驼等家养畜禽，与五谷食材相辅而食。

面点是内地传统的食物品种之一，工艺考究制作精细，历史悠久。两汉以来，随着大规模的屯田活动，一些内地的面点品种和制作工艺同时被带到了西北地区。如新疆当时的特色面点油炸菊花饼、麻花，就借鉴了内地的做法。

1996年在新疆且末县扎滚鲁克一号墓地中发现了菊花饼、麻花、薄饼等食物品种，令人大开眼界。发掘报告称：

食品、谷物9件。食品于漆案（M73：2）上面，有油炸的菊花饼、麻花、桃皮形小油饼、薄饼、葡萄干，及连骨肉等。谷物和杂草棉布一起出土。

菊花饼：5个（M73：2：1：5）。圆形，面上浮雕小菊花，底内凹。直径7.4～8.4厘米。

麻花：3个（M73：2：6：8）。面条扭制。长9～9.5厘米。

薄饼：1个（M73：2：13）。已成为碎块，较薄。

漆案，应该是内地传入的产品，新疆不生产漆器。菊花是内地的观赏花种之一，因其具有傲霜之风骨而被文人所推崇。且末县发现的油炸菊花饼、麻花、桃皮形小油饼、薄饼这些食品无疑是当地的特产，而且是用"范"（模子）压制出来的，反映出制作的规模和规范，以及较强的审美意识。从年代上讲，属于扎滚鲁克一号墓地的第三期文化，"应是东汉末年的事情"[①]。东汉末年在新疆出现类似品种的面点弥足珍贵。

---

① 新疆维吾尔自治区博物馆、巴音郭楞蒙古自治州文物管理所、且末县文物管理所：《新疆且末扎滚鲁克一号墓地发掘报告》，《考古学报》，2003年第1期。

且末国地处今车尔臣河水系，治今新疆且末县西南。今天算不上是经济发达地区，但是在一两千年前，一个仅仅只有"口千六百一十"的且末小国[1]，能够制作出如此精细的面点，令人叹为观止。

① 班固：《汉书》，中华书局，1962年，第3897页。

第五章 魏晋南北朝时期

魏晋南北朝时期甘、宁、青、新地区的饮食文化是在战争、和平、交流、融合并存的社会背景下不断发展创新的。这一时期的各政权都十分重视本地区的发展，纷纷设立地方管理机构，政区变化极为频繁。

这一时期在曹魏政权的大力开发下，西北地区的农业生产得到恢复，楼犁、水碓（duì）等新技术开始使用，社会相对繁荣稳定，饮食文化又得到一定程度的发展。

第一节　战争、和平与饮食文化

战争，人类的怪物，极大地破坏着经济和文化的发展。魏晋南北朝正是在战争与和平此消彼长的过程中，完成了自己文化发展的历史使命。东汉一朝民族矛盾激化，尤以西北地区的羌人纷纷起义为甚，形成所谓的"羌祸"。从东汉安帝永初元年（公元107年）开始至恒帝建宁三年（公元170年）的63年内，东汉政府为平"羌祸"投入了巨额的军事开支。其中仅段颎一人就与羌人进行大小战斗180余次，杀羌人多达38200之众，抢获羌人牲畜427500余头，耗资巨大。东汉对羌人的迫害，使甘肃、宁夏、青海三地受到极大的损失，土地荒芜，人口锐减，破坏十分严重。"河西地空，稍徙人以实之"①。直到三国鼎立之后，甘、宁、青、新地区才进入到一个稳定阶段，举步维艰的饮食文化也进入了恢复发展期。

一、饮食生活的有序恢复

三国鼎立之后，北方进入和平发展阶段。但由于统一北方的曹魏在短期内不可能一统天下，面对吴、蜀两家，为了避免东西两线同时开战，故将战略重点指向孙吴。因而，对蜀采取了孙资提出的"不责将士之力，不争一朝之忿""据诸要险""震慑强寇""镇静疆场，将士虎睡，百姓无事"的防御战略②。摒弃了那种事事要见高低的武夫做法，积蓄能量，在以静制动中积极防御。该战略为曹魏赢得了时间，使其能腾出手来加强对西北地区的经营，医治战争创伤，引进先进的生产技术发展农业，并获得了成功。

1. 先进农具的使用

在曹魏放手开拓河西，发展经济，为最终统一天下做长期战略准备的过程中，把用内地先进的生产技术发展农业生产列为首位，其中尤以牛耕和耧犁、水碓、衍溉及区种法为代表。

牛耕技术自汉武帝赵过推广以来，逐渐成为西北耕田的主流。北魏农学家贾思勰说："神农、仓颉、圣人者也；其于事也，有所不能矣。故赵过始为牛耕，实胜耒耜之利"③。事实确实如此，魏晋时期以牛犁地的方法，比起传统的耒耜之耕，效率大大提高。直至唐宋时期都没有大变化。

耧犁，耧是用畜力牵引的播种农机，汉代叫耧犁，今北方叫耧车。耧犁有独

---

① 范晔：《后汉书·西羌传》，中华书局，1965年，第2877页。
② 陈寿：《三国志·魏书》，裴松之注引《资别传》，中华书局，1959年。
③ 贾思勰：《齐民要术·序》，农业出版社，1982年。

图5-1 《双牛农耕图》，甘肃嘉峪关魏晋墓出土，距今1700年左右

脚、两脚、三脚和四脚等数种①，据说三脚耧的发明者是赵过。贾思勰的《齐民要术》云："敦煌不晓作耧犁。及种，人牛功力既费，而收谷更少。敦煌太守皇甫隆乃教作耧犁，所省庸力过半，得谷加五"。即劳动力节省了一半而产量却增加了五成。在西北军事重镇的居延曾出土了通长31.5厘米、尖端长远6.2厘米、宽4.7厘米、厚2.4厘米的木耧犁车脚，它是三脚耧的实物遗存②。皇甫隆带入敦煌的正是这种三脚耧，并且一直使用到五代以后，在今敦煌莫高窟曹元深营建的第454窟中就有耧耕插图③，是那时耧耕技术的最好佐证。

水碓，就是利用水作为动力来舂米，是来自于中原的先进技术。水碓可以减轻劳动强度，大大提高生产效率。《三国志·张既传》载："是时，太祖（曹操）徙民以充河北，陇西、天水、南安，民相恐动，扰扰不安，既假三郡人为将吏者休课，使治屋宅，作水碓，民心遂安"。敦煌莫高窟的壁画中就有利用水碓加工粮食的画面。④

衍溉，就是行灌。把地先开成沟，然后进行灌溉。皇甫隆任敦煌太守其间，

① 贾思勰：《齐民要术》卷一，农业出版社，1982年。

② 刘光华：《汉代西北屯田研究》，兰州大学出版社，1988年，第151～153页。

③ 马德：《敦煌莫高窟史研究》，甘肃教育出版社，1996年，第134页。

④ 王进玉：《敦煌壁画中的粮食加工工具》，《农业考古》，1988年，第2期。

继续加强与内地的交流，并亲自将中原的先进技术传给当地百姓，改进耕作技术，提高农业产量。《三国志》裴松之注引《魏略》载："初，敦煌不甚晓田，常灌溉蓄水，使极濡洽，然后乃耕。又不晓作耧犁，用水，及种，人牛功力既费，而收谷少。隆到，教作耧犁，又教衍溉，岁终率计，其所省庸力过半，得谷加五。"①"蓄水，使极濡洽"，就是漫灌，将整片土地全部用水灌满。在缺水的敦煌地区实行漫灌，是对资源的重大浪费，且无法保墒，属于粗放型耕作。衍溉比起漫灌来，是一大进步，可以达到节水、保墒、增产的效果。

区种法，据《氾胜之书》记载，区种法为商汤七年大旱时由伊尹发明，实际上是干旱山区人民长期生产活动的实践经验。因为"区田以粪气为美，非必须良田也。诸山、陵、近邑高危倾阪及丘城上，皆可为区田。区田不耕旁地，庶尽地力。凡曲种，不先治地，便荒地为之。"②山区的"区种法"，是一种小方区农田的播种方法。作法是先挖土深约六寸的播种小区，大小可按土地好坏作成六寸见方或九寸见方。区间距离亦视土地条件而定，上等地区为六寸，中等为二尺，下等为三尺，然后把种子点播到区中。与今天西北地区的"点窝子"相似。"区田法"特别适应于西北及陇右干旱山区。三国时魏国的军事将领邓艾留屯上邦时，还亲自教农民"区种之法"。史载："（邓）艾欲积谷强兵，以待有事。是岁少雨，又为区种之法，手执耒耜，率先将士，所统万数，而身不离仆虏之劳，亲执士卒之役。"③

区田的另一大特点是因地制宜，对土地的要求不高，好坏咸宜。最大的好处是抗旱保收，如果"天旱常溉之，一亩常收百斛"④。"区田"作为古代西北农业的重要耕种手段，对西北地区农业的发展起到了重要的作用。

在重农政策的实施下，政府"外招怀羌胡，得其牛羊，以养贫老。与民分粮

---

① 陈寿：《三国志·仓慈传》，中华书局，1959年。
② 贾思勰：《齐民要术》，农业出版社，1982年。
③ 房玄龄：《晋书·段灼传》，中华书局，1974年。
④ 贾思勰：《齐民要术》，农业出版社，1982年。

而食，旬月之间，流民皆归，得数千家。……亲自教民耕种，其岁大丰收，由是归附者日多。"①所以，魏晋南北朝时期河西一带农业生产迅速发展，粮食收成大幅度提高，储备也开始充裕起来，市场上的粮价也比较便宜了。凉州刺史徐邈在任期间，更是大力发展河西农业以及相关经济，使凉州成为关内供给的保障基地。《三国志·徐邈传》载："邈上修武威、酒泉、盐池以收虏谷，又广开水田，募贫民佃之，家家丰足，仓库盈溢。乃支度州界军用之余，以市金帛犬马，通供中国之费。"正是建立在医治战争创伤、恢复农业生产的基础之上，才使得当时西北地区的饮食文化重新焕发了新的活力。

2. 诸葛亮陇上收麦做馒头

馒头，民间传说是诸葛亮在平定南中即"七擒孟获"时，为了祭祀死去的战士用面粉制作成人头的模样投入水中，馒头由此传开。

事实上，诸葛亮制作馒头的历史应该发生在晚于平南中的"六出祁山"期间。曹魏统一北方之后，西北地区的甘肃东部便成为与蜀汉交锋的前沿阵地，历史上著名的六出祁山就发生在这里，并且演绎出诸葛亮抢收陇上小麦，制作馒头的故事。

祁山，在今天的甘肃礼县的西汉水河谷川地，一峰独起，扼守出入蜀陇的交通要道，水草丰美土地肥沃，是古代的粮仓。诸葛亮在《祁山表》中说："祁山去沮县五百里，有民万户。瞩其丘墟，信为殷矣。"②祁山有万户之民，其自给自足的经济可谓富甲一方。古谚云："南豞北豞，万有余家。"③此处所谓的"豞"，实指沿西汉水南北两岸东西走向宜于耕作的山谷川地及一、二阶台地。因此《读史方舆纪要》说"武侯出祁山，祁山万户出租五百石供军"，以缓解运粮之难。

---

① 陈寿：《三国志·苏则传》，中华书局，1959年。
② 张连科、官淑珍：《诸葛亮集》，天津古籍出版社，2008年，第62页。
③ 郦道元：《水经注·漾水注》，中华书局，2007年。

图5-2 祁山

另有史称："若趣祁山，熟麦千顷，为之悬饵。"[1]后人之所以将诸葛亮的北伐行为通称作"六出祁山"者，就是点明诸葛亮寄希望于此地补充军粮，直趋天水逾陇山进入关中。

如，蜀汉后主建兴九年（公元231年）诸葛亮第四次出师，第二次兵出祁山，与魏将司马懿相持于上邽（今甘肃天水市），当时军粮无着，又正值小麦成熟之际。诸葛亮怕司马懿大军赶到后抢先收麦，便提前下手，率众将士抢割了魏国老百姓的小麦，做成馒头以充军粮，由此诸葛亮失去了当地少数民族的支持而兵败汉中。《晋书·宣帝纪》记载："明年（公元231年），诸葛亮寇天水，围将军贾嗣、魏平于祁山。……乃使帝（司马懿）西屯长安，都雍、梁二州诸军事，通车骑将军张郃、后将军费曜、征蜀护军戴凌、雍州刺史郭淮等讨亮。……亮闻大军且至，乃自帅众将芟（shān）上邽之麦。"说的就是这段故事。

对于上邽的小麦，魏国也曾动过念头。但是，魏明帝以政治家的远见卓识，不动老百姓的麦子，而是照计划从关中运粮到陇右前线，并派军队护麦，使其生长成熟，赢得了民心。作为回报，百姓积极地支持魏军，共同抗击蜀军的进攻。

蜀、魏各自远道天水作战，都面临着粮食不足的状况，谁能解决粮食问题，

---

① 陈寿：《三国志·邓艾传》，中华书局，1959年。

谁就能赢得了战争的胜利。诸葛亮六出祁山的失败，关键在于无法解决"每患粮不济"①这一难题。

今日的地方名吃天水烤馍，相传源于诸葛亮六出祁山之际，是当时的蜀军为了作战时既便于携带又能够保持不坏而烤制成的馍（饼）。

二、丝路上的饮食文化交流

丝绸之路在历史上有三通三绝之说，东汉末年之乱，使丝路同样未能幸免于难。在进入到魏晋南北朝（公元220—589年）时期才迎来了一个新的发展机遇，促进了饮食文化的交流和发展。

1. 丝绸之路的恢复畅通

丝绸之路是古代中国连接欧亚大陆的重要交通线，为保障丝绸之路的畅通，曹魏非常重视对河西地区的经营，包括传统的对外商贸和发展绿洲农业。派出仓慈、皇甫隆、徐邈等为敦煌太守，他们兴利革弊，发展生产，特别保护往来于中原胡商的正常交易，严厉打击欺行霸市的恶习，有效地促进了丝绸之路贸易的繁荣，加强了各民族之间的友好往来。

当仓慈去世后，当地的人民感恩戴德，纷纷"图画其形，思其遗像"，连西域的诸胡为了感激仓慈对丝路商道保护的功劳，甚至于不惜自残身体"或有以刀画面，以明血诚，又为立祠，遥共祠之"②。史称"西域人入贡，财货流通，皆邈之功也"③，充分肯定了徐邈的功绩。

在丝绸之路发展的过程中，一度繁荣于青海地区。由于河西走廊群雄纷争战争频繁，阻塞了中原通往西域的道路，所以开始改道青海，"出现了中国历史上的

---

① 陈寿：《三国志·诸葛亮传》，中华书局，1959年。
② 陈寿：《三国志·仓慈传》，中华书局，1959年。
③ 房玄龄：《晋书·食货志》，中华书局，1974年。

图5-3　罗马金币，青海西州大　图5-4、图5-5　波斯萨珊王朝银币，青海省西宁市隍庙街出土
南湾出土

所谓南线'丝绸之路'，来往于东西方的商人、僧侣往往在今西宁作短暂停留，为青海带来了西域良马、畜牧技术等；同时，中原养畜和农作技术的著述这时相继问世，《齐民要术》等著作随之传入青海，推动了青海农牧业和商业贸易的进步"①。

青海路一度非常繁荣，青海出土的罗马金币，以及波斯银币，真实地反映出当时青海与西方贸易的密切往来。

黄河发源于青海，河水在青海流量不大，易于灌溉农田。尤其是支流湟水，被誉为青海农业的母亲河。专家们认为"湟水流域的农田水利历史悠久，其规模和经济效益皆甚过干流黄河。黄河自贵德县以东始有水利，而湟水整个流域都富水利，是青海省农业最发达的地区。不仅是粮、油主要产区，而且是蔬菜、瓜果的重要生产基地"②。

2. 西域食器的传入

魏晋时期随着丝绸之路的繁荣，中西交流的频繁，与饮食文化相关的一些西域食器也传入西北地区。例如，新疆出土的特大三耳陶罐，还有狮文银盘等。狮子是西方特有的动物，在丝绸之路重镇焉耆对食器狮文银盘的发现，展示了当时新疆地区从东到西经济活跃、饮食生活丰富多彩的历史面貌。

---

① 张逢旭、雷达亨、田正雄：《青海古代畜牧业》，《农业考古》，1988年第2期。
② 田尚：《古代湟中的农田水利》，《农业考古》，1987年第1期。

宁夏地区的考古发现也令人眼界大开，特别是1983年在固原发现的玻璃碗以及罗马时期的鎏金银瓶，最令人惊叹不已。

玻璃是外来品，中国本土并不生产。宁夏发现的这只玻璃碗造型奇异，通体泛绿，极其精美，价格昂贵。说明魏晋南北朝时期宁夏地区的有钱人已经在使用西方进口的玻璃制品，其食物的品种极有可能也与西方食品有关，或外来饮食在

图5-6 特大三耳陶罐，新疆喀什地区亚鲁吾克遗址出土

图5-7 狮文银盘，新疆焉耆县出土

图5-8 玻璃碗，宁夏固原南郊乡深沟村的李贤夫妇合葬墓中出土

图5-9 罗马鎏金银瓶，宁夏固原南郊乡深沟村的李贤夫妇合葬墓中出土

这里得到了发展。

特别值得关注的是罗马时期的鎏金银瓶的发现，充分展示了罗马时期西方人的饮食习惯。该银瓶造型美观工艺精湛，瓶上表现的是古希腊有关爱神芙罗马狄蒂和海伦的传说故事，该银瓶不可多得，在中国是唯一的，弥足珍贵。

瓶是盛奶或者是盛酒的专用容器，是生活中的重要器皿，西域人将罗马的这件宝贝带到中国的同时，也将西域的饮食习俗及相关的文化传入中国。

三、特色饮食习俗

从公元317年东晋在江南建立，北方先后有十六个强大势力，称之为十六国。其中前凉、后凉、南凉、西凉和北凉建于河西，还有西秦、前赵、后赵、前秦和大夏都曾占据过西北的部分地区。以及前仇池国、后仇池国、武兴国、武都国、阴平国等，他们的主要成分是鲜卑、匈奴、羯（jié）、氐、羌等民族，从而形成了特色鲜明的饮食文化。

1. 四合之兴

魏晋时期在政权交替的过程中，西北地区所受影响不大，并借机得到了高速的发展，呈现出一派欣欣向荣的繁华景象。由于长期的战争中断了西域直接去长安、洛阳的道路，往来于中国的西域及外商人他们只好将姑藏（今甘肃武威）作为贸易中转站，造就了一颗光彩夺目的丝路明珠。

十六国时期的姑藏是国际性贸易城市，包括西域的金银币在这里都可通用。中亚、西亚以及地中海一带的外国人不远万里来到河西，他们亦商亦游、亦饮亦食，其乐融融，不思故里，成为这一时期国际化的一个亮点。更有一些西域及外国商人干脆扎根于此，修宅建房娶妻生子。所谓"西域流通，荒戎入贡"[1]。通过

---

① 陈寿：《三国志·徐邈传》，中华书局，1959年。

丝绸之路，西域及外国的商贾们把来自远方的药品、毛织品以及各种食物等运到姑臧进行交易，然后再换取丝絮、布帛、钢铁制品到遥远的中亚、西亚乃至地中海地区。其贸易盛况十分火爆，史称："时天下扰乱，唯河西独安，而姑臧称富邑，通货羌胡，市日四合，每居县者，不盈数月辄致丰积"①。

合，即交易。古制一日三合，即一天交易三市，所谓"四合"者，即一天交易四市，姑臧"市日四合"，足见其商业贸易之繁荣，成为当时整个西北地区的经济文化中心，我国今天所使用的旅游标志马踏飞燕就出土于此②。北魏文学家温子升在《凉州乐歌》中称："远游武威郡，遥望姑臧城。车马相交错，歌吹日纵横。"旅行者通过亲身经历凉州、姑臧等地，真实地记录了河西地区的繁华景象。在晋墓出土的砖画中以艺术的笔触对此做了真实的记录。"酒泉丁家闸五号墓壁画、嘉峪关魏晋墓砖画中反映了公元3—4世纪河西屯垦、畜牧、农作、蚕桑、屠宰、歌乐、宴会等社会生活场景。"③到隋唐时终于呈现出"凉州七里十万家，胡人半解弹琵琶"的富庶景象。

图5-10 《进食图》彩绘砖，甘肃嘉峪关魏晋一号墓出土，距今1700年左右

---

① 范晔：《后汉书·孔奋传》，中华书局，1965年。
② 甘肃省博物馆：《武威雷台汉墓》，《考古学报》，1974年第2期。
③ 李明伟：《丝绸之路与西北经济社会研究》，甘肃人民出版社，1992年，第206页。

2. 烤炉饼食

面食是中国传统的食物品种，伴随着屯田和移民的进行，原来盛行于东部地区的煎饼也传到了西北地区，成为这里居家过日子的食品之一。我们从女厨摊煎饼图的画面中看到当时的情景[①]，画面中的主人公是一位女厨，她跪坐在炉灶旁一边添柴续火，一边看着烤炉上的煎饼。

画面中的烤炉正是今天常见的鏊锅，亦称鏊子，主要用于摊煎饼、烤饼等。

煎饼是中国北方传统的食物品种，制作方法大致有两种，一种是用小麦、粟等面粉调和成流汁，摊于鏊锅上，谓之摊煎饼，今山东地区最为普遍。另外一种

图5-11 《女厨摊煎饼图》，甘肃酒泉出土，距今1700年左右

图5-12 今日的山东煎饼

---

① 袁融总主编：《甘肃酒泉西沟魏晋墓彩绘砖》，重庆出版社，2000年。

加工方法是将面和好以后，擀成薄片，然后放在鏊子上烤。煎饼就着葱蘸大酱是北方传统的吃法，现在彩绘砖的出土，展示了魏晋时期坊间煎饼加工制作的流程，看上去与今天山东煎饼的制作方法大同小异。

山东地区吃煎饼的传统是和葱一起蘸大酱，即煎饼蘸酱。那么西北地区在魏晋南北朝时期是否也是煎饼蘸酱呢。斯坦因在敦煌获取的两千余号汉晋木简当中，就有"煎""酱"的记录："Or8211/1580号木简载：'口变（？）饮食芥韭、葱韭'"，"煎（？）酱（？）"等①。"葱"，指的是胡葱，即大葱。"煎"，显然是煎饼。

3. 庖厨宴乐

1972—1973年在河西走廊西端的酒泉、嘉峪关地区发现了大量的魏晋时期的壁画，保存下来的有六百多幅，这批壁画内容"大部分反映了农桑畜牧，屯垦营垒，坞壁穹庐，猎弋出行，庖厨宴乐，衣帛器皿等各方面现实生活"②。为我们了解这一时期西北地区丰富的饮食生活提供了不可多得的珍贵资料。

从画面中我们首先了解到，在日常的饮食生活中猪肉占有一定的比例，如

图5-13 《宰猪图》，甘肃嘉峪关魏晋六号墓出土，距今1700年左右

---

① 郭锋：《斯坦因第三次中亚探险所获甘肃新疆出土汉文文书——未经马斯伯乐刊布的部分》，甘肃人民出版社，1993年，第125页。

② 甘肃省博物馆：《甘肃文物考古工作三十年》，《文物考古工作三十年（1949—1979）》，文物出版社，1979年，第148页。

图5-13 ① 就是一幅宰猪图，画中的屠夫一手摁着猪，一手将刀放在猪的屁股上，画面上的屠夫双眉上挑，颇显凶残，而猪又显得异常害怕，整个画面非常生动。这类图在酒泉、嘉峪关出土的最多。笔者在1992年夏天曾参观过此图，当时画面的颜色十分鲜艳，给人的印象最深。

魏晋南北朝时期的饮食生活是丰富多彩的，当时人们的饭桌上除了牛、羊、猪肉之外，还有鸡、鸭、鹅等。图5-14表现的是两位厨人在洗烫宰杀鸡与鹅的场面②，画面生动活泼，又具有十分浓郁的生活气息。而图5-15在另一处的厨房里，一男一女厨师面对着丰富的原材料，正在紧张地烧火做饭。所使用的炊具和

图5-14 《宰烫鸡鹅图》，甘肃嘉峪关出土，距今1700年左右

图5-15 《庖厨图》，甘肃嘉峪关出土，距今1700年左右

① 袁融总主编：《甘肃嘉峪关魏晋六号墓彩绘砖》，重庆出版社，2000年，第13页。
② 甘肃省文物工作队、甘肃省博物馆：《嘉峪关壁画墓发掘报告》，文物出版社，1985年。

容器都很丰富，反映出官宦富人家非常丰富的日常饮食生活及非常讲究的日常菜品制作。为我们了解这一时期的饮食文化发展状况提供了真实的记录。

1964年在新疆吐鲁番县曾经出土了一幅内容丰富的生活纸画（见图5-16），该画幅长106.5厘米、宽47厘米。绘画主要表现了统治阶级人物的生活，其中有三分之一的画面表现出墓主人生活中的田园及庖厨。考古学家王炳华先生认为：农业是社会生产的主体，这是墓主人财富及享乐生活的写照。在田园生活画面中，可以看到整齐的田亩，茂盛的禾稼。旁侧是草叉、耙等农具，木耙长柄多齿。另外，图中有一件家具应当是犁。只要转一角度，正是一架犁的侧视图，有犁辕、犁梢、犁架及系绳等。在整个画面内，还表现有磨、碓的形象。磨以长木杆作联动轴，由人推转，碓是用足踩动；这些谷物加工工具，与内地农村流行形式完全一样，明显可以看到，这是由于接受内地农村的影响。[1]王炳华先生所言极是，吐鲁番与敦煌近在咫尺，两地之间历来交流频繁，生产技术与饮食习俗的传入毋庸置疑，如新疆阿斯塔那301墓出土的饺子就是最好的说明。

牛羊肉、奶酪等奶制品依然是传统饮食，其中喝奶已经成为日常饮食生活的

图5-16　纸质生活画，新疆吐鲁番阿斯塔那晋墓出土，距今1700年左右（《新疆出土文物》图版，文物出版社）

---

[1] 王炳华：《新疆农业考古概述》，《农业考古》，1983年第1期。

图5-17 《挤奶图》，甘肃嘉峪关出土，距今1700年左右（《嘉峪关壁画墓发掘报告》，文物出版社）

图5-18 《井饮图》，甘肃嘉峪关出土，距今1700年左右（《甘肃嘉峪关魏晋一号墓彩绘砖》，重庆出版社）

一部分。如图5-17正是一幅典型的挤奶图，图中所表现的人物是母子俩和一只奶羊，母亲挤完奶后走在前边，儿子牵着羊紧跟着母亲走在后边，而奶羊则有些不情愿，儿子只好用力拽着它向前，连整个身体都扭过来了，画面灵动质朴栩栩如生。

牲畜的放牧与喂养是牧区的一道风景线，图5-18是一幅"井饮"的彩绘砖，反映的是家庭饲养的马、牛、鸡等家畜在井边饮水的场面，表现出一派六畜兴旺欣欣向荣的景象。

图5-19反映了生活在社会上层的贵族们，他们并不满足于常态的食物品种，他们还要经常驱狗放鹰行围打猎，捕获野山羊、野鹿等，这种富有刺激性的狩猎行为，既是享乐，又可以一饱美食猎味的口福。

图5-19 《围猎图》，甘肃嘉峪关出土，距今1700年左右（《甘肃嘉峪关魏晋一号墓彩绘砖》，重庆出版社）

图5-20 《滤醋图》，甘肃酒泉西沟出土，距今1700年左右（《酒泉西沟魏晋墓彩绘砖》，重庆出版社）

四、发达的酿造工艺

酿造是人类对于饮食文明的一大贡献，酿造工艺的发达代表着饮食生活的丰富与饮食文化的进步。魏晋南北朝时期西北地区由于粮食生产的提高，社会稳定生活富裕，人们开始用粮食来发展醋、酒等酿造食品，以丰富日常的饮食生活。

1. 以粮酿醋

魏晋南北朝时期西北地区酿造工艺发达。人们开始大量生产食用醋，作为调味品，广泛应用于菜肴的加工，其中甘肃的河西地区就是当时发达的制醋中心。通过图5-20的"滤醋图"，我们看到了当年制醋的具体工艺流程。"滤醋"，即西北人通称的"淋醋"。"滤醋图"出土于酒泉西沟魏晋墓，图中画面不但充分表现出当时生产醋的规模，还将"滤醋"的工艺流程展示得一清二楚。

醋，又名酢、醯、苦酒。味酸苦。醋分米醋、麦醋、曲醋、糠醋等。醋一般由米、麦、高粱或酒、酒糟发酵而成，制作与酒有相同之处，所以《说文》将醋与酒共归于酉部。而后人明代李时珍则将醋归于谷部，是以粮食为制作原料归类的。

醋，作为酸味调料起源很早，是日常生活中经常食用的调味品。周代就设有专门从事管理的官员"醯人"进行管理。《周礼·天官·醯人》已有所记载。

瓮在古代用来装醋特别流行，并且是财富的象征。例如儒家十三经之一的《仪礼·聘礼》记载："醯醢百瓮，夹碑，十以为列。"《礼记·檀弓》："宋襄公葬其夫人，醯醢百瓮。"又《太平御览·饮食部·醯》引《吴录·地理志》曰："吴王筑城，以贮醯醢，今俗人呼苦酒城。"由此可见古代醋的用量是很大的。醋之所以古今都非常重视，是因为它除了调味之外还有食疗作用。中医认为醋有散瘀、止血、解毒、杀虫之功，还可助消化。

2. 粮、果酿酒

酒是中国传统的饮品，最早出现在东部地区，后来逐步传入西北地区。魏晋时期甘、宁、青、新地区除了饮用传统的葡萄酒之外，还饮用当地酿造的曲酒——秦州春。

魏晋时期，西北地区已经能生产许多品种的酒，如颐白酒、九酝酒、桑落酒、粱米酒、粟米酒、黍米酒、秫米酒、白醪、糯米酒等。"秦州春"是当时诸多酒品中的一种，颇有影响。秦州是天水的古称，"秦州春"酒因地而得名。北魏农学家贾思勰在《齐民要术·笨曲并酒》中专门记载了秦州春的制曲方法："作秦州春酒曲法：七月作之，节气早者，望前作；节气晚者，望后作。用小麦不虫者，于大镬釜中炒之。炒法：钉大橛，以绳缓缚长柄匕匙着橛上，缓火微炒。其匕匙如挽棹法，连疾搅之，不得暂停，停则生熟不均。候麦香黄便出，不用过焦。然后簸择，治令净。磨不求细；强者酒不断粗，刚强难押。预前数日刈艾，择去杂草，曝之令萎，勿使有水露气。溲曲欲刚，洒水欲均。初溲时，手搦不相着者佳。溲讫，聚置经宿，来晨熟捣。作木范之：令饼方一尺，厚二寸。使壮士熟踏之。饼成，刺作孔。竖棍，布艾椽上，卧曲饼艾上，以艾覆之。大率下艾欲厚，上艾稍薄。密闭窗、户。三七日曲成。打破，看饼内干燥，五色衣成，便出曝之；如饼中未燥，五色衣未成，更停三五日，然后出。反覆日晒，令极干，然后高厨上积之。此曲一斗，杀米七斗"。由文得知，秦州春酒曲是方一尺厚二寸的方形饼状的块曲，是用曲范脚踏而成。制曲的曲范是用1尺见方，厚2寸的木材制成的，块曲不仅仅比散曲好看，而且在发酵性上也有所提高。

贾思勰是我国南北朝时期杰出的农业科学家，他所著的《齐民要术》被誉为中国古代"四大农书"之一。贾思勰以自己的亲身实践，加以分析、整理，对当时社会上流行的酒以及酒的制作方法进行了记载和考察，他对秦州春酒的记载，成为我们今天研究魏晋南北朝时期西北地区酿酒史的宝贵资料。

与中国粮食生产丰歉晴雨表的曲酒不同，葡萄酒是以水果葡萄为原料的，不涉及国家的粮食安全。葡萄酒原产于西域，《史记·大宛列传》记载大宛国"其俗土著，耕田，田稻麦。有蒲陶酒。"大宛，今乌兹别克斯坦费尔干纳盆地一带。又说"宛左右以蒲陶为酒，富人藏酒至万余石，久者数十岁不败。"还记载

图5-21 玻璃杯，新疆且末县扎滚鲁克一号墓葬出土，距今1700年左右（《新疆且末扎滚鲁克一号墓地发掘报告》，《考古学报》，2003年第1期）

图5-22 玻璃杯，新疆尉犁县营盘魏晋墓出土，距今1700年左右（《中国少数民族文化史图典·西北卷上》，广西教育出版社）

安息"其俗土著，耕田，田稻麦，蒲陶酒"。安息，今伊朗高原的东北部。所以晋人张华《博物志》称："西域有葡萄酒，积年不败，彼俗云可至十年，饮之，醉弥日乃解。"由此可见，蒲陶酒最早当从中亚传入。

《太平御览》载魏文帝在诏群臣时亦称（葡萄酒）："甘而不饴，酸而不酢"。新疆是西北地区最早酿造和饮用葡萄酒的地区，我们从新疆且末县和尉犁县出土的玻璃杯得到了证明。

葡萄酒经过新疆地区的发展之后，开始东传至中原，并被视为珍品而享用。新疆地区葡萄酒的发展与传播，与西域诸国的密切交流分不开，后来葡萄酒逐渐成为新疆地区著名的饮品。

通过丝绸之路大量传入的食材原料与饮品，则成为这一时期的显著特点。

第二节 失落的饮食文明

饮食文化如同一幅长长的历史画卷，当展开甘、宁、青、新地区魏晋时期的饮食文化时，一个沉重的话题出现在我们面前，那就是新疆地区曾经有过辉煌的文明，楼兰、高昌堪称其中的代表，然而她却失落了。

一、楼兰食话

一曲"楼兰姑娘"引起了人们对这个文明故城的回忆。楼兰，曾经是丝绸之路上最耀眼的明珠，位于今天新疆东南部罗布泊地区若羌县北境。楼兰故城大约建于东汉初年，废弃时间大约在公元376年左右的前凉末年，距今已有1600多年。魏晋时期楼兰是西域长史所在地，担负着对楼兰城及其附近地区屯田的管理任务。楼兰屯田者主要是戍卒，除了农业生产之外，还从事"牛、胡牛、土牛、驴、羌驴、马、驼"的畜牧业经营；其中"牛的用途多见于耕地或运输；马、驼、驴主要是作交通运输使用"①。楼兰最繁荣是在西晋时期，中西贸易、农牧业经济、文化与饮食生活都非常发达。

1. 农牧相济

楼兰的饮食文明直接表现在餐桌上的是丰富的原材料与饮食品种，食品原料主要有小麦、大麦、粟、禾、糜子（黍）等，其中糜子是楼兰及整个西北地区最传统的粮食作物。侯灿先生考察楼兰时在一些散乱木材下就发现了堆积着大量的糜子，"经测定糜子堆积的厚度约70厘米，宽约1米。堆积中还夹杂有麦粒"。糜子，在古书简中写作"床"在楼兰出土的木简和纸文中多处见到"床"的字样，如"下床九十亩溉七十亩"，"出床四斛四斗稟兵孙定吴仁二人"，"出床十二斛六斗稟兵卫芒等七人"。1984年4月新疆社会科学院考古研究所组织考古调查队，在这里发现了"糜子、大麦等实物标本"，同时"又发现了一颗迄今为止在世界上保存得最古老最完好的小麦花"，"距今至少也有1600多年"。②这个发现非常重要，它进一步证明了小麦在新疆地区是在种植并在食用。

在新疆东南部塔里木盆地东北边缘的尉犁县，还发现了"水稻"③。水稻一向被认为是南方的农作物，尉犁县地处丝绸之路中道，之所以能够生产水稻，可见当年气候湿润物产丰富，有着丰沛的水源，为水稻的栽培提供了环境的支撑。

曾经三次考察过楼兰的考古学家王炳华先生认为，楼兰当时的条件优越，农牧业都很发达，"畜牧业仍属于一个主要的地位，绵羊、山羊、牛、马、骆驼等是人工饲养的主要牲畜，羊牛是肉乳之源，驼、马是交通代步的工具。农业仍然是以小麦、粟等旱地农作为主"④。学者薛宗正先生认为："仅见于楼兰简牍者已有麦、大麦、小麦、粟、黑粟、禾、谷、杂、叔机、芒、粮、米等，以出现多寡

---

① 孟凡人：《魏晋楼兰屯田概况》，《农业考古》，1985年第1期。
② 侯灿：《楼兰出土糜子、大麦及珍贵的小麦花》，《农业考古》，1985年第1期。
③ 新疆文物考古研究所：《新疆尉犁县营盘墓地1995年发掘简报》，《文物》，2002年第6期。
④ 王炳华：《沧桑楼兰——罗布淖尔考古大发现》，浙江文艺出版社，2002年，第98页。

判断，似以麦为主，加工成品有麵、麬（hé）等，次为粟与禾。既有如此众多的粮食，必然可生产酒、酱、酢（醋）之类调味品以佐餐。……还种植瓜果、菜蔬以佐食。……此外还饲养驴、羌驴、驼以供驮运，羊以供食用，至于汉人惯于食用的猪则未见简牍。"①以醋为代表的调味品我们虽然没有在楼兰发现，但是不能排除其存在，因为我们在与之相邻的酒泉发现了大量生产醋的彩绘砖。

至于猪作为主要的传统肉食来源，在同一条丝绸之路上的河西魏晋墓中大量出现，而在楼兰却未见于简牍，确实值得研究。

2. 粮肉兼食

魏晋南北朝时期楼兰人的饮食习惯是吃牛羊肉、奶酪，喝牛、羊奶。在新疆尉犁县的考古发掘中发现这里的"墓葬中普遍有随葬食物的习惯，主要是肉食——羊头、大块羊排等，也有少量面食。放置的位置比较统一，均放在头端的木几或木盘（或木案）上。随葬的生活用具主要是木器，如罐、杯、碗，个别的为陶罐，基本上是一墓一件，都放在盛放羊肉的几、盘一侧"②。这一随葬的习俗表明，食肉当是主要饮食方式。

楼兰人的日常饮食中还有面饼，他们用麦面、粟面，做成麦面饼、粟面饼，而且做工颇为精细讲究。楼兰人使用"蒸、煮用的灰陶甑，造型与中原一样，它对于蒸制面食品、小米等是很适用的"③，尤其是面饼。新疆尉犁县考古发现"食物除羊肉外是面饼。面饼3件，呈浅黄色，手搓成条状盘成椭圆形，或手拍捏成不规则圆形，长2.5～10.2厘米、宽2.2～6.9厘米、厚0.4～0.9厘米"④。大量面饼的出现和制作工艺的展示，说明楼兰先民对面食的需求和精细的加工水平。另外，面饼具有不易变质而又便于携带的特点，是游牧民族的特色食品。

---

① 薛宗正主编：《中国新疆·古代社会生活史》，新疆人民出版社，1997年，第190～191页。
② 新疆文物考古研究所：《新疆尉犁县营盘墓地1995年发掘简报》，《文物》，2002年第6期。
③ 王炳华：《沧桑楼兰——罗布淖尔考古大发现》，浙江文艺出版社，2002年，第98页。
④ 新疆文物考古研究所：《新疆尉犁县营盘墓地1995年发掘简报》，《文物》，2002年第6期。

图5-23　今日的楼兰（《中国少数民族文化史图典·西北卷上》，广西教育出版社）

　　楼兰是失落的文明，今天的楼兰已经是人去楼空面目皆非，面对生命静止的荒凉之海，足以引起人类的深刻反思，人类所犯的最大错误恰恰就是以自己的能力去破坏世界原有的生态环境与人的和谐，人类在创造文明的同时又在毁灭着文明。

　　回首看去，历代先民在生态保护方面的做法足可称道。西周时期就曾有严格的规定，《逸周书·大聚解》记载："旦闻禹之禁，春三月，山林不登斧，以成草木之长；三月川泽不入网罟，以成鱼鳖之长"。秦王朝同样规定："春天二月，不准到山林中砍伐木材，不准堵塞水道。不到夏季，不准烧草作为肥料，不准采摘刚发芽的植物，或捉取幼兽、鸟卵和幼鸟，不准……毒杀鱼鳖，不准设置捕捉鸟兽的陷阱和网罟，到七月解除禁令。"[1]汉袭秦制，同样有类似的规定，而且是写在墙壁上公之于众。在西北地区敦煌悬泉的汉简中就有关于春天禁止焚烧山林行猎等相关内容。[2]

　　楼兰文明的陨落是一面历史的镜子，后人当以此为鉴。

---

① 睡虎地秦墓竹简整理小组：《睡虎地秦墓竹简》，文物出版社，1978年，第27页。
② 甘肃省文物考古研究所：《敦煌悬泉汉简释文选》，《文物》，2000年第5期。

二、文明高昌

高昌是丝绸之路上又一颗闪亮的明珠，曾经对西北地区饮食文化产生过重大的影响。高昌故城位于吐鲁番市东约45公里处的哈拉和卓乡所在地附近，与消失的古城楼兰齐名。

1. 移民兴地

高昌的地理位置十分重要，史称"此其西域之门户也"①，高昌"东北通伊吾（今哈密市），北达车师后部，南通楼兰（罗布泊西北崖）、鄯善（今若羌县境），西经交河、焉耆达龟兹、疏勒。地扼西域交通咽喉，战略地位十分重要"②，是兵家必争之地。

地处吐鲁番盆地的高昌，生态环境优越，"吐鲁番盆地，虽地势低洼、炎热多风少雨，但土地肥沃、日照充足、地下水丰沛。此地自古宜桑麻五谷，的确是人类生息繁衍的好地方。"③《魏书·西域传》曾载，这里"气候温暖，厥土良沃，谷麦一岁再熟，宜蚕，多五果，又饶漆。有草名羊刺，其上生蜜而味甚佳。引水溉田。出赤盐，其味甚美。复有白盐，其形如玉，高昌人取以为枕，贡之中国。多葡萄酒。"高昌土肥水美、物产丰富，是一块富饶的风水宝地，为历代所重视。

高昌是一个移民小社会，人员来自不同的地方，一部分人来自军队中的兵士，汉武帝时大军西征大宛，曾留下老弱不能行走者于此屯田。自此开始，高昌便一直作为屯田的重点地区而延续了下来。"沙畹的《汉文文书》928号文书就曾记有屯田士兵领取口粮的事情：'出禾五斛四斗，禀高昌士兵梁秋等三人，日食六升，起九月一日，尽卅日。'这是从高昌调到楼兰的屯田士兵在楼兰领取口粮

---

① 范晔：《后汉书·西域传》，中华书局，1965年。
② 赵予征：《丝绸之路屯垦研究》，新疆人民出版社，1996年，第77页。
③ 薛宗正主编：《中国新疆·古代社会生活史》，新疆人民出版社，1997年，第201页。

的账簿。"① 还有一部分人是为躲避中原战乱而来到高昌的汉人，带来了中原的农业技术，因此高昌地区农业相对发达，人民生活安定。根据赵予征先生的研究，在《吐鲁番出土文书》的资料中就有关于高昌人种植、管理"葡萄园顷亩"的记载②，说明当时的高昌除了粮食作物之外，还种植葡萄，并延续至今，成就了后世吐鲁番葡萄的极高知名度。

2. 汉食之风

高昌失落的饮食文化，在考古发现中得到了充分的展示。这里有着与中原地区一样的生计方式和饮食生活，包括传统的祭祀活动，并且以粮食、水果作为祭品。高昌的"祭器中盛有小米粒、黑豆、食油和水果等"，有"李子和葡萄"③。他们"除了米饭、粟饭之外，还用面食发酵醋以佐餐……面酱也是每家必备的食品"④。

（1）面酱 酱的一种，最先食用于中原地区，是传统的调味品之一。后来通过丝绸之路的交流传入高昌，成为这里主要的调味品之一。而且高昌人已经掌握了作酱的方法，并将其用于各种食品中。

（2）面点 "高昌人还烤制各种花色点心，而以加入砂糖的甜点最受欢迎。随着南人北迁及水稻的生产，不再研磨成粉的米饭、粟饭的蒸食也为人们所接受"⑤。各种花色点心的出现，表明高昌人对面粉加工的精细化和工艺化，而粒食的推广，则进一步丰富了饮食的品种。

（3）饺子 内地人重要的食物品种之一，1959年在高昌的出土发掘中就发现了"饺子"，"出土有饺子三只，分盛于三个陶碗内，饺子长约5厘米，宽1.5厘米"，与今天饺子的个头大小相同。饺子实物在高昌的发现说明饺子在西北

---

① 赵予征：《丝绸之路屯垦研究》，新疆人民出版社，1996年，第77页。
② 柳洪亮：《新出吐鲁番文书及其研究》，新疆人民出版社，1997年，第311页。
③ 莫尼克·玛雅尔著，耿昇译：《古代高昌王国物质文明史》，中华书局，1995年，第184页。
④ 新疆社会科学院考古研究所编：《新疆考古三十年》，新疆人民出版社，1983年，第250页。
⑤ 薛宗正主编：《中国新疆·古代社会生活史》，新疆人民出版社，1997年，第201页。

地区的高昌至少在魏晋时期就已经开始食用了。另外，在"301和302墓还出土有面制龙形残段，系用面皮捏合而成，外面压划纹饰，另有面条、面饼之类"①。龙是帝王的象征，中原地区有蒸龙给小孩子吃的习俗，希望孩子长大后具有超常的能力。龙形面食的发现，说明高昌人在生活习俗方面与中原有着十分密切的关系。

1986年的考古发掘同样发现了饺子，而且是八只，"饺子86TAN388：17，长五点七厘米。共发现八个，出土时盛在碗里，每碗一个或二个"，还有"红枣、共发现八个，已成枣干。出土时盛在碗里，每碗二个或三个"②。

红枣，在内地同样是喜庆的水果，代表着吉祥。高昌饺子与红枣同时出现，而且数量上又都是"八"，这种组合与配伍，其中隐藏的奥秘待后人诠释。

新疆盛产水果，由于暑夏的酷热和糖化作用，使其格外甘甜。高昌人在吃水果的同时还发明了果酱，又成为提高高昌人饮食生活质量的一个亮点。

3. 独特的面食工艺传统

高昌人对于面食很有研究，并已形成了独特的传统工艺。法国学者莫尼克·玛雅尔认为："在阿斯塔那古墓葬发掘出土的食物祭品中，包括泥作的糕饼，分别为小馅饼状、拧花状、新月状和花状；其中有一部分还带有果酱的残余。在此问题上，我们还颇感兴趣地提一下另外一件值得注意的事：当时另一种来自西域的点心制造方式也在长安风靡一时，即用芝麻粒装饰的各种各样的小点心。从在阿斯塔那发现的一些残余物来看，我们可以了解其原来的面貌。"③莫尼克·玛雅尔提出与西域饮食习俗进行比较的观点很有道理，这些小面点或其做法，很有可能就是来自于西域，是丝绸之路文化交流的成果。

1965年在阿斯塔那65TAM39墓又发现了面食，有"面食2块。其中1块

---

① 新疆社会科学院考古研究所编：《新疆考古三十年》，新疆人民出版社，1983年，第78页。
② 柳洪亮：《1986年吐鲁番阿斯塔那古墓群发掘简报》，《考古》，1992年第2期。
③ 莫尼克·玛雅尔著，耿昇译：《古代高昌王国物质文明史》，中华书局，1995年，第185页。

（65TAM39：11）卷曲如杏皮状，色微黄，似小蚕茧形，表面上印有较规整的线条纹，可能是在编织物上搓搽时留下来的。长2厘米、宽1厘米。置于死者右肩部。另一块（65TAM39：23），淡咖啡色，油煎食品，卷曲成筒状，长4厘米、宽1.4厘米。置于死者右头顶端"[1]。这个卷曲状似小蚕茧形而且表面上印有较规整线条纹的食物，当是今天西北地区流传极广的"搓鱼子"的前身。因形状像小鱼而得名，好吃而且好看，如是，"搓鱼子"的历史将大大前提。

专家们还认为高昌人的面食很富有创意，"汉代戍边士卒一般背负炒面充饥，高昌人沿袭了北方及西域面食的传统，并极大丰富了食用花色。他们或以面溶水调煮成粥糜食用，还能制作烤饼（馕），包饺子，做馄饨，并在粥糜的基础上引申出汤饼的吃法（类似今天新疆人吃的揪片子〈一称汤饭〉）"[2]。

高昌人加工食物的炊餐具也非常丰富，有"铁锅等金属制品"，有"釜、甑、罐、壶、盆、盘、盂、碗等"陶器，"木制餐具有杯、盘、木勺、木铲等"木器，还有"煮粟饭时常用釜、甑，平底釜则可用来烙饼"，"普遍以木箸进食是他们延续汉族饮食传统的主要标识之一"[3]。

图5-24　丝绸之路重镇张掖的"搓鱼子"

① 吐鲁番地区文管所：《吐鲁番阿斯塔那古墓区65TAM39清理简报》，《考古与文物》，1983年第4期。
② 薛宗正主编：《中国新疆·古代社会生活史》，新疆人民出版社，1997年，第210页。
③ 薛宗正主编：《中国新疆·古代社会生活史》，新疆人民出版社，1997年，第211页。

4. 胡食一帜

魏晋时期，高昌人吃胡食非常普遍，从原料、调料到做法，无不充满胡食之风。由于西域调料的广泛使用，所食风味多以芳香、辛辣为主，烹调方法是以烤、煮为主。形成一些大受欢迎的菜肴，"胡炮肉"即是其中一例。

"胡炮肉"的具体做法是："肥白羊肉，生始周年者，杀，则生缕切如细叶，脂亦切。着浑豉、盐、擘葱白、姜、椒、荜拨、胡椒，令调适。净洗羊肚，翻之。以切肉脂内于肚中，以向满为限，缝合。作浪中坑，火烧使赤，却灰火。内肚著坑中，还以灰火覆之，于上更燃火，炊一石米顷，便熟。香美异常，非煮炙之列"[1]。

"胡炮肉"，又称胡羊肉，是历代美食家所称赞的胡食一品，更是往来于丝绸之路上的中外游人、客商、美食家们之心仪。吃胡炮肉，喝葡萄酒，是魏晋高昌之时尚。

"胡炮肉"中的调味品"浑豉"，即整粒的豆豉。豉的原材料主要有豆和小麦两种，为豆豉和麦豉。使用浑豉做"胡炮肉"，相对于麦豉来说，菜品的色形更加干净清爽，赏心悦目。

关于豉的起源，《北堂书钞》卷一百四十六引晋张华的《博物志》称："外国有豉法，以苦酒溲豆，暴令极燥，以麻油蒸讫，复暴三过，捣椒屑筛下，随多少合投之，中国谓之康伯。"张华《博物志》的记载应该是有据所依的，尤其是作为"胡炮肉"的调味品，豆豉从西域传入完全可能。

"胡羹"同样是高昌非常有名的一道菜。"胡羹"以羊肉为基本原料，《齐民要术》卷八记载了胡羹的具体做法："用羊胁六斤，又肉四斤，水四升，煮；出胁，切之。葱豉一斤，胡荽一两，安石榴汁数合，口调其味"。羊胁就是羊排，安石榴就是石榴，原出自西域，贾思勰引《博物志》曰："张骞使西域还，得安石榴、胡桃、蒲桃。"后来"胡羹"传入内地，成为一道经久不衰的美食。

---

[1] 贾思勰：《齐民要术》卷八，农业出版社，1982年。

高昌人擅长吸纳融合，他们把从西域引进的"胡食"与当地的食品原料混合搭配食用，形成了新品。如，他们把洋葱、胡萝卜、香菜等西域食品与当地所产的大麦、大米等粮食及肉掺和进去一起煮，成为菜肉粥，至今仍为维吾尔族所喜爱，称之为"肖克茹希"。

第六章　隋唐五代时期

中国饮食文化史

西北地区卷

魏晋南北朝末期，西突厥汗国控制了今新疆和中亚的广大地区，隋朝积极恢复统辖西域地区，于公元608年打败了甘肃、青海一带的吐谷浑，设置西海、河源（今青海北部）、鄯善、且末（今新疆若羌及且末）四郡；公元610年设置伊吾郡（今新疆哈密）；并使高昌（今新疆吐鲁番东南）臣服，打开了通往西域的南、中、北三路。为便于管理，隋朝设立了"西域校尉"，负责接待西域各国使臣。

　　公元640年和公元702年，唐朝在西域以今库东县和吉木萨尔两县为治所，置安西和北庭两大都护府，共辖都护府2个、都督府45个、州120个。

　　隋朝与秦朝一样，是个十分短暂的朝代。秦朝从统一六国到灭亡前后15年；隋朝从统一到灭亡（公元589—618年）前后不过30年，值得研究的是这两个朝代之后都是中国历史上最强盛的朝代，即汉朝和唐朝。

　　唐朝时期甘、宁、青、新地区十分富饶，诚如司马光所说："是时中国盛强，自安远门西尽唐境万二千里，闾阎相望，桑麻翳野，天下富庶者无如陇右"①。这一时期西北地区曾经发生过若干个重大事件，诸如吐蕃的兴起、吐谷浑的衰落、佛教的兴起、伊斯兰教的传入等，影响着饮食文化的发展。佛教在西北地区的兴起，带动了繁盛的寺院经济，形成了以素食为主的佛教饮食文化；伊斯兰教的传

---

① 司马光：《资治通鉴》卷二一六，中华书局，1996年。

入使穆斯林人口增加，逐渐形成了具有鲜明特色的中国清真饮食文化。[1]在民族大融合的进程中，西北地区的饮食文化更加丰富多彩。

第一节　太平盛世与饮食文化的繁荣

隋朝的生命是短暂的，炀帝的奢靡为后世所指。由他主持的一个奢华大宴也成为饮食文化史上的一个话题。公元609年，隋炀帝从青海到甘肃，为怀柔西域各国，遂在燕支山（山丹县）下大宴西域诸国使者，这就是著名的"鱼龙曼延"宴。该宴成为甘、宁、青、新地区级别最高、影响最大、最为奢华，而且是由皇帝主持举行的国宴，开奢华宴饮之先河。

一、空前绝后的"鱼龙曼延"宴

隋朝开国之君隋文帝是个有作为的皇帝，他目睹了北周宣帝宇文赟（yūn）的荒淫奢侈，在他取代了北周之后，实行了一系列的改革，使北方迅速发展起来。隋文帝统治时期人口增长，国家富庶，"中外仓库，无不盈积"[2]，注曰："隋氏西京太仓，东京含嘉仓、洛口仓，华州永丰仓，陕州太原仓，储米粟多者千万石，少者不减数百万石。天下义仓，又皆充满。京都及并州库布帛各数千万，而锡赉（lài）勋庸，并出丰厚，亦魏晋以降之未有。"[3]《贞观正要》说："比至（隋文）末年，计天下储积，得供五六十年"之久。1971年洛阳发现了隋大业时期的含嘉仓，在探出的259个粮窖中，大的可窖粮一万多石，少的可窖藏数千石[4]。隋

---

[1] 林松、和奎：《回回历史与伊斯兰文化》，今日中国出版社，1992年，第277页。
[2] 魏徵：《隋书·食货志》，中华书局，2008年。
[3] 杜佑：《通典》卷七，中华书局，1988年。
[4] 河南省博物馆：《洛阳隋唐含嘉仓的发掘》，《文物》，1972年第3期。

炀帝正是在"户口益多，府库盈溢"①，"人物殷阜，朝野欢娱"的背景下即位的②。凭借着父辈积累下来的财富，隋炀帝开始了无比浮华奢侈的一生。

隋炀帝一生爱吃、贪游、好色、讲排场。大业元年（公元605年）八月隋炀帝第一次巡游江都，其排场程度令人咋舌，"舳舻相接二百余里，照耀川陆，骑兵翊两岸而行，旌旗蔽野。所过州县，五百里内皆令献食，多者一州至百舆，极水陆珍奇；后宫厌饫，将发之际，多弃埋之"③。这是一支上万人的庞大队伍，由后妃、宫女、尼姑、和尚、军队、卫士等组成，沿途还有仪仗队迎送，鼓乐相伴。"所经州县，并令供顿，献食丰办者加官爵，阙乏者谴至死"④，民间苦不堪言。

大业五年（公元609年）隋炀帝西巡青海，经大斗拔谷（今甘肃民乐县南扁都口）入河西走廊，大会西域诸国使者于燕支山（今甘肃山丹县）下。为了办好此次国家级的盛会，隋朝作了大量的前期准备工作，如"衣服车马不鲜者，州县督课，以夸示之"，就是要求参加会议和相关的人重新制办新衣，油漆车辆装饰马匹，并且由地方官员亲自督办，以迎接大会的召开。

为了加强与西域的联系，大叶年中，隋炀帝特地"置西域校尉以应接之"⑤。而当时在河西走廊的"西域诸胡，佩金玉，被锦罽，焚香奏乐，迎候道左。帝乃令武威、张掖士女，盛饰纵观。衣服车马不鲜者，州县督课，以夸示之"⑥。锦罽，一种西域生产的丝织品和毛织品，上面有图案，价值昂贵，只有在重大活动时才穿着。

燕支山大会盛况空前，据记载："及帝西巡，次燕支山，高昌王、伊吾设等及西蕃胡二十七国，谒于道左。皆令佩金玉，被锦罽，焚香奏乐，歌舞喧噪。复令武威、张掖士女盛饰纵观，骑乘填咽，周亘数十里，以示中国之盛。……

---

① 魏徵：《隋书·食货志》，中华书局，2008年。
② 魏徵：《隋书·高祖纪》，中华书局，2008年。
③ 司马光：《资治通鉴》卷一八〇，中华书局，1996年。
④ 魏徵：《隋书·食货志》，中华书局，2008年。
⑤ 魏徵：《隋书·西域传》，中华书局，2008年。
⑥ 魏徵：《隋书·食货志》，中华书局，2008年。

图6-1 织锦，新疆尉
犁县出土（《新疆尉犁县营
盘墓地1995年发掘简报》，
《文物》，2002年第6期）

又令三市店肆皆设帷帐，盛列酒食，遣掌蕃率蛮夷与民贸易，所至之处，悉令
邀延就坐，醉饱而散。蛮夷嗟叹，谓中国为神仙。"[1] 各中所说"西蕃胡二十七
国"，大体指高昌国、康国、安国、石国、焉耆国、龟兹国、疏勒国、于阗国、
钹汗国、吐火罗国、挹怛（yìdá）国、米国、史国、曹国、何国、乌那曷、穆
国、波斯国、漕国等。

大会的最高潮是隋炀帝宴请高昌等"蛮夷陪列者三十余国"的"鱼龙曼
延"宴[2]。

"鱼龙曼延"，又作"鱼龙漫衍""鱼龙曼衍"，出自《汉书·西域传》："设
酒池肉林以飨四夷之客，作《巴俞》都卢、海中《砀极》、漫衍鱼龙、角抵之

---

① 魏徵：《隋书·裴矩传》，中华书局，2008年。
② 魏徵：《隋书·炀帝纪》，中华书局，2008年。

图6-2 《漫衍鱼龙图》，山东省沂南县出土（《汉代人物雕刻艺术》，湖南美术出版社）

戏以观视之"。可见"鱼龙曼延"实际上是杂技与幻术的相结合，从头至尾有三个变化过程，开始为龙口吐金块祥瑞之兽，然后变化为一条大鱼，最后化为黄龙，象征福寿延绵吉祥幸福。"鱼龙曼延"既能单独表演，也能为宴会等场合助兴。

遗憾的是隋炀帝"鱼龙曼延"宴的菜谱没有流传下来，具体内容不得而知。但是，不论从炀帝一贯排场的作风，还是从已经形成的规模、规格来看，其豪华的程度都可以想见。

在与西域各界一系列的联谊活动中，隋炀帝的各种措施具有足够的吸引力：对于西域诸商无论吃住分文不取，迎送如宾。对于这种过分的大方，连胡商都感到惊诧。《资治通鉴》记载："诸蕃请入丰都市交易，帝许之。先命整饰店肆，檐宇如一，盛设帷帐，珍货充积，人物华盛，卖菜者亦藉以龙须席。胡客或过酒食店，悉令邀廷就坐，醉饱而散，不取其直，绐之曰：'中国丰饶，酒食例不取直。'胡客皆惊叹。其黠者颇觉之，见以缯帛缠树，曰：'中国亦有贫者，衣不盖形，何如以此物与之，缠树何为？'市人惭不能答。"[1] 此后胡商蜂拥而至，"所经州郡，疲于送迎，糜费以万万计。"[2] 致使地方财政捉襟见肘、入不敷出。

对于隋炀帝此次在西北地区进行的盛大国事活动，后世人客观地总结了其积极正面的作用，有专家认为这是一次展示国力、促进交流的成功之举，[3] 并收到了预期效果。这年冬天"三十余国"使节和朝贡者不远万里来到东都洛阳[4]，其远期作用不可低估。他们向隋政府进贡了名贵的方物，也把所在地的文化以及饮食习俗带到了内地，极大地促进了内地与西域诸国的交流和眼界的开阔。

二、盛唐气象与胡食之风

隋朝是个短命的王朝，不足40年就被中国历史上最强盛的唐朝所替代。唐朝是我国历史上最开放大气的一个王朝，通过丝绸之路，不远万里来到中国的胡商们，他们善于把握商机，既贩卖珠宝，也开酒肆饭店，来自西域的"胡食"此时大规模地进入了大唐帝国。

1. 胡食大兴

对于胡食的文化意义，学者徐兴海先生认为："到了唐朝，胡汉民族已经经过了长时期的杂处错居，在饮食风俗习惯上由相互排斥、相互碰撞到相互学习、互相吸收，并最终趋于大同，这一过程使中国传统的饮食文化更加丰富多彩。"他还提出这种交流过程的特点是："汉族接受胡族饮食时，往往渗进了汉族饮食文化的因素，如羊肉的吃法，便加进姜、桂、橘皮作香料，去掉膻腥以适合汉人的口味。而汉人饮食在胡人那里也被改造。这种吸收与改造，极大地影响了唐朝

① 司马光:《资治通鉴》卷一百八十一，中华书局，1996年。
② 魏徵:《隋书·食货志》，中华书局，1973年。
③ 李明伟:《隋唐丝绸之路》，甘肃人民出版社，1994年，第21~22页。
④ 魏徵:《隋书·西域传》，中华书局，2008年。

及其后世的饮食生活，使之在继承发展的基础上最终形成了包罗众多民族特点的中华饮食文化体系"。

西北地区的饮食文化从来都不是孤立地发展，有着与外界交流的历史传统，特别是丝绸之路的开通，极大地丰富了中国本土的饮食生活。最先享受到西域饮食的西北地区，他们有意识地将一些具有西域特色的食料陆续引进，例如冠以"胡"字的胡豆，又名蚕豆。《本草纲目》云："此豆种亦自西胡来，虽与豌豆同名、同时种，而形性迥别。"《太平御览》云："'张骞使外国，得胡豆种归。'指此也。今蜀人呼此为胡豆，而豌豆不复名胡豆矣。"还有胡葱，亦名蒜葱、回回葱、冻葱，辛温无毒。能温中下气，消谷能食，具有很好的食疗作用。

"胡食"在唐朝名噪一时，特别受到王公贵戚的青睐，"贵人御馔，尽供胡食"①。在众多的"胡食"当中，尤以"胡饼"最具特色。

胡饼在汉朝就已经传入内地，汉代刘熙《释名·释饮食》称："饼，并也，溲面使合并也。胡饼作之大漫沍（hù）也；亦言以胡麻著上也。"并且还列举了"蒸饼、汤饼、蝎饼、髓饼、金饼、索饼"等。

唐朝人吃胡饼是当时的饮食时尚，并且有许多相关的故事流传朝野。相传武则天当政时，官居四品的张衡，已经通过考察准备进入三品。但就在退朝的路上，"路旁见蒸饼新熟，遂市其一，马上食之，被御史弹奏。"武则天知道后立即降敕："流外出身，不许入三品"②。张衡为吃胡饼而丢官的故事近乎于天方夜谭，这只是唐代笔记小说中的一段逸闻，但是反映了市井市肆胡饼流行确是事实。

又载，安史之乱，唐玄宗西逃至咸阳集贤宫时，正好赶上"日向中，上犹未食，杨国忠自市胡饼以献。"③说的是唐玄宗在逃命的路上吃的也是胡饼。可见胡饼在当时随处可见，是寻常小吃。唐代大诗人白居易一首有关胡饼的诗《寄胡

---

① 欧阳修：《新唐书·舆服志》，中华书局，1975年。
② 张鷟：《朝野佥载》卷四，中华书局，1979年。
③ 司马光：《资治通鉴》卷二一八，中华书局，1996年。

160

饼与杨万州》，更为后人广泛引用："胡麻饼样学京都，面脆油香新出炉。寄与饥馋杨大使，尝看得似辅兴无。"

胡饼，被认为"胡饼即芝麻烧饼，中间夹以肉馅。"[1] 亦可以认为是馅饼。关于胡饼的制作方式，饮食专家王赛时先生认为："在唐朝，胡饼一般是在炉中或其他类似炊器中烤熟的饼"，实际上就是烤饼，但有一个发展过程，"胡饼系汉朝延续而来的食品，原为西域风格，至唐时辗转流变，制型及加工方法可能会有较大的变化；由于地域不同，饼的大小及式样也不一致"，胡饼有加油与不加油之分，大与小之别。考古工作者于"1969年在新疆吐鲁番阿斯塔那唐朝墓葬中曾出土一枚直径19.5厘米的面食，估计便是当时西部流行的大型胡饼"[2]。这种大型的胡饼叫"古楼子"。据说当时是"时豪家饮次，起羊肉一斤，层布于巨胡饼，隔中以椒豉，润以酥，入炉迫之，候肉半熟食之，呼为'古楼子'"[3]。这个"古楼子"就是夹肉馅的大饼。

胡饼在民间流传历史长、名气大、食用范围广。自从西域传入以来，最先流行于西北地区，在成为家喻户晓的美食之后，又传入内地。

饆饠，亦写作"毕罗"，是西北地区流行一种饭食，由西域传入，不但口感好而且品种繁多，如蟹黄毕罗、羊肾毕罗等，颇受人们的喜欢。饆饠是"把米饭与肉类或蔬果拌和煮成的饭食，类似于今天的八宝饭。相传系是由'蕃中'毕氏、罗氏好食此味而传入京华。……唐代在京师就设有专卖毕罗的毕罗店，一些文人举子颇有到毕罗店就食。则毕罗不仅流行于宫廷及贵族公卿之家而已。但亦有人释毕罗为面食"[4]。蕃中，主要指西北地区的青海一带，因吐蕃而名。唐朝诗人对蕃中多有描写，如唐代法学家吕温有《蕃中拘留岁于回至陇石先寄城中亲

① 徐兴海主编：《中国食品文化论稿》，贵州人民出版社，2005年，第101页。
② 王赛时：《唐代饮食》，齐鲁书社，2003年，第4页。
③ 王谠：《唐语林》卷六，北京燕山出版社，1998年。
④ 徐连达：《唐朝文化史》，复旦大学出版社，2004年，第2页。

故》的诗文①，大诗人白居易的《缚戎人》中有"一落蕃中四十载"的诗句。

由于唐代是面食与粒食并行，因此，把毕罗释为面食大概是对不同做法的认识。唐代用米既煮饭，也熬粥，熬粥是粒食最常见的烹调方法。米亦可加工成粉。

唐朝饼的种类非常丰富，除"胡饼"以外，还有"蒸饼、煎饼、胡饼、曼头饼、薄夜饼、喘饼、浑沌饼、夹饼、水溲饼、截饼、烧饼、汤饼、煮饼、索饼、鸣牙饼、糖脆饼、二仪饼、石敖饼等，多达几十种。"这些饼的命名，"或以加工方法而论，或以形状而定，其中还可囊括包馅类的各样面食。在饼类主食中，唐人食用最多的是蒸饼、煎饼、胡饼和汤饼"②。

2. 寒具之食

唐朝面食相当的发达，除了饼食之外，西北地区还盛行一种叫作"馓子"的食品。

"馓子"作为古食由来已久，"馓子"又作"粷子"，系油炸食品。"馓子"虽然是冷食，但在唐朝却是宴会上的重要面点。馓子，又称"细环饼""捻头"，是油炸食品，不容易腐败，有利于存放。古代有"一月寒食，三日断火"的习俗，在寒食节里不动火做饭，所以家家都要准备些油炸食品，既宜于凉吃又耐饿，故

图6-3 馓子，西北地区著名的清真食品

----

① 吕温：《全唐诗》，上海古籍出版社，1986年，第924页。
② 王赛时：《唐代饮食》，齐鲁书社，2003年，第2页。

又称之为"寒具"。馓子便是其中之一。在甘肃还有用五谷杂粮炒熟后，再搭配一些干柿子皮磨成粉叫作"炒面"的食品，在这一天吃。至今仍然是甘、宁、青、新地区主要的传统食品。晚唐诗人张友正在《寒食日献郡守》中写道："入门堪笑复堪怜，三径苔荒一钓船。惭愧四邻教断火，不知厨里久无烟"。

寒食节，是中国最古老的节日，据说是为了纪念春秋晋文公时的介子推而沿袭成俗，距今已有两千多年的历史。唐人孟云卿的《寒食》称："二月江南花满枝，他乡寒食远堪悲。贫居往往无烟火，不独明朝为子推。"唐朝特别重视寒食节，开元二十年（公元732年）发布敕，"寒食上墓，宜编入五礼，永为恒式"①，将寒食扫墓变成了国家法令。

盛唐时期的节日名目繁多，放假日也多，一年之中有117个节日。元宵节、端午节放假一天，而"元正、冬至各给假七日，寒食通清明四日"②。寒食是仅次于元日、冬至的重要节日。

三、葡萄美酒与"炙牛烹驼"

在中国历史上唐朝社会的开放程度，接受外来文化的热情，以及宽厚的人文情怀都是后来的王朝难以比拟的。学者徐连达先生将武则天至玄宗开元天宝年间界定为盛唐阶段，是唐文化发扬光大的灿烂时期。③武则天当政时期经济发达国家富强，其晚年人口达到615万6141户，是唐太宗初年200万户的3倍，为唐朝人口发展的第一个高峰。相对安定的政治环境促进了社会经济的繁荣发展，出现了前所未有的大唐盛世。大唐帝国以博大胸怀对外采取了一系列相对宽松、开放的政策，使外国人对大唐更加向往，他们相互串联，不远万里纷至沓来。在繁荣

---

① 刘昫：《旧唐书》，中华书局，1975年，第198页。
② 李林甫：《唐六典》，中华书局，1992年，第35页。
③ 徐连达：《唐朝文化史》，复旦出版社，2003年，第20页。

的丝绸之路上，你可以看到东西方文化的交流，国语与外语并存、国乐和胡乐同奏、胡姬与汉女争妍，各色人物汇集一堂，洋洋大观。这一时期，饮食文化获得长足的发展，出现诸多文化亮点。

葡萄酒，西北区的佳酿，在唐朝得到了前所未有的重视。据《册府元龟》卷九七记载，唐初就已将西北地区高昌的马乳葡萄及其酿酒法引入长安，唐太宗亲自监制，酿出八种色泽的葡萄酒，引发了全社会的追逐，尤为文人雅士们的喜爱，成为歌咏的重要素材。文人善聚豪饮，作诗酬唱，赞美饮食，此为是唐代饮食文化的一大特色。

诗人用自己的体验吟咏葡萄酒，赞美葡萄酒，留下了美酒诗文的千古绝唱。在现存的近5万首唐诗中，内容涉及酒的就有5千多首，占整个唐朝诗的十分之一。其中就有不少与西北地区关系密切。如岑参的《酒泉太守席上醉后作》一诗：

> 酒泉太守能剑舞，高堂置酒夜击鼓。
>
> 胡笳一曲断人肠，座上相看泪如雨。
>
> 琵琶长笛曲相和，羌儿胡雏齐唱歌。
>
> 浑炙犁牛烹野驼，交河美酒金叵罗。
>
> 三更醉后军中寝，无奈秦山归梦何。

这是唐肃宗至德二年（公元757年）诗人岑参从西域东归路经酒泉时，满怀激情写下的名篇。在这篇名作中，我们感受到浓郁的西域风情，宾主共听"胡笳"演奏，看"胡雏"唱歌，主宾共享烤全牛和野骆驼，品饮着西域交河盛产的葡萄酒，在梦中思念着秦岭家乡。

唐朝的炙品有许多品种，"炙牛烹驼"是唐朝流行饮馔"炙品"中的一个。炙就是烤，浑炙，即全烤，近乎于原始的烹饪方式，特别适合唐朝人大气开放粗犷潇洒的气质。据说当时用来"行炙"的有牛、马、驴、羊、鹿、鹅、蛙、鱼、蚝、蚌蛤、蟭蛴（qiúqí）、大貊、茄子等。"衣冠冢名食"中有"蛇峰炙"，韦巨源烧尾宴上有"升平炙"，懿宗皇帝赐同昌公主有"消灵炙"等。"炙牛烹驼"与葡萄美酒已成为丝绸之路上最具标志性的美食。

唐代诗人们还以葡萄美酒寄诗，直抒胸臆，表达忧国忧民之情。如鲍防的《杂感》：

"汉家海内承平久，万国戎王皆稽首。

天马常衔苜蓿花，胡人岁献葡萄酒。"

苜蓿，为张骞通西域所引进，在西北地区广为种植，是牲畜最喜吃的饲料，以"牧草之王"著称。诗人委婉表述尽管天下太平，周边诸国臣服，胡人年年献上香醇的葡萄酒，但在歌舞的景象之下却孕育着危机。

边塞诗人王翰的《凉州曲》把西北的边塞诗推到极致：

"葡萄美酒夜光杯，欲饮琵琶马上催。

醉卧沙场君莫笑，古来征战几人回。"

描摹出边塞将士在艰苦荒凉的边塞痛饮美酒的豪放旷达情怀，以及将士们气贯长虹、视死如归的英雄气概。

唐朝饮酒风气之盛表现在丰富多彩的酒器上，其中有杯、盘、碗、盏、樽、杓等。上等的珍贵用具用玛瑙、琉璃、玉石、金、银、犀角做成，上面雕镂着各种动植物图饰。日常用具则是陶瓷。瓷器中的精品有越瓷、邢瓷，制作精美绝

图6-4　夜光杯，甘肃生产

图6-5　唐朝鎏金铜尊

图6-6　《唐朝仕女图》，新疆吐鲁番阿斯塔那墓出土

伦，亦为富贵人家所用。[1] 新疆出土的唐朝仕女图，真实地再现了这一场面。图6-6中的仕女手持托盘与酒杯，在向他人奉酒，或是献茶。仕女形象落落大方，一派雍容华贵之气。

唐人对饮食要求兼有色、香、味、形、具之美，以及四周环境的舒适幽雅。饮食时还与音乐舞蹈、歌唱、行令、赋诗等穿插在一起，给宴会增添种种乐趣，从而形成一种时代的饮食风韵。可谓是一种有品位的物质与文化艺术的享受。[2]

第二节　宗教与饮食文化

　　由宗教信仰而产生的饮食习俗既是宗教文化的主要构成，同时也是甘、宁、青、新地区饮食文化的显著特色之一，其中以佛教饮食文化、道教饮食文化和清真饮食文化最具代表性。

---

① 徐连达：《唐朝文化史》，复旦大学出版社，2004年，第17页。
② 徐连达：《唐朝文化史》，复旦大学出版社，2004年，第17页。

一、佛教饮食文化

唐代是我国佛教发展的鼎盛时期，在开元年间（公元713—740年），达到5358所①，僧尼就达20余万②。信徒遍及天下。

西北地区是佛教最早传入的地区，中国佛教一路由海上丝绸之路传入，一路由陆路丝绸之路传入，传入中土规模最大的是经西北地区河西走廊的陆路丝绸之路，这里是早期佛教传入和学习佛教的地区。据有关专家考察，整个魏晋南北朝时期前往西方取经的僧人竟达"数以万计"③，根据学者张弓先生的研究，唐朝西北地区不完全见于记载的大寺就有三十余座④，还不包括一些小的寺院。例如，近期新疆和田达玛沟佛寺考古新发现就表明"**于阗是我国佛教入传的必经之地，原本盛行小乘佛教，然而至5世纪初盛行大乘佛教，成为古代西域大乘佛教的中心，也是中原大乘佛教的策源地**"⑤。而著名的新疆拜城县克孜尔千佛洞更是誉满全球的丝路瑰宝。

佛教徒们在沟通中外关系的同时，也把佛教的饮食文化带到了中国，在佛教长时期盛行的影响下，形成了以素食为代表的佛教饮食体系。

1. "年三月六"与持斋禁忌

在佛教的修习中，通行"年三月六"的持斋。"年三"即在一年之中的正、五、九月的"三长斋月"里，从初一到十五蔬食斋戒；"月六"是指每个月的六个斋日，即在每月的初八、十四、十五、二十三、二十九、三十日，也是要吃素持斋的。⑥

今天的佛教饮食，毫无疑问是素食，但是，在唐朝以前却不能一概而论。饮

---

① 李林甫：《唐六典》卷四，中华书局，1992年。
② 张弓：《汉唐佛寺文化史》，中国社会科学出版社，1997年，第109页。
③ 马曼丽、樊保良：《古代开拓家西行足迹》，陕西人民出版社，1987年，第34页。
④ 张弓：《汉唐佛寺文化史》，中国社会科学出版社，1997年，第86页。
⑤ 巫新华：《新疆的和田达玛沟佛寺考古新发现与研究》，《文物》，2009年第8期。
⑥ 僧佑：《弘明集》卷十三，中华书局，2011年。

食文化专家姚伟钧先生说："需要指出的是，在中国的蒙、藏地区，由于蔬菜种植不易，不吃肉就难以生活，所以这些地区的佛教徒一般都吃肉，这是属于特殊环境下的'开戒'"[1]。民以食为天，人的生存是第一位的，这些宗教的教规与戒律，体现了鲜明的人本思想。

佛教饮食忌"五辛"。何为"五辛"？《本草纲目·菜部》曰："昔人正月节食五辛以辟疠气，谓韭、薤、葱、蒜、姜也。""佛家以大蒜、小蒜、兴渠、慈葱、茖葱为五荤"。

兴渠，又称阿魏、阿虞、薰渠、哈昔尼、芸薹等，有人认为"兴渠"是印度的一种香料，也有人认为是一种近似于芫荽的植物。芫荽就是香菜，一般用作调味，从佛教忌口来看应该是香菜之类比较合理。

佛教忌口的规矩来源于古代印度，根据玄奘法师所见，在信奉佛教的古印度，日常饮食"蔬菜则有姜、芥、瓜、瓠、荤陀菜等。葱蒜虽少，啖食亦希，家有食者，驱令出郭"[2]。老百姓的生活尚且如此，何况佛门之人？可见忌口是佛教徒必须遵守的戒律。

蒜有大小之分，小蒜，又名茆菜。味辛，温，有消食理胃，温中除邪之功效。《说文》："蒜，荤菜"，指的是小蒜。小蒜作为调味品在我国使用很早，至少可追溯到夏代。《大戴礼记·夏小正》载："十二月：纳卵蒜。"卵蒜即小蒜，卵者小蒜之根。《尔雅·释草》："蒚，山蒜。"蒜亦为荤菜。小蒜原产我国为山蒜，后人工移植，在古代为主要调味品。随着大蒜的传入，小蒜的调味功能日渐淡化，目前西北区只有部分农村还在食用，大多数地方已不再食用。

大蒜，又名葫、荤菜。味辛，温，有祛风化毒、消食化肉之功效。大蒜原产自西域，是丝绸之路开通后才传入我国的。李时珍《本草纲目》"葫"下曰："按孙愐《唐韵》云：'张骞使西域，始得大蒜、葫荽。则小蒜乃中土旧有，而大蒜

---

① 姚伟钧：《中国传统饮食礼俗研究》，华中师范大学出版社，1999年，第138页。
② 玄奘撰，周国林注译：《大唐西域记》，岳麓书社，1999年，第106页。

出胡地，故有胡名。二蒜皆属五荤'。"据知大蒜称葫者，乃西域产物。蒜具有杀毒功效，故可以生食、腌食，又可去腥，在烹炒畜禽时多用。

2. 淡雅素斋

素食，中国传统的饮食方式之一，以佛教独特的饮食体系最具代表性。在以素食为先决条件的限制下，烹饪原料相对较少，使得佛家非常注重烹饪技艺的特色化、精细化。在花色品种上推陈出新，在味觉上追求清雅香淡，形成了独树一帜的佛门素食。

佛教素食从东汉发端，经过历代僧厨的不断努力，最终形成了极具特色的素菜主流。有以下三大特点："其一，清鲜淡雅，擅烹蔬菽。佛寺素菜制作的主要原料有瓜果鲜蔬、三菇六耳、豆类制品等。这些四季时蔬清淡素净，给人以新鲜脆嫩的感觉；软糯的面筋豆皮之类，给人以爽口的感受；香味醇厚的菇类，给人以鲜嫩馨香的口味。其二，工艺考究，以素托荤。南北朝至隋唐时，佛寺素菜使用的原料虽然比较平常，但工艺考究的制作，能使素菜丰富多彩。山珍海味及鸡鸭鱼肉，都可用素料来仿制。其三，历史悠久，影响至今。佛寺素菜尤其是专门针对俗人香客的饮食，在对外经营的过程中由单一发展至多样，由纯素到仿荤，完成了由寺内到寺外的发展过程。源于唐朝的许多佛寺名菜，至今仍在烹坛上占有重要位置，为人们所喜食，如'桂花鲜栗羹、桑莲献瑞'等，这些名菜都有其特定的饮食文化内涵，命名也很雅致。"①南北朝以来不少寺院就辟有专门的寺院素食向社会开放，广结善缘弘扬佛法，当时北朝寺院经济的主要来源之一就是接纳俗客。

3. 敦煌佛门的特例

敦煌不仅仅是丝绸之路上的重镇，也是西北地区佛教最发达的地区之一。但敦煌佛门有一些很特殊的规定，与内地迥异。其一就是僧人的饮酒。

---

① 姚伟钧：《中国传统饮食礼俗研究》，华中师范大学出版社，1999年，第138～139页。

图6-7

图6-8　图6-7、图6-8　甘肃敦煌莫高窟

　　佛教的斋戒非常严格，规定："1. 不杀生、2. 不偷盗、3. 不非凡行、4. 不妄语、5. 不饮酒、6. 不著香燻衣华鬘、不香油涂身、7. 不歌舞唱伎及往观听、8. 不坐卧高广大床、9. 不非时食"。所说"不非时食，不是戒而是斋，不非时食称为斋，过中午不食称为持斋，过了中午而食称为非时食"①。而敦煌的僧人却可以在寒食节里解斋喝酒、踏歌、设乐。高启安先生的研究表明在"岁日期间僧人们解斋要喝酒，因此，寺院在大岁前还要支出节料卧酒，以备岁日解斋时吃用，如P.230V（此为文书编号）：'麦玖斗，粟壹硕贰斗，卧酒冬至节料及众僧用'（465行）（此

① 湛如：《敦煌佛教律仪制度研究》，中华书局，2003年，第134页。

为文书编号），‘油肆斗玖胜，岁会众僧节料用’等”①。僧人与信众共度佳节，其乐融融。说起来，这应该是特殊环境下的一种做法。敦煌地处河西走廊，与沙漠为邻，地高土凉天气寒冷。寒食节来临之际内地已是初春时分，而在河西走廊西端的敦煌依旧是漫天飞雪的严冬，因此，在冬去春来之际寺院开斋，让僧人喝些酒以送走最后的冬天，当出于生活环境的需要，却蕴涵着深切的人文关怀。

敦煌的僧人喝酒，可能是个个案，其他地区并无此例。我们在吐鲁番出土的文书记录中，记有高昌竺佛图等僧人的供食单，全部都是素食，如"竺仏图传，面五斗六升，床米九升，……十三日，合用面五斛六斗，床米九斗"②。如此说来，敦煌佛门确是个特例。

敦煌佛门的另一特例是，寺院不负责供应僧人们的日常饮食。我们知道内地的僧人一日三餐均是由寺院供应的，包括游方的僧尼。而当时敦煌的僧尼却没有这样的惯例，"敦煌僧人的日常饭食不由寺院供应"③，而是自己解决。但在特定的情况下例外，也许遇有法事活动、当寺僧役、寺院事务和世俗节日等，包括田务、园务、修造、窟上、加工、清仓等六类活动。敦煌法门的这种特例，也许是受到当时敦煌发达的经济氛围影响使然。

二、道教饮食文化

隋唐五代时期甘、宁、青、新地区的道教饮食文化同样颇具特色。对中华传统文化的发展起着重要作用。道教以老子为尊，以《道德经》为要，五千言的《道德经》是中国传统哲学的重要组成部分。道教在李氏唐朝是作为国教而存在，开元年间（公元713—740年），天下总道观1687所，其中女道观550所。西北

---

① 高启安：《唐五代敦煌饮食文化研究》，民族出版社，2004年，第382页。
② 《吐鲁番出土文书》第三册，文物出版社，1981年，第250页。
③ 郝春文：《唐后期五代宋初敦煌僧尼的社会生活》，中国社会科学出版社，1998年，第168页。

图6-9　老子过函谷关
曾经布道于甘肃的天水一带

地区有许多道教的仙山，如甘肃的崆峒山、兴隆山、宁夏的天都山等，有名气的道观60多座，其中甘肃省最多，以元代建成的玉泉观为代表，距今已有700多年的历史。李唐推崇老子，给予老子极高的礼遇。唐高宗于乾封元年（公元666年）追号老子为"太上玄元皇帝"，"**天宝五年（公元746年）二月十三日，太清宫使、门下侍郎陈希烈奏：'大圣大祖元元皇帝（老子）以二月十五日降生，既是吉辰，请四月八日佛生日，准令休假一日。'从之。**"①这是说从天宝五载开始，每年老子生日的二月十五日也要和四月八日佛的生日一样，休假一天，足见道教先祖在李唐王朝的重要地位。

李姓源于老子李耳，分为"陇西李"和"赵郡李"两大郡望。其中建唐李氏的一支属"陇西李"，源出甘肃天水的飞将军李广，从李广到李渊一脉23代，是李氏的主干。由于陇西李的地位所在，因此唐朝时西北地区的道教相对发达，由此也带来了内容丰富的道教饮食文化。

---

① 王溥撰：《唐会要》，中华书局，1955年，第1519页。

1. 道法自然　和合五味

道教饮食文化的核心是清静无为，道法自然，遵守自然规律，希冀天人合一。道教进食是以简单朴素、吃饱为标准，不追求奢华。

老子说"甘其食，美其服，安其居，乐其俗"[①]，成为后来道教一切行动的指南，也是饮食生活不可逾越的标准。敦煌发现的《老子说法食禁诫经》中就有"凡食皆不得求其精细，凡食皆不得食有余。""凡道士皆当随分精应，不得心生贪求甘美诸味"的规定。[②]意思是说粗茶淡饭是根本，只要有饭吃，能吃饱就行，不需要也不允许追求甘美诸味以满足口舌之欲。

老子是周朝的史官，晚年的老子见周王室衰微，遂弃官西去。离开京城的老子，一路西行，看到了天人之际的变化，回归到天人合一的最高境界。他提倡朴素的粗食观，严格规定饮食的禁忌。

根据学者高国藩先生的整理，敦煌《老子说法食禁诫经一卷》中就有三十五条饮食禁诫，严格规定了道家日常饮食的诸般戒律，清楚地表明了道家的饮食观。一是主清洁。在三十五条中，有相当多的条规都是这方面的内容。如"凡食皆须清净""米麦饼果落秽处来勿食""犯灰土勿食""非清洁器具勿食"等。二是主粗食，倡节俭。如"凡食皆不得求其精细""凡食皆不得食有余"（即不能剩饭）"不得心生贪求甘美诸味""凡道士食竟，余悉散施，勿得贮积"等。三是食之有道、食之有礼。如"食从盗（家）来勿食""非法食勿食"，若"道士临食"时，见"贤人""老病""饥寒"者等，都要"先当与之"。这些非常具体的道家食规，约束了道人的饮食行为规范，使人守法、健康延寿。老子认为："道士凡食，能持此禁诫，常不违犯，诸天为人延年益寿，增添衣食，世世繁昌，求享自然"。高国藩先生认为："三十五条道教饮食禁诫，它是中古时代民间饮食风俗的

[①] 老子：《道德经·八十章》，线装书局，2007年。
[②] 高国藩：《敦煌俗文化学》，上海三联书店，1999年，第200～201页。

表现，它表现了民间饮食的粗食观之特征"①对于中国人粗茶淡饭的做法有着深远的影响。道教粗食主张是中国传统朴素节约美德的最古老的理论支撑。

道教还有饮食"十戒"，"十戒"中有戒酒、戒色、戒贪欲、戒杀生、戒贪味等②。同样规定饮食有度，不可过量、过奢，例如"食以饱为度，味以适为期。供食一如斋食，不得荤秽，犯者，五刑论究"③。再次表明了道教斥奢守正的饮食观。

对比佛、道两家忌口的食物品种，我们发现一个很有意思的现象，即佛教忌葱，而道教不忌葱，道教戒律规定："凡菜，斋食所贤，当除五辛之外，时有名菜瓜瓠之属，皆须种植。"④这是为什么呢?

葱，属于辛味调味品，又名茗、菜伯和事草。葱作为一种调味品，其用途极广，几乎可以与所有菜肴搭配，明代李时珍说它是："诸物皆宜，故云菜伯、和事"⑤。道教不忌葱者，不在荤素，关键在于这个"和"字，在于葱适宜与所有的菜蔬搭配，并融入其中为其调味，助其鲜香。葱的这种广泛的适应性、和谐性被道家赋予了哲学性的内涵，即是"和"字。就是道教一脉相传的"和为贵"思想。

"和"即"合"，亦称"和合"。所说和合，乃是中华传统文化重要内核之一的"尚和"，中国人认为"天微以成，地塞以形。天地合和，生之大经也。"⑥指的是天与地之和合，才有万物。汉初大思想家陆贾在总结秦亡的经验时说："乾坤以仁和合"⑦。有了仁政，才会有天地万物之间的"和谐"。

中国饮食文化的核心思想之一就是"尚和"，它体现在人文方面，是崇尚和谐，以食求和;体现在烹饪技术方面，则是追求"五味异和""五味六和"，与道

---

① 高国藩:《敦煌俗文化学》，上海三联书店，1999年，第200~201页。
② 《要修科仪戒律钞》，胡道静、陈莲笙、陈耀庭选辑:《道藏要籍选刊》第八册，上海古籍出版，1989年，第410页。
③ 《要修科仪戒律钞》，胡道静、陈莲笙、陈耀庭选辑:《道藏要籍选刊》第八册，上海古籍出版社，1989年，第449页。
④ 《洞玄灵宝三洞奉道科戒营始》，《道藏要籍选刊》第八册，上海古籍出版社，1989年，第517页。
⑤ 李时珍:《本草纲目》，华夏出版社，1998年，第1062页。
⑥ 吕不韦:《吕氏春秋·有始篇》，中华书局，1986年。
⑦ 陆贾:《新语·道基篇》，中华书局，1986年。

教传统的"尚和"理念完全吻合。道教主张要在人与自然的平衡中求得发展，认为天、地、人是联系在一起的，提倡"只有人与天与地通力合德，才能够使宇宙间充满创造力，带来万物的丰饶与和谐"[①]。讲的就是天之道与人之道，是一种非常科学的生态观，也是中国饮食文化的中心哲学思想。

西北地区道教的饮食特点之一，就是在道教食规的范围内，立足于自己生产和道观所在地出产的粮食以及蔬菜瓜果为主。以著名的崆峒山为例，道观所用食物基本可以自给。五谷是主食，蔬菜瓜果是副食。蔬菜品种有：蕨菜、蘑菇、虎瓜、蔓菁、百合、金针、苦茶、苜蓿、苔灰、斜蒿等。其中"蘑菇"，大的叫羊肚菜，"金针"又称黄花菜；野生的苔灰，又叫做"灰灰菜"，平时采集食用，若是荒年亦可充饥。瓜果品种有：山桃、核桃、杜、杏、冬果、白果、山梨、林檎、野生木瓜、樱桃、莓子、葡萄等。其中"杜"又称李子，"林檎"又称花红。另外，西北地区的道士们在为他人做禳灾、祈福等法事时，依然是随主家而食，吃饱就满足，没有特殊的要求。

2.　清心寡欲　辟谷求仙

道教重视人的生命，注重养生，追求长生不老，特别是主张通过"绝谷""休粮"，以求长生成仙。

什么是"辟谷"？"辟谷"是道教在修炼长寿时的功课之一。

最早见于《史记·留侯世家》，称："留侯（即秦末汉初时的张良）从入关。留侯性多病，即道引不食谷，杜门不出岁余"。

"辟谷"究竟吃不吃食物，有两种不同的看法。周世荣先生认为："辟谷"又叫"却谷"；它散见于《抱朴子》《赤松子》《黄庭经》和《圣济总录》等古籍。所谓"辟谷"就是不吃五谷，通过服气，即呼吸空气来维持生命，它是一种古老

[①] 卿希泰、姜生：《"天之道"与"二人之道"——道家伦理的二无结构及对中国伦理的影响》，《道家文化研究》第十六辑，生活·读书·新知三联书店，1999年。

的气功术式。①

也有一说是："不吃谷物的人，可以食石韦。石韦是道教辟谷最常用的草药。每月初一，服食一节石韦。以后每日增加一节剂量，直到十五日为一个阶段。十五月圆以后，每日再减少一节。至月终，又恢复到月初的剂量与月圆月缺的变化递增、递减而趋向进退"②。不论吃与不吃，其目的都是为了健身长寿。

唐人好仙道尚老子，尤其喜欢食用与长寿相关的胡麻饭，如当时甘肃崆峒山的道士就非常喜欢吃胡麻饭。究其原因就在于"胡麻饭、麟脯、仙酒，这三样东西都是常人心目中的仙家食品，为他们所不易或不能得到的，所以在叙述中表现了一种向往之情"③。经验证胡麻确实有"久服轻身不老，明目耐饥，延年"之功效④。胡麻亦可作为美容的食材，胡麻与杏仁经过调制后，令人面色光润白皙。还有石髓，即石钟乳，味甘，性温，无毒。有治寒热、欲不消、皮肤枯槁以及能延寿等功效，多为喜道好仙者服用。

道教注重养生，亦重养德。道教主张清心寡欲，行善积荫。东晋的道教学者葛洪曾说："然诸道戒，无不云欲求长生者，必欲积善立功，慈心于物，恕己及人，仁逮昆虫，乐人之吉，悯人之苦，赒人之急，救人之穷，手不伤生，口不劝祸，见人之得如己之得，见人之失如己之失，不自贵，不自誉，不忌妒胜己，不佞谄阴贼，如此乃为有德，受福于天，所作必成，求仙可冀也。"⑤欲想得道，必先修德，反之亦然。

西北地区的道教同样以"辟谷"为传统，同时也吃食物。据文献记载，西北地区的道教在"辟谷"修行时主要吃"黄精"，以山阳者为最好；还要吃补气益

① 周世荣：《从马王堆出土文物看我国道家文化》，《道家文化研究》第三辑，上海古籍出版社，1993年，第402页。

② 周世荣：《从马王堆出土文物看我国道家文化》，《道家文化研究》第三辑，上海古籍出版社，1993年，第403页。

③ 程蔷、董乃斌：《唐帝国的精神文明》，中国社会科学出版社，1996年，第163页。

④ 丹波康赖：《医心方》，华夏出版社，1996年，第620页。

⑤ 葛洪：《抱朴子·微旨》，中华书局，2011年。

肺的"黄瓜",以及"柏子仁""玉麟脯""凤凰草""仙人杖""老翁须""笔管草""补补丁",和代茶而饮的石韦等。[①]

道教把修身养性与养生健身和谐地统一起来,正如后人宋代名医寇宗奭所言:"夫善养生者养内,不善养生者养外。……善养内者实内,使脏腑安和,三焦各守其位,饮食常适其宜"[②]。

三、清真饮食文化

清真饮食文化是唐朝饮食生活中的一大亮点,尤其是西北地区的一大亮点。

1. 伊斯兰教的传入与清真饮食文化的形成

强大的唐朝实行了大气平等的民族政策和对外开放的开明国策,感召着四夷来朝,八方进贡。为促进国际间的交流,大唐政府还采取了专人接待外来使者的优待政策。《唐会要》卷一百具体记录了唐政府对各国来使按路程远近分别给六个月、五个月、三个月的程粮,以及驿马、食宿等费用,并尊重各国的风俗礼仪,极大地吸引着"绝域"的外国前来交流。这一时期,仅南亚、中亚、西亚诸国来朝贡大唐的就有27国之众,27国之中最少的来过大唐2次,最多的竟达33次。[③]开放的国家政策促进了各民族之间的文化交流,中西间的商贸往来,为西北地区饮食文化的发展注入了新的文化因素。

唐代的甘、宁、青、新地区与阿拉伯帝国交流密切,阿拉伯-伊斯兰饮食文化就是在这一开放大气的社会背景下传入的,经本土化以后,形成中国清真饮食文化,是中国饮食文化中的一朵奇葩。

伊斯兰教传入中国的时间,学界一般认为是在唐永徽二年(公元651年),这

---

① 张春溪:《崆峒山志》,兰州古籍书店,1990年,第103~105页。
② 叶显纯选编:《本草经典补遗》,上海中医药大学出版社,1997年,第14页。
③ 张泽咸:《唐代工商业》,中国社会科学出版社,1995年,第469页。

一年，阿拉伯帝国派使节来到长安，与唐朝建立了正式关系。史界将这一年作为伊斯兰教传入中国的开端和标志。[1]从发展看，"中国的伊斯兰教是和平传入。伊斯兰教是在唐宋时期，通过外来的穆斯林商人传入中国的，他们来中国的目的不是传教，而是经商。当时中国海外贸易空前繁盛，统治者对外来商人实行鼓励和保护政策，为穆斯林商人大量来华创造了条件。他们在中国定居后，保留了自己的宗教信仰，并通过与中国人通婚，繁衍子孙，以及客族同化，缓慢地增加穆斯林人数。他们的宗教信仰开始只被当作一种生活习俗，没有引起统治者的特别注意，因此没有被明令禁止，即使在唐武宗断佛的浪潮下也未受到波及"[2]。因此，中国清真饮食文化得以发展。

受伊斯兰教教义的规定，信仰伊斯兰教的民族"禁食猪、马、驴、骡、狗和一切自死的动物、动物血，禁食一切形象丑恶的飞禽走兽。无论牛、羊、骆驼及鸡禽，均需经阿訇或做礼拜的人念安拉之名后屠宰，否则不能食用。因宗教化为习俗，逐渐形成习惯，自成一体"[3]。

今天的中国有十个普遍信仰伊斯兰教的民族，他们分别是：回族、维吾尔族、哈萨克族、东乡族、柯尔克孜族、撒拉族、塔吉克族、保安族、乌孜别克族、塔塔尔族。这十个民族的大多数都在西北地区。

回族是西北地区分布最广的民族，甘、宁、青、新都有回族。

维吾尔族，主要居住在新疆维吾尔自治区的喀什、和田、阿克苏、库尔勒、乌鲁木齐、伊犁等地。

哈萨克族，主要分布在新疆以及甘肃和青海。

东乡族，主要居住在甘肃省。

柯尔克孜族，主要居住在新疆维吾尔自治区。

---

[1] 穆赤·云登嘉措：《青海少数民族》，青海人民出版社，1995年，第199页。

[2] 米寿江：《本土化的中国伊斯兰教及其特点》，《伊斯兰文化论集》，中国社会科学出版社，2001年，第49~50页。

[3] 宁锐：《中国回族的饮食民俗》，《伊斯兰文化论集》，中国社会科学出版社，2001年，第442页。

撒拉族，主要分布在青海、新疆、甘肃。

塔吉克族，主要居住在新疆维吾尔自治区。

保安族，主要居住在甘肃省。

乌孜别克族，主要居住在新疆维吾尔自治区。

塔塔尔族，主要居住在新疆维吾尔自治区。

居住在西北地区的这十个信仰伊斯兰教的民族，他们尊奉着自己的信仰，恪守着严格的饮食习俗，在历史发展的长河中，不断学习革新，创造了灿烂的清真饮食文化。正如林松、和龚二位先生所说："举凡婚丧礼仪，饮食禁忌，以至节气佳期，所有现存回族特点，无一不发源于伊斯兰教。"①

2. 以养为本、以洁为要、以德为先的饮食思想与践行

中国的清真饮食文化在发展过程中，经历了"萌芽时期：唐宋的清真饮食；发展时期：元明的清真饮食；成熟时期：清、民国的清真饮食"三个阶段②。逐渐形成了以养为本、以洁为要、以德为先的极具特色的清真菜系，甘、宁、青、新地区亦为佼佼者。

"清真菜的历史可追溯到唐初，当时中国与海外特别是西域各国通商活动频繁，不少阿拉伯和波斯商人通过丝绸之路和香料之路来到中国，带来了穆斯林独特的饮食习俗和饮食禁忌。之后一部分人迁往华北、江南、云南等地。随着中国穆斯林人数的增多，专供穆斯林食用的菜肴、食品品种便迅速增加，同时，因其菜肴风格独特，也受到许多非穆斯林群众的普遍欢迎。"③

正如《中国清真饮食文化》一书所说："纵观1300多年中国清真饮食文化的发展历程，充满着创造与辉煌。我们贴近历史的脉搏，感受着她的律动，在其

① 林松、和龚：《回回历史与伊斯兰文化》，今日中国出版社，1992年，第101页。
② 米寿江：《本土化的中国伊斯兰教及其特点》，《伊斯兰文化论集》，中国社会科学出版社，2001年，第462、467、470页。
③ 杨柳主编：《中国清真饮食文化》，中国轻工业出版社，2009年，第225页。

中，我们分明看到了一条贯穿整个清真饮食文化的主线，那就是'以养为本，以洁为要，以德为先'的思想与践行，从而极大地丰富了中华民族'医食同源'（亦称'药食同源'）的思想，使穆斯林成为这一杰出思想最成功的践行者与发展者。"《中国清真饮食文化》还谈到，以养为本，就是以营养保健为核心的养生思想；以洁为要，就是注重清洁为要义；以德为先，是诚实守信的商业美德。中国清真饮食文化是和谐的文化，突出体现在四大特点，第一，热爱生命，爱护生态环境，与大自然相生相依的农牧情愫；第二，尊老爱老的饮食习俗；第三，自我约束，自我节制；第四，与兄弟民族平等相处，共同建设和发展着中国的清真饮食文化。

第三节 吐谷浑、吐蕃、敦煌的饮食文化

甘、宁、青、新地区是历史上的一个多民族聚居区，因此与人们息息相关的饮食文化在不同程度上被打上了民族的烙印。隋唐五代时期受多民族影响最大的当数吐谷浑、吐蕃、回纥、西夏。

一、吐谷浑的饮食习俗

吐谷浑本为辽东鲜卑慕容氏的一支，《隋书·吐谷浑传》记载："吐谷浑，本辽西鲜卑徒河涉归子也。初，涉归有二子，庶长曰吐谷浑，少曰若洛廆（wěi）。涉归死，若洛廆代统部落，是为慕容氏。吐谷浑与若洛廆不协，遂西度陇，止于甘松之南，洮水之西，南极白兰山，数千里之地，其后遂以吐谷浑为国氏焉。当魏、周之际，始称可汗。都伏俟城，在青海西十五里。虽有城郭而不居，随逐水草……风俗颇同突厥。"大约在公元294—306年间西迁至今阴山一带。西晋永嘉末，又从内蒙古南下，向南、向西北发展，逐渐迁至甘肃南部、四川西北和青海

湟水流域地区。到了东晋十六国时期，吐谷浑之孙叶延正式建立政权，以祖父吐谷浑之名为其国号。由于吐谷浑在西北地区的势力所在，因此在隋唐五代时期曾经对这里的饮食文化产生过重要的影响。

1. 吐谷浑的活动范围

隋唐五代时期，青海饮食文化受影响最大的就是来自吐谷浑。吐谷浑从公元4世纪进入青海，到7世纪被吐蕃兼并①，在长达300年的时间内，吐谷浑的主要活动范围在今天的青海省。根据史料记载，吐谷浑极盛时在青海的控制范围，大体上是"自西平临羌城以西，且末以东，祁连以南，雪山以北"，几乎占据了整个青海，其势力西边达到了且末、于阗一带，东边达到了金城（今甘肃兰州），后败于隋，投于唐，所谓"东西四千里，南北二千里，皆为隋有。置郡县镇戍，发天下轻罪徙居之"②。政治中心所在的王城为伏俟城，即今青海省共和县铁卜加古城。

吐谷浑作为隋唐时期西北地区的统治者之一，在其强大的时候曾经占据着青海丝绸之路的要道——青海道，也就是"羌中道"的贸易通商，控制着中原对外的交流。正因为有了便利的条件，吐谷浑在当时对内对外的交流都非常活跃，与西域诸国的联系尤为密切。

吐谷浑作为游牧民族在进入青海后的三百年开发，使青海畜牧业的发展达到了一个新的高峰，对于青海以食肉为主的饮食习俗起着重要的作用。

吐谷浑直到隋炀帝时才俯首称蕃，于是隋朝在故地"置河源郡、积石镇。又于西域之地置西海、鄯善、且末等郡。谪天下罪人，配为戍卒，大开屯田，发西方诸郡运粮以给之"③，重新控制了青海湖东部和南部。

2. 肉酪与青稞并重

吐谷浑是一个游牧民族，逐水草而牧，居帐篷而息。根据现有的资料表明，

---

① 青海省志编纂委员会编：《青海历史纪要》，青海人民出版社，1987年，第71页。
② 魏徵等：《隋书·吐谷浑传》，中华书局，1973年。
③ 魏徵等：《隋书·食货志》，中华书局，1973年。

其饮食习俗是以吃牛羊肉、吃奶酪、喝牛羊奶为主，五谷杂粮为辅。《魏书》称吐谷浑："好射猎，以肉酪为粮。亦知种田，有大麦、粟、豆，然其北界气候多寒，唯得芜菁、大麦，故其俗贫多富少。"[1]芜菁，又称大头菜、蔓菁等，原产于幼发拉底河和底格里斯河的两河流域，是外来的蔬菜，性喜冷凉，适宜青海种植。这里所说的大麦，是指青稞，是青海藏民族地区主要的粮食作物之一，是加工"糌粑"的主要原料，是不可缺少的口粮。一般而言游牧民族的饮食习惯大体都是这样，主要是指处于游牧渔猎阶段，吐谷浑也不例外。

吐谷浑迁徙到青藏高原以后，原有的生产方式和生活方式都有所改变，"由于吐谷浑长期与中原及西域交往，接受了外来文化，逐渐改变了初到青海时的纯游牧状况，促成了汉、羌、鲜卑诸民族的相互融合，使青海广大牧业区也进入了封建社会的初级阶段，封建农奴制开始在牧业区出现"[2]。吐谷浑社会性质的转变，表现为农耕文化含量的提高，定居成分加大，在饮食结构上潜移默化地向粮、肉并重过渡。

专家认为这一时期，"西方的吐谷浑吃大麦较多，同时也以肉酪为粮"[3]，即"随水草，帐室、肉粮"[4]。这里所说的吃大麦的吐谷浑，应该是居住在农业发达的东部河谷地带，而其他地区则继续着传统的以肉食奶酪为主食，大麦、豆类、蔬菜等为副食的饮食习惯。

二、西北地区的吐蕃人

吐蕃于公元7世纪在青藏高原崛起，并向四周出击，势力不断扩大，乘安史

---

[1] 魏收：《魏书·吐谷浑传》，中华书局，1974年。

[2] 张逢旭、雷达亨、田正雄：《青海古代畜牧业》，《农业考古》，1988年第2期。

[3] 李斌城、李锦绣、张泽咸、吴丽娱、冻国栋、黄正建：《隋唐五代社会生活史》，中国社会科学出版社，1998年，第48页。

[4] 欧阳修、宋祁等：《新唐书·吐谷浑传》，中华书局，1975年。

之乱之机，吐蕃攻占了西北地区的河西、陇右等地，坐大成强。

1. 文成公主从西北出发入藏

唐朝在青海的势力是以乐都为中心，西至青海湖。吐蕃兴起以后，控制了原吐谷浑牧地，并压迫唐势力退至青海东部，继而与唐朝争夺陕、甘，[①]成为唐朝的心腹大患。

贞观十四年（公元640年）唐与吐蕃松赞干布联姻，成为唐蕃关系史上的一件大事。这一年唐太宗李世民将唐朝宗室的女儿文成公主下嫁于吐蕃的松赞干布。第二年（公元641年）文成公主从长安出发，走的是丝绸之路中的唐蕃古道。经甘肃的天水、甘谷、武山、陇西、临洮、兰州，至青海的民和、乐都、西宁、湟源，过日月山、扎陵湖、鄂陵湖、通天河达到玉树，然后入藏抵达拉萨。

文成公主远嫁吐蕃，为即将开始的新生活准备了丰富的物资，其中包括唐朝印刷的书籍、中药、蚕种和谷物种子，还带上了擅长手工艺制品的工匠等。文成公主在青海的玉树住了一个多月，期间她向当地民众传授中原地区先进的农耕技术和纺织技术等，深受当地老百姓的喜爱。为此，玉树特地为文成公主兴建了寺庙，这就是著名的"文成公主庙"。一千多年来香火不断，受到人们的供奉。

文成公主经过青海，是当时青海的一件大事，对于传播内地的饮食文化，尤其是茶文化，有着非常深远的影响。

而文成公主所经过的日月山作为当时藏汉的界山，双方和睦相处，并且设立茶马互市，发展贸易。

2. 食肉嗜酒饮茶

吐蕃是一个传统的游牧民族，生活环境是"其地气候大寒，不生秔稻，有青稞麦、裛（niǎo）豆、小麦、乔麦。畜多牦牛猪犬羊马……其人或随畜牧而不常厥居，然颇有城郭。其国都城号为逻些城。屋皆平头，高者至数十尺。贵人处于

---

① 张逢旭、雷达亨、田正雄：《青海古代畜牧业》，《农业考古》，1988年第2期。

大毡帐，名为拂庐。寝处污秽，绝不栉沐。接手饮酒，以毡为盘，捻铤（chán）为碗，实以羹酪，并而食之"①。长期以来吐蕃人养成了以吃牛羊肉、奶酪、酥油，喝牛羊奶为主，以吃粮食为辅的饮食习惯。吐蕃人天性豪放，由于游牧生活的特点，他们擅长嗜酒饮茶。在宴请客人时往往还让客人亲自杀牛作为烹饪之肉，所谓"必驱犛（máo）牛，令客自射牲以供馔"②，表现出浓郁的游猎民族的饮食习惯和热情好客的风俗。

吐蕃还有吃生肉的习俗，史称"人喜啖生物，无蔬、茹、醯、酱，独知用盐为滋味，而嗜酒及茶"③。嗜酒，即喝当地生产的青稞酒。茶，即青海特有的酥油茶。

由于环境的变化，吐蕃人也在变。"在第七世纪时的吐蕃，已不是纯粹游牧民族，逐渐实行定居牲畜，农业和水利也比较发达，……大片开垦耕地，说明他们已不是原始蒙昧的部落氏族了"④。这是部分农业经济发达的地区从事农业生产的反映，"此后有一些内地人至陇右、河西，发现居于这一地区的蕃人的一些变化。王建在《凉州行》中写道：'蕃人旧日不耕犁，相学如今种禾黍。驱羊亦著锦为衣。为惜毡裘防斗时，养蚕缫茧成匹帛。那甚绕帐作旌旗。'陇右、河西有很多吐蕃人学习汉族百姓的耕种和养蚕。"⑤凉州，河西走廊之重镇，今甘肃省的武威市。

唐代的吐蕃与中原的交流非常密切，如吐蕃人使用的"'开元通宝'铜钱，宝花纹铜镜，漆杯、碗、盘等，均属中原汉地传入吐蕃。丝织品中绝大多数亦为中原汉地所织造，几乎囊括了唐代所有的品种。"而且发现西方特有的"粟特金、银器，玛瑙珠、玻璃珠、红色蚀花珠，铜盘、香水瓶，粟特锦和波斯锦"⑥等，在这里都有出土。

---

① 刘昫：《旧唐书·吐蕃传》，中华书局，1975年。
② 刘昫：《旧唐书·吐蕃传》，中华书局，1975年。
③ 杨应琚：《西宁府新志》，青海人民出版社，2001年，第993页。
④ 张逢旭、雷达亨、田正雄：《青海古代畜牧业》，《农业考古》，1988年第2期。
⑤ 翁俊雄：《唐代区域经济研究》，首都师范大学出版社，2001年，第180页。
⑥ 许新国：《青海考古的回顾与展望》，《考古》，2002年第12期。

吐蕃也种植小麦、青稞等粮食作物，主要是青稞。青稞是青藏高原上特有的食物品种，以耐寒高热量而著称。专家们认为："吐蕃人也食用'五谷'"[1]。所谓"食用五谷"，指的正是传统的农业区以及半农半牧区所种植的粮食作物小麦、大麦、青稞、荞麦、糜、谷、豌豆等，在河湟农业区除了食用五谷杂粮之外，还有芥菜、香菜、大白菜、蔓菁、萝卜、葱、蒜、韭菜等蔬菜，品种十分丰富。

吐蕃人的饮食习惯极大地影响了西北地区的饮食文化，如饮茶、饮酒习俗。吐蕃人饮茶的习俗最晚从唐朝中叶即已形成。由于茶叶具有"解酒食、油腻、烧炙之毒，利大小便，多饮消脂"之功效[2]。因而，对于生活在青藏高原地区多食肉奶而又缺少蔬菜、水果的吐蕃人而言，茶叶的作用就显得非常重要，并且逐步形成了饮用酥油茶这一特有的传统习俗。

酥油茶是在用砖茶熬制好的茶水中放入酥油、盐，然后再放进酥油桶中反复捣搅即成，既可以解渴又可以充饥。

吐蕃人不吃鱼，这是吐蕃人的饮食习惯，并沿袭了很长时间。

三、丝路翘楚——敦煌饮食

在甘、宁、青、新地区唐宋以来的饮食文化中，敦煌始终是一处特别值得关注的焦点。敦煌不仅仅是丝绸之路上的重镇，而且还是佛教最发达的地区之一，尤其是1900年以来敦煌文书的发现、"敦煌学"的形成，以及大量珍贵资料出现，为我们进一步认识隋唐五代时期敦煌及河西地区的饮食文化提供了不可多得的优势条件，这是其他地区所无法比拟的。

1. 敦煌壁画中的农业及加工器具

敦煌自汉代开河西四郡以来，由于其地理位置的重要，得到了迅速的发展，

---

[1] 宋德金、史金波：《中国风俗通史·辽金西夏卷》，上海文艺出版社，2001年，第486页。
[2] 张瑞贤：《本草名著集成》，华夏出版社，1998年，第281页。

图6-10 《双牛耕地水稻种植图》，敦煌莫高窟53窟

图6-11 《水稻插秧图》，敦煌莫高窟98窟

特别是丝绸之路的开通，使敦煌由一个默默无闻的小镇变成为了整个丝绸之路上最耀眼的一颗明珠。《晋书》中就曾写道："此郡（敦煌）世笃忠厚，人物郭雅，天下全盛时，海内犹称之，况复今日，实是名邦。"特别是敦煌壁画和藏经洞的发现，使我们有机会更多地接触到有关敦煌地区的生活习俗与饮食文化。

　　隋唐五代时期敦煌的农业生产发展迅速，当地已经采用了中原地区先进的耕作技术和水利灌溉。使用"耕犁（单辕直辕犁、双辕直辕犁、曲辕犁、三脚耧犁）、铁铧、耱（mò）、牛衡、锄头、木榔头、镰刀、梿枷、四齿叉、六齿叉，木锨、扫帚、簸箕、篮子，木斗，粮袋、牛车……"等生产工具[1]。并且已经种植

---

① 王进玉：《敦煌壁画中农作图实地调查》，《农业考古》，1985年第2期。

图6-12 《手推磨食图》,敦煌莫高窟初唐321窟

水稻,图6-10就是一幅敦煌莫高窟五代的农作图。图中反映的正是敦煌地区使用双牛耕地和水稻插秧的劳动场面,画面生动,极富生活特色。

在敦煌莫高窟五代的另一幅农作图,图6-11中同样有插秧的场面,反映出敦煌的水稻种植具有一定规模,否则不会屡次出现在壁画当中。继而我们可以推断:敦煌的食物品种中,不单单是粟、黍、粱,而且还有大米。

从粮食加工方面看,图6-12反映出敦煌地区已经采用石磨来粉碎粒食。在敦煌"莫高窟初唐321窟南壁的《宝雨经变》中有不少反映劳动人民生活的场面。其中东侧上部的一栋房后有两婢女在推转手磨加工食物,这种手推磨的形象资料传世得很少,因而显得更加珍贵。特别引人注意的是壁画中描绘的手推小磨和1972年沙洲(敦煌)城内出土的唐朝小石磨大体相同"[1]。史载,敦煌地区早在汉代就已经开始使用石磨,用人力加工粮食的石磨在西北地区普遍存在,直到今天

---

① 王进玉:《敦煌壁画中农作图实地调查》,《农业考古》,1985年第2期。

还有不少地方在使用，一般多是用人的腹部推动杠杆加工面粉，这种用手直立磨面的"手磨"在西北地区已不多见了，但在甘肃陇南地区还有家庭用其磨制元宵粉。

2. 麦面精食

隋唐五代时期敦煌的主要粮食品种，基本上是沿袭了传统的农作物，主要有小麦、青稞、大麦、罗麦、荞麦、粟、黍、水稻以及豌豆、荜豆、豇豆、小豆子、大豆、黑豆等豆类作物。还有宛麦、旋麦。其中"稉麦似大麦，出凉州；旋麦，三月种，八月熟，出西方"①。而青稞、大麦和罗麦为其特色。

对于敦煌青稞，有专家认为："青稞，敦煌当时栽培的麦类除了小麦外，还有'青麦'。……敦煌曾被吐蕃占据过半个多世纪，吐蕃人作为统治者，其饮食习俗对敦煌人有相当的影响。因此，吐蕃占据期间以及以后，青稞可能主要作为炒面的原料来食用。许多卷子中都出现了炒面，有些是粗炒，有些是细炒，炒面甚至成为施舍的物品之一。"②

还有罗麦，当时敦煌种植的麦类粮食作物之一，不过，五代至宋以后不再见有罗麦的记载，从这个现象来看，可能是"罗麦"的名称发生了变化，或者是不再成为主要的种植对象。

敦煌丰富的麦类为面食的精细加工提供了有利的条件，现在看到的壁画中有关石磨等加工面粉的场面，表明当时敦煌地区的面食比较发达。在敦煌文献中常常将面称之为"麪"，即小麦面粉。《说文》称："麪，小麦末也。"敦煌学家蒋礼鸿先生在考察敦煌的"麪面"粉时说："'面'就是'麪'的同音假借字，'粉面'就是粉末。"③据知当时的"麪"就是已经加工后的面粉。

面粉的大量食用，为食物品种的开发提供了便利的条件，敦煌人以自己的聪明才智加工出种类繁多的饼食，满足人们日常生活的需要。敦煌的饼食究竟有

---

① 徐坚：《初学记》卷二十六，中华书局，1962年。
② 高启安：《唐五代敦煌饮食文化研究》，民族出版社，2004年，第12～13页。
③ 蒋礼鸿：《敦煌变文字义通释》，上海古籍出版社，1997年，第109页。

多少呢，学者高启安的研究称："翻检敦煌文书，有蒸饼、馈饼、饦饼、胡饼、油胡饼、索饼、环饼、白饼、渣饼、烧饼、馉饼、梧桐饼、菜饼、水饼、炒饼、薄饼、馎饼、煎饼、汤饼、笼饼、饼饳（dàn）、饼饳（dàn）、龙虎蛇饼等二十余种。"

除了饼食之外，敦煌流行的其他食品还有"馎饦、䬫、水面、饭、馓枝、冷让、冷淘、油面、灌肠面、小食子、钉饳（dòu）、小饭、铧锣、粥、菓食、头、黍臛、糕糜、羹、菜模子、蒸胡食、粽子、馄饨、糌粑、䭔饳（bùzhù）、煮菜面、须面、馒头、臛等，其中一些食物属于副食。"[1]可谓品种丰富，美不胜收。

3. 西域香药

丝绸之路给甘、宁、青、新地区带来的不仅仅是经济上的繁荣和中西文化的交流，同时也使沿途的城市迅速发展起来，促进了绿洲文化的兴起。作为一个缩影，敦煌饮食文化的丰富多彩在很大程度上来自商业贸易的发达，其中来自西域的"香药"贸易占有很大比重，成为买卖交流的亮点。香药是既可用来作调味品的香料，同时又是有食疗作用的药材，故称"香药"。

对于当时敦煌市场上的各种香药，杨晓霭先生有这样的描述："桂皮胡桃瓤，栀子高良姜，陆路诃黎勒，大腹及槟榔。亦有莳萝荜拨，芫荑大黄；油麻椒秫，河藕弗香……"[2]。其中的"桂皮""高良姜""莳萝""荜拨"等，就是既属药材又属于调味品的"香药"。对于这几种香药的食疗作用，在后人明代李时珍的《本草纲目》中，都有很详细的总结。

荜拨，又名荜茇。味香，属芳辛类调味品，煮肉时常用。《本草纲目》称："蕃语也。""味辛，大温，无毒。"有"温中下气，补腰腿，杀腥气，消食，除胃冷、阴疝、癖"之功效。荜拨是西域传入的调味品，在中土用于治病，但名称却未有改变。

---

① 高启安：《唐五代敦煌饮食文化研究》，民族出版社，2004年，第12、13页。
② 杨晓霭：《瀚海驼铃——丝绸之路的人物往来与文化交流》，甘肃教育出版社，1999年，第29页。

莳萝子，又名慈谋勒，小茴香，时美中，莳萝椒，瘪谷茴香，土茴香。属于辛味调味品，烹煮羊肉最适宜。《本草纲目》称："莳萝、慈谋勒，皆番言也。"性味辛温无毒，能温脾肾，开胃散寒，行气，解鱼肉毒。莳萝子与小茴香性味相同但气味稍弱。形极相似，但二者名实不宜混淆。

高良姜，又名蛮姜，意指不是本地所产。高良姜属辛香类调味品，适用于烹煮肉类。《本草纲目》称："味辛，大温，无毒。"有温中散寒止痛之功效。高良姜与草豆蔻同煎饮用，可治口臭。

桂皮，又作肉桂，乃桂树之皮阴干而成。不刮去粗皮者称肉桂，除去外皮者为桂心，在调味品中多用肉桂。属甘味调味品，烹肉可去腥除膻，不宜制汤，一般大块使用。《本草纲目》称："味甘，辛，大热，有小毒。""利肝肺气，腹内冷气，痛不可忍，咳逆结气壅痹，脚痹不仁……"之功效。

香药入肴作为西北地区饮食文化的优秀传统，是对中国药食同源思想的开创性发展。对于西北人民的身体健康起着重要的作用。这些从西域传入的香药之所以畅销于西北地区的敦煌市场如鱼得水，也是和西北地区大量食用牛羊肉的习惯密切相关的，在这里，这些香药最大限度地发挥了其亦食亦药的作用，完成了美食、香料、药材、食疗的完美结合。

第四节　琳琅满目的新疆饮食文化

唐朝是中国历史上空前繁荣昌盛的国家，版图辽阔。唐朝在伊州、庭州、轮台、清海、碎叶、西州、焉耆、龟兹、乌垒、疏勒等地大兴屯田，恢复和促进了农业生产的发展，带动了全疆经济的繁荣。

隋唐五代时期新疆地区的饮食生活可以用四个字概括——丰富多彩。主要表现在两个方面，既有丰富的食物品种，又有特色的饮食习惯，展示出无穷的魅力。

唐朝的新疆，一个个绿洲城邦不断兴起，促进了农业生产的发展，"今新疆巴里坤、焉耆、库车、轮台等地仍保存有许多唐朝屯田遗址。其中焉耆陆式铺古城、唐王城屯田遗址中，还保存有许多仓库、地窖，贮存有麦面、小米、高粱、胡麻等物"①。正因为小麦、小米、高粱等粮食作物种植的面积大，所以当时新疆最常见的饮食习惯就是喜欢喝粥。唐人徐坚辑《凉州异物志》记载："高昌僻土，有异于华；寒服冷水，暑啜罗闍。郡人呼粥"②。喝粥作为隋唐五代时期新疆饮食生活的特点之一，已被考古发现所证实。

1. 唐玄奘笔下的诸多美食

新疆地域辽阔，物产丰富，当年西行的玄奘法师在他的《大唐西域记》中就记述了他亲眼所见的这里的物产，如阿耆尼国，"土宜穈、黍、宿麦，香枣、蒲萄、梨、柰诸果"。阿耆尼，即今新疆焉耆回族自治县一带。还有"屈支国，东西千余里，南北六百余里。国大都城周十七八里，宜穈、麦、有粳稻，出蒲萄、石榴，多梨、柰、桃、杏。土产黄金、铜、铁、铅、锡"。屈支，又称龟兹、丘兹，即今新疆焉耆库车县。再有"素叶水城"，"清池西北行五百余里至素叶水城。城周六七里，诸国商胡杂居也。土宜穈、麦、蒲萄，林树稀疏。气序风寒，人衣毡褐"。素叶水城，又称碎叶城，即今吉尔吉斯共和国托克玛克城西南。

当时，"唐太宗为了巩固边防，设置龟兹、于田、疏勒、碎叶四个军镇，筑城驻军，号称安西四镇。我国杰出的诗人李白就出生在碎叶"③。于田，即于阗。五代人平居诲的《于阗国行程记》记载于田"以蒲桃为酒，又有紫酒、青酒，不知其所酿，而味尤美。其食，粳沃以蜜，粟沃以酪。其衣，布帛。有园圃花木。俗喜鬼神而好佛"④。"好佛"者，是说于阗一带信奉佛教，已经被和田达玛沟佛寺的考古发现所证实，而且还发现与吐蕃有一定的联系。⑤所说"紫酒"者，就

---

① 刘锡涛：《古代新疆的三次大开发及其历史借鉴》，《中国历史地理论丛》，2001年增刊。

② 徐坚：《初学记》卷二十六，中华书局，1962年。

③ 新疆维吾尔自治区博物馆编：《新疆历史文物》，文物出版社，1977年，第38页。

④ 欧阳修：《新五代史》卷七四，中华书局，1974年。

⑤ 巫新华：《新疆的和田达玛沟佛寺考古新发现与研究》，《文物》，2009年第8期。

图6-13　小麦，新疆吐鲁番阿斯塔那墓出土　　　　图6-14　藤盒，新疆吐鲁番阿斯塔那墓出土

是大名鼎鼎的葡萄酒，因颜色紫红透亮而得名。

2．五谷油料与马肉

隋唐五代时期新疆地区的食物品种已经相当丰富，在饭桌上可以享受到稻、粟、菽、黑粟、杂谷、青稞、芒果、豌豆、小麦等，唐代的小麦与今天的小麦大体相同。

与丰富的食物相适应，食具食器也较多。如当年盛放食物的藤盒，既防尘又透气，且造型规整大方，编工细致。也说明当年新疆地区具有良好的生态环境能够生长藤，抑或是由内地传入的。

胡麻，是唐代西北地区一种非常重要的油料作物，别名巨胜、方茎、方金、狗虱、油麻、脂麻。为胡麻科植物脂麻的成熟种子。胡麻原产西域，进入中原是丝绸之路的贡献。李时珍曰：“**汉使张骞始自大宛得油麻种来，故名胡麻，以别中国大麻也。**”[1]在新疆“**焉耆唐王城**”以及“**吐鲁番的唐墓里都发现过**”[2]。胡麻的含油量很高，故称油麻。有黑白二种。两千多年来甘、宁、青、新地区一直在种植，而且是面积最大的地区。胡麻榨出的油叫胡麻油，李时珍说：“**胡麻取油，**

―――――――――――

[1] 李时珍：《本草纲目》，华夏出版社，1998年，第969页。
[2] 张玉忠：《新疆出土的古代农作物简介》，《农业考古》，1983年第1期。

以白者为胜。服食以黑者为良。""入药以乌麻油为上，白麻油次之"①，并且有润燥滑肠、治烧烫伤之功。

隋唐五代时期新疆的饮食习惯并没有太大的变化，不过，此时出现了吃马肉的食俗。法国人莫尼克·玛雅尔认为："王延德（北宋官吏，曾奉命出使西域高昌〈今吐鲁番〉并因著有见闻游记而著名）告诉我们说：'贵人食马，余食羊及兔雁。'"这与吐鲁番地区生态环境优越，畜牧业经济发展快是相适应的。

3. 甘甜可口的蔬果

新疆地区有着独特的自然环境，日照时间长，全年日照可达2600～3600小时，昼夜温差大，最大日差为20℃～30℃，非常利于光合作用和水果的糖化作用，因此新疆地区的蔬菜长得非常好，如蔓菁、洋葱、胡荽、茄子等。特别是洋葱，王东平先生认为："洋葱在我国的栽培史也相当长，西域高昌王国时期人们食用的主要蔬菜中就有洋葱（sorun）。《饮膳正要》中称'回回葱'，就其名称上看，即可推知来自西域等地。"②

新疆地区的瓜果甘甜可口自古有名，唐代人们可以吃到甘甜可口的桃、李、杏、红枣、梨、梅、葡萄、石榴、胡桃、梨、沙枣以及甜瓜等水果。

隋唐五代时期，新疆最出名的特色水果就是"波斯枣"和"偏桃"。波斯枣就是人们熟知的伊拉克枣，偏桃，就是今天的扁桃。段成式《酉阳杂俎》一书中说："偏桃，出波斯国，波斯呼为婆淡。树长五六丈，围四五尺，叶似桃而阔大，三月开花，白色，花落结实，状如桃子而形偏，故谓之偏桃。其肉苦涩不可啖，核中仁甘甜，西域诸国并珍之"。偏桃中有一个品种经过嫁接后成了后来鼎鼎有名的蟠桃。

新疆地区种植水果在唐朝就已经形成了规模，今人从新疆的民丰尼雅发现了公元一世纪至三世纪的大面积果园，"果园里的树有杏、桃、梅、葡萄"；在吐鲁

---

① 李时珍：《本草纲目》，华夏出版社，1998年，第971页。
② 王东平：《新疆古代蔬菜种植述略》，《农业考古》，1996年第3期。

图6-15　葡萄，新疆吐鲁番阿斯塔那墓出土

图6-16　梨，新疆吐鲁番阿斯塔那墓出土

番发现了"葡萄"、"梅"、"红枣、梨、瓜皮、巴旦杏"①。还有金黄色的金桃、银色的银桃等②，可谓品种丰富。

唐朝的高昌在大量种植葡萄的基础上，已经进入到精加工的阶段。当时，人们已经加工出"包括带皮醪的葡萄浆和葡萄汁的葡萄浆"，还有与葡萄相关的"甜酱"等③，极大地丰富了人们的饮食生活。

4. 胡饼与馕

隋唐五代时期新疆的面食品种已经相当丰富，最引人注目就是面点。例如，在新疆阿斯塔那墓中就发现了各式各样的面点。有的类似于今天的鸡蛋糕、面包、鸡蛋饼，有的类似于今天的麻花等，还有一些造型奇异花样特别的食品，令人大开眼界，其中尤以馕最为出名。馕是面饼中的一种。但馕的主要原料不仅仅局限于小麦。一般认为馕与胡饼有着密切的渊源关系。

饼发展到"北朝至隋唐间，最有代表性的胡食是胡饼，还有毕罗等"④。

---

① 张玉忠：《新疆出土的古代农作物简介》，《农业考古》，1983年第1期。
② 韩香：《隋唐长安与中亚文明》，中国社会科学出版社，2006年，第166页。
③ 陈习刚：《吐鲁番出土文书中的"酱"、"浆"与葡萄的加工、越冬防寒问题》，《古今农业》，2012年第2期。
④ 毛阳光：《北朝至隋唐时期黄河流域的西域胡人》，《寻根》，2006年第2期。

胡饼早在青铜时代就已成为古新疆大众喜爱的食品。胡饼的实物是在新疆的哈密五堡墓地发现的。这是一块"方形食物，边长23厘米，厚2.3厘米。虽干裂为数块，但形体完整，四条边有刀切割的痕迹，较规整。原料加工研磨粗糙多小颗粒，其间又掺杂较多的穗壳物。从表面看，这种穗壳物经火烧，烤成黑色炭类。从制作方法可知是烤制食物。如果胡饼是源于古新疆的话，那么这些食物应

图6-17、图6-18、图6-19、图6-20、
图6-21　各式面点，新疆阿斯塔那墓出土

是胡饼的始祖"① 。中国最早的胡饼出在新疆，此说不无道理。

唐人好吃饼，宋《古今岁时杂咏》专门收录了有关唐人称赞饼的诗歌，崔正言的《立春》："吏部今余十九牙，一杯汤饼羡君家。不妨更往挑生菜，钉取黄金瓋里花"等② ，说明岁时吃饼也是一种风俗。

新疆塔吉克族、柯尔克孜族等都有制作与食用馕的传统。在新疆吐鲁番县高昌故城城郊阿斯塔那和喀拉和卓两古墓葬中，出土了自晋迄唐的小麦以及麦面加工成的馕、水饺和馄饨。有专家认为，东汉末的胡饼可能学自新疆。后来唐宋的胡饼，都是维吾尔族现在馕的前身。③一方水土养一方人，"大漠孤烟直，长河落日圆"，在茫茫的丝绸之路上旅行，馕成为商旅们必备的食物，和水一样与人们结下了不解之缘。至今，馕仍然是新疆最普及、最流行的食物。

5. 合食制形成

唐朝是中国饮食习惯改变的重要时期，从这时候起，人们吃饭时由延续几千年的席地就座分案而食，改变为高足坐具流行后的合食制。学者吴玉贵先生认为："至少从战国以来，中国古代饮食一直采取了分餐制的饮食方式，即在聚餐时，在每位就餐者面前放置一张低矮的食案，各人分餐而食。……到了唐朝，随着高足坐具的传入和流行，引发了餐制的革命性变革，人们的就餐习俗由席地而坐的分餐制转而成为高凳（或椅）大桌的合食制。"④这是一次重大的改革，从分食制到合食制经过了数千年的发展过程，合食制最大的特点就在于非常符合中国人的家庭观念，增加了相互交流的机会，团团围坐，其乐融融，与中国传统"尚和"的思想非常契合，最终成为定制。

---

① 张成安：《浅析青铜时代哈密的农业生产》，《农业考古》，1997年第3期。
② 蒲积中编，徐敏霞校点：《古今岁时杂咏》（一），辽宁教育出版社，1998年，第58页。
③ 陈绍军：《胡饼来源探释》，《农业考古》，1995年第1期。
④ 吴玉贵：《中国风俗通史·隋唐五代卷》，上海文艺出版社，2002年，第65页。

第七章 宋元时期

中国饮食文化史

西北地区卷

　　宋朝是中国历史上唯一重文轻武的朝代，但始终未能完全控制甘、宁、青、新西北地区，其势力最强时也只达到青海的西宁、甘肃的兰州及以东南部分地区；南宋势力所及也仅仅只有甘肃东南部天水、武都及甘南的一部分。这一时期甘、宁、青、新西北地区绝大部分时间分别隶属于西夏、西州回鹘、吐蕃、西辽等。自宋朝始，政治、经济中心东移，西北地区失去了往日的辉煌，在饮食文化方面至少已经无法与中原地区相比。但是，也形成了一些新的饮食文化现象。

　　元帝国是世界上疆域最大的国家，其面积占据了当时世界的三分之一以上。公元1251年和公元1271年，元朝以今吉木萨尔和霍城两县为治所，分别设置别失八里和阿力麻里两行尚书省，分管天山南北两地。元世祖至元十八年（公元1281年）设立了甘肃行省，甘肃由此而名，治所甘州（今张掖），辖七路，包括青海、宁夏等地。

第一节　西夏的饮食文化

一、西夏的经济发展

　　公元1002年夏太祖李继迁借助辽国的势力攻占了灵州（今宁夏灵武县），使宋朝西北部边疆失去了藩篱，后又"经过李氏父子几代人的不懈努力，公元1038年，李元昊正式称帝，国号大夏，定都兴庆府（今宁夏银川市），因地处西北，史称西夏"①。西夏在西北由来已久，王称《西夏事略》说，从李继迁的先祖"唐末有思恭者，镇夏州，讨黄巢有功，赐姓李氏，世有夏、银、绥、宥、静五州之地"。西夏最强盛时据有整个河西走廊及相邻地区，《宋史》曰："元昊既悉有夏、银、绥、宥、静、灵、盐、会、胜、甘、凉、瓜、沙、肃，而洪、定、威、龙皆即堡镇号州，仍居兴州，阻河依贺兰山为固。"清人吴广成《西夏书事》说其"东尽黄河，西界玉门，南接萧关，北控大漠，地方万余里"。西夏历史上在宁夏建都189年，当时是83万平方公里，控制了甘、宁、青、新的大部分地区，成为与宋朝相始终的强大的西北地方政权。

1. 农牧经济的转换

两宋朝以来，在西北地区的饮食文化当中，西夏党项人的生活及饮食习惯可谓最具特色。考察西夏的饮食文化，主要来自于西夏文字的记载。西夏文字是本民族创造的，史称"元昊自制蕃书，命野利仁荣演绎之，成十二卷，字形体方整类八分，而画颇重复。教国人记事用蕃书，而译《孝经》、《尔雅》、《四言杂字》为蕃语"②的创造，标志着西夏的文明和文化的繁荣发达。正因为有了西夏文字，

图7-1　西夏文字

① 关连吉：《凤鸣陇山——甘肃民族文化》，甘肃教育出版社，1999年，第40页。
② 脱脱等：《宋史·夏国传》，中华书局，1976年。

才使我们更多地了解到西夏饮食文化的发展状况。

（1）历史渊源　西夏是党项人建立的，而党项本来是羌族的一支，历史学家周伟洲先生认为："从党项、西羌的经济、习俗等方面比较分析，也证明党项是源于羌"①。由于党项是一个尚武的游牧民族，所以史称："党项羌者，三苗之后也。其种有宕昌、白狼，皆自称猕猴种。东接临洮、西平，西拒叶护，南北数千里，处山谷间。每姓别为部落，大者五千余骑，小者千余骑。织牦牛尾及羊古羊历毛以为屋。服裘褐，披毡，以为上饰。俗尚武力，无法令，各为生业，在战阵则相屯聚。无徭赋，不相往来。牧养牦牛、羊、猪以供食，不知稼穑"②。这是党项最初的经济生活状态，其饮食习俗是：吃牛羊肉、牦牛肉、猪肉等，而不知道种植庄稼，可见其主食和副食的次序与西北地区汉民族的饮食习俗完全不同。

随着党项的强盛与生存空间的拓展以及生活环境的改变，其生计方式也发生了变化，由单纯的畜牧业转化为开始从事农业生产，而且发展得很快。由于特别是据有宁夏以后，李氏采取了一系列兴修水利、开垦荒地等积极措施，使传统的农业经济区得到一定程度的恢复与发展，与此同时畜牧业、农业、手工业、商业、交通都取得不小的成就。

（2）水利与农业　在农业生产方面，西夏统治者采取本土耕作与掠夺宋边地相结合的方针，以迅速达到发展之目的。研究表明："西夏兵民常在宋边境进行掠夺性的垦荒，宋麟州窟野河一带田腴利厚，元昊时开始插木置民寨三十余所，发民开垦寨子旁之田。后来西夏索性发动几十万人用耕牛越界垦种，耕获时派军队保护，侵耕有时深入到绥德一带"③。对边地的侵略是历史上常见的事情，但是，像西夏这样有计划、有目的、有规模的掠夺垦荒则不多见。实际上西夏的宁

---

① 周伟洲：《早期党项史研究》，中国社会科学出版社，2004年，第19页。
② 魏徵等：《隋书·西域传》，中华书局，1973年。
③ 张波：《西北农牧史》，陕西科学技术出版社，1989年，第276～277页。

夏平原、河套平原本身就是很发达的农业生产基地。回溯历史上的这个地区，自秦汉以来水利建设不断，发展到唐朝已经形成了以兴州为中心的灌溉网。唐人韦蟾有诗赞道："贺兰山下果园成，塞北江南旧有名。"西夏一代，不仅努力修复了汉唐故渠，而且还修建了新渠道，即今谓之"昊王渠"或"李王渠"，直到今天有些渠段仍在发挥着作用。

尽管有宁夏平原、河套平原发达的农业生产，但由于西夏多是干旱区，自然环境差别很大，各地情况复杂，粮食短缺一直是西夏没有解决的大问题，《辽史·西夏外纪》所载西夏人民春夏秋冬食野菜的事实与出土的记录是相吻合的。正因为如此，西夏建立了严格的粮库管理制度和仓储制度，如"粮食入库时，计量小监与巡察者一同坐在库门处，粮食量而纳之，予以收据，收据上有斛斗总数、计量小监的手记，'不许所纳粮食中入虚杂'。粮食库的账目须层层核查，计量小监人除原旧本册以外，依所纳粮食之数，当为升册一卷，完毕对以新旧册自相核校，无失误，然后为清册一卷，附于状文而送中书"。并且建立了"京师粮库；官黑山新旧粮食库、鸣军地租粮食库、林区九泽地粮食库、大都督府地租粮食库"[①]等，以备不虞。

2. 丰富的农作物

西夏发达的水利为粮食作物的发展带来了勃勃生机，根据文献记载，当时西夏的农作物种类很多，主要有：小麦、大麦、荞麦、糜、粟、粳米、糯米、豌豆、黑豆、荜豆、青麻子等。"西夏汉文本《杂字》'斛豆部第四'中所记粮食更多，有粳米、糯米、秫米、黍米、大麦、小麦、小米、青稞、赤谷、赤豆、豌豆、绿豆、大豆、小豆、豇豆、荜豆、红豆、荞麦、稗子、黍稷、麻子、黄麻、稻谷、黄谷"。就种植方式而言，西夏"既有旱地作物，又有水田作物；既有北方常见的麦类、豆类、黍类，还有西部青藏高原上特产青稞。特别值得提出的是

---

① 刘菊湘：《西夏的库入管理制度》，《固原师专学报》，1999年第4期。

当时北方少有的水稻在西夏地区多有种植，而且有粳米、糯米等不同的稻米"①。还有萝卜、蔓菁、藁菜等蔬菜以及床子、古子蔓、咸地蓬实、苁蓉苗、小芜荑、席鸡草子、地黄叶、登厢草、沙葱、野韭、拒灰藗、白蒿、咸地松实等，此类产品都可食用。②

出土文献证明："党项羌各部落很早以前就掌握了畜牧和农耕技术，所以西夏文史料中存在有大量的谷物类植物的名称。首先是表示'谷物、粮食'和'五谷'的通称词。……较为普遍的谷类植物大约是稻子。西夏文史料中有一组字、词表示'稻子和稻子的种类、等级以及饭食'，表示稻子品种的字、词有'白米'、'非糯米'、'晚熟粳米'、'糯米'"③。可见西夏粮食作物的品种非常丰富，包括了夏粮和秋粮的全部。但是，"从事农耕的以汉人为多，他们掌握着比较先进的生

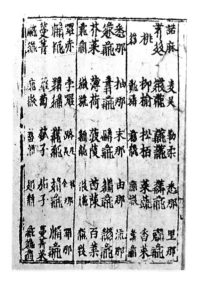

图7-2 西夏文献（《中国少数民族文化史图典·西北卷下》，广西教育出版社）

---

① 宋德金、史金波：《中国风俗通史·辽金西夏卷》，上海文艺出版社，2001年，第458～459页。
② 朱瑞熙、张邦炜、刘复生、蔡崇榜、王曾瑜：《辽宋西夏金社会生活史》，中国社会科学出版社，1998年，第25页。
③ 捷连吉耶夫－卡坦斯基著，崔红芬、文志勇译：《西夏物质文化》，民族出版社，2006年，第191～192页。

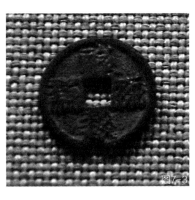

图7-3、图7-4　西夏国货币

产技术，对西夏社会经济的发展起着重大作用"①。我们能看到的西夏丰富的面食，是西夏丰富的农作物与汉人烹调技艺相结合的结晶。

西夏自己有一套完整的行政机构，不但创造了西夏文字，同时还铸造了货币，作为交换，其经济形态较为完备，也有比较活跃的贸易与税收。

二、西夏的饮食习俗与盐、马生计

西夏的饮食习俗颇具特色，他们把食品通称之为"食馔"。根据1909年于内蒙古阿拉善盟额济纳旗黑水城遗址出土的西夏文和汉语双解词典《番汉合时掌中珠》中有关饮食的记载，可以分为面食和肉食两大类。

1. 面食制作

宋朝小麦、糜子、荞麦等粮食作物在西北地区大面积种植。宋朱弁《曲洧旧闻》："麦，秋种夏熟，备四时之气。荞麦，叶青，花白，茎赤，子黑，根黄，亦具五方之色。然方结实时最畏霜，此时得雨，则于结实尤宜，且不成霜，农家呼

---

① 吴天墀：《西夏史书稿》，广西师范大学出版社，2006年，第133页。

为解霜雨。稷（jì），西北人呼为糜子。有两种，早熟者舆麦相先后；五月间熟者，郑人号为麦争场"①。甘、宁、青、新地区的主要食物品种中有：稷（糜子）、粟、大麦、小麦、青稞、稻米、豌豆等，正是在此基础上，造就了发达的面食。

通过出土文献，我们发现"西夏人的粮食食品多种多样，可以把粮食蒸或煮熟后食用，也可以将谷物碾磨成面粉作成细面、汤面煮食，或蒸、炸、烙成各种食品，有的还有各种馅"②。在西夏文字典《文海》和《番汉合时掌中珠》两部字典中列举的食品有："细面、粥、乳头、油饼、胡饼、蒸饼、干饼、烧饼、花饼、油球、盖锣、角子、馒头、甜醅、酸醅、肉饼、酪、酥油、奶渣等。食品的烹饪有烧烤、搅拌、煮熬、炒等方式，使用的调味品有盐、油、椒、葱、蜜等"③。

这些面食的制作方法及性状非常丰富，如"蒸饼，应是将面食放在蒸锅里，下面烧水成气，蒸熟而成。干饼、烧饼、花饼，也许是类似现在西北地区少数民族喜食的烤馕之类。油球，应是一种圆球状的食品。盖镬，这一食品名称和器皿有关，是否在制作时置于盖上加工而成。角子，也就是饺子。中国古代将馄饨（饺子）也列入饼类。馒头，应与中原地区相同，使面发酵后蒸制而成。酸馅、甜馅，这两种食品应是置于其他面食中的馅。"④很有可能也是从中原地区传入的。

宋人曾巩在《隆平集》中记载了时人一年四季的饮食状况："其民则春食豉子蔓，咸蓬子；夏食苁蓉苗、小芙蕖；秋食席鸡子、地黄叶、登厢草；冬则蓄沙葱、野韭、拒霜、灰蓧子、白蒿、咸松子以为岁计。"可以说是菜品资源丰富，四季分明。

西夏人能把稻米做成很多品种，俄国学者依据西夏文书的研究表明：西夏"稻米制作的饮食有'米粥、煮熟的米饭'、'炒米'、'蒸熟的米饭'等。特别需

---

① 朱弁：《曲洧旧闻》卷三，中华书局，1985年。
② 宋德金、史金波：《中国风俗通史·辽金西夏卷》，上海文艺出版社，2001年，第460页。
③ 朱瑞熙、张邦炜、刘复生、蔡崇榜、王曾瑜：《辽宋西夏金社会生活史》，中国社会科学出版社，1998年，第25～26页。
④ 宋德金、史金波：《中国风俗通史·辽金西夏卷》，上海文艺出版社，2001年，第460～461页。

要指出的是'米粉'。还有一个单字表示米汤、稀粥或是任何谷物类粮食煮成的稀粥"。他还发现"西夏国贫穷的人们将原本当作饲料用的农产品的残渣——'油粕、豆饼'也当作食物"①。说明当时广大下层百姓的生活还是很窘迫的。

2. 肉食乳品

肉食和乳制品是西夏饮食的重要构成,"西夏牲畜种类众多,主要有马、牛、羊、驼、驴、猪、狗和牦牛等"②,尤以牛、羊、马和骆驼为大宗③。而肉又以绵羊肉、牛肉为主。作料有盐、醋、胡椒、椒、干姜等。加工手段已采用烧、烤、煮、熬、炒等烹饪技法。其中手抓羊肉、烧烤羊肉、羊杂碎等是西夏人的特色食品,谚语亦有"设宴祭神宰牛羊"的说法④。

乳制品,也是西夏特色食品之一,"乳畜主要是母牛、母羊和母骆驼,牛多为牦牛,羊包括羖和绵羊。牧民不但要自己食用乳类食品,还要供给官家。供给皇室的称为'御供',提供御供的母畜要由专人放牧,以便及时供应质量好的乳

图7-5 西夏牛

---

① 捷连吉耶夫－卡坦斯基著,崔红芬、文志勇译:《西夏物质文化》,民族出版社,2006年,第192、195页。
② 保宏彪:《论河西走廊在西夏兴起与发展过程中的战略意义》,《西夏研究》,2012年第2期。
③ 僧人:《西夏王国与东方金字塔》,四川人民出版社,2002年,第106页。
④ 陈炳应:《西夏谚语》,山西人民出版社,1993年,第11页。

酪和乳酥。……在西夏，妇女承担着挤奶的劳务。（西夏文）《三才杂字》有乳糜、乳头。总之，西夏文献表明党项人的饮食离不开乳制品。"① "西夏文史料中有四个单字表示'牛奶'。党项人食用'奶皮'（凝乳）、'奶油、黄油'、'奶渣'、'乳浆、奶浆'。"② 西夏盛产牛奶，甚至多到"百牛乳，狗喝去，晨朝喝去中午挤"的现象。③ 西夏畜牧业的发达与乳制品在日常生活中的普及由此可见一斑。

有专家认为："西夏文献中一些词汇表示泛指的'肉、胴体'、'一块肉、一份肉食'，按字面意义可译作'分成份子的肉食'，除此之外，史料中还有一些词汇表示各种等级的肉类。……党项人不仅食肉，而且吃动物的内脏，这种食品相当常见，有大量的词汇可以证明，如：'内脏、肠子、碎肉和肠子的混合物'。除肠子以外，'肝'和'骨髓'也可以作食物。"④ 据知当时西夏人善用利用牲畜的各个部位以供食。

3. 蔬菜瓜果

西夏人有食用蔬菜的习惯。据考证，西夏当时经常吃的蔬菜有："香菜、芥菜、薄荷、菠薐、茴蒢、百菜、蔓菁、萝卜、茄子、苦蕒、胡萝卜、汉萝卜、半春菜、马齿菜、吃兜芽、苽、常葱、蒜、韭、姜。"⑤ 还有荆芥、蓼子、笋蕨、越瓜、春瓜、冬瓜、南瓜等。在品种繁多的蔬菜当中有不少就是野菜，如苦蕒、马齿菜等。

苦蕒，在西北地区也叫苦菜、苦蕒菜，田间地头到处都有。具体吃法是先用开水焯一下然后出锅，然后凉拌，夏天吃可以解暑，也是做浆水面的传统菜。

马齿菜，"又名五行草，味甘，性寒滑"⑥，具有散血消肿"益寿延年，明目"

---

① 宋德金、史金波：《中国风俗通史·辽金西夏卷》，上海文艺出版社，2001年，第464页。
② 捷连吉耶夫-卡坦斯基著，崔红芬、文志勇译：《西夏物质文化》，民族出版社，2006年，第191页。
③ 陈炳应：《西夏谚语》，山西人民出版社，1993年，第51页。
④ 捷连吉耶夫-卡坦斯基著，崔红芬、文志勇译：《西夏物质文化》，民族出版社，2006年，第190页。
⑤ 薛路、胡若飞：《西夏仁孝盛世的农耕业考》，《西夏研究》，2012年第1期。
⑥ 鲍山编，王承略点校：《野菜博录》，山东画报出版社，2007年，第209页。

之功效 [1]，西北地区田间路旁都广泛生长。

西夏的水果品种也比较丰富，有"果子、栗、杏、梨、檎、樱桃、胡桃、葡萄、龙眼、荔枝、李子、柿子、橘子、甘蔗、枣、石榴、桃。西夏汉文《杂字》中所记更详：梨果、石榴、柿子、林檎、榛子、橘子、杏仁、李子、木瓜、胡桃、乌枚、杏梅、桃梅、南枣、芸薹、锡果、青蒿、桃条、梨梅、杏煎、回鹘瓜、大食瓜"等 [2]。其中橘子、甘蔗未必是西夏出产，但通过交流已成为当地人喜爱的水果。

枣是大众化的传统水果，却与长寿成仙有关。据宋人赵令畤《侯鲭录》记载，有一镜铭云："尚方作镜真大巧，上有仙人不知老，渴饮玉泉饥食枣" [3]，可见当时有部分人对食物的追求已经不满足于吃饱肚子，而是上升到延年益寿的食疗层次。

据《辽宋西夏金社会生活史》载，新疆生产的"瓜有重六十斤者，海棠色殊佳"，堪称一绝，而传统的葡萄依然是西北地区种植面积最大、最受欢迎的水果之一。

大面积的葡萄种植，促成了葡萄酒的盛行。在新疆地区，人们"以蒲桃为酒，又有紫酒、青酒，不知其所酿，而味尤美" [4]。丰沛的葡萄资源衍生了西北地区的葡萄美酒。

4. 以马换茶的茶马贸易

西夏虽然也从事农业，但主食依然是以吃肉喝奶为主，与西北地区其他肉食为主的民族一样，要靠茶来助消化。所以，茶在党项人的饮食中占有十分重要的位置。由于西夏不产茶，所需完全依靠宋朝供应，且西夏一年茶叶的

---

[1] 孟诜著，张鼎增补，郑金生、张同君译注：《食疗本草译注》，上海古籍出版社，2007年，第222页。

[2] 宋德金、史金波：《中国风俗通史·辽金西夏卷》，上海文艺出版，2001年，第466页。

[3] 赵令畤：《侯鲭录》卷二，中华书局，2002年。

[4] 朱瑞熙、张邦炜、刘复生、蔡崇榜、王曾瑜：《辽宋西夏金社会生活史》，中国社会科学出版社，1998年，第25～26页。

图7-6　茶盏与托盘，新疆吐鲁番阿斯塔那墓出土

用量很大，多达3万至5万斤。《宋史·夏国传》记载："凡岁赐银、绮、绢、茶二十五万五千，乞如常数，臣不复以他相干……仍赐对衣、黄金带、银鞍勒马、银二万两、绢二万匹、茶三万斤。"后来"会元昊请臣，朝廷亦已厌兵，屈意抚纳，岁赐缯、茶增至二十五万。"[1]在双方的交易中，宋朝可以茶数斤换取肥羊一只。

　　历史上从唐朝开始中央政府便利用茶向西北民族进行茶马互市，作为以茶易马的贸易，到了宋代，因作战需要，开设了西南茶马交易点，之后贸易日隆，熙宁七年（公元1074年）经略使王韶上言："西人颇以善马至边，其所嗜唯茶，而乏茶与之为市，请趣买茶司买之"[2]。于是政府管理茶马贸易的机构"茶马司"便应运而生。并在今青海省的西宁、乐都等地易马。今甘肃天水麦积山石窟东崖26窟左壁就留有王韶制下孙贇等人的题记[3]可为佐证。又于"秦凤、熙河博马"[4]，"博马"就是市马、以茶易马的交易方式。以后便一以贯之成为定制。明代又增设甘肃的天水、临洮等地博马，清初又在新疆的伊犁、乌

①脱脱等：《宋史·食货志》，中华书局，1977年，第13995页。
②脱脱等：《宋史·职官志》，中华书局，1977年。
③张锦秀编撰：《麦积山石窟志》，甘肃教育出版社，2002年，第151页。
④脱脱等：《宋史·食货志》，中华书局，1977年。

图7-7　西夏马

鲁木齐等地进行茶马交易。

宋李涛《续资治通鉴长编》说："西夏所居，氐、羌旧壤，所产者，不过羊马毡毯。"宋朝是西夏"茶彩百货之所自来，故其人如婴儿，而中国乳哺之"[1]。

正因为嗜茶，因而出现了诸如"茶臼、托子、茶钵、茶垫"等[2]名目繁多的茶具。"托子"，即茶托。就是茶盏下边的那个托盘，盘中央有凹正好托住茶盏，茶盏茶托原本是一套。而"茶臼、捣棒"就是将茶叶加工成茶末的工具。西夏人饮茶大体是以熬茶为主，末茶便于熬煮。

在冷兵器时代，马的机动性最强，因而从汉朝以来马就作为战略物资由国家控制。中原地区屡受周边游牧民族的侵扰，其主要原因之一就是游牧民族具有骑兵的优势。游牧民族地区生产的良马，体量大、负载重、耐力强、奔跑速度快，内地马匹远不如游牧地区的马强悍，因此每每交锋多有失败。在这种情况下，如何引进西北的良马以提高作战能力，便成为事关国家安危的大事。而在当时马匹的主要来源是西夏，因为西夏控制了贞观以来的原州（今宁夏回族自治区固原）、

① 李焘：《续资治通鉴长编》卷一百九十六，中华书局，1979年。
② 宋德金、史金波：《中国风俗通史·辽金西夏卷》，上海文艺出版社，2001年，第471页。

西使在临洮军（今青海西宁市）等四个重要的监牧地，据记载"天宝十二载（公元753年）诸监见在马总319387匹。内133598匹课马"①。而这些基本上为西夏所有，并且用四监牧之马与宋朝进行茶叶交换。

总之，茶叶在西夏人日常生活中是具有非常重要地位的。

5. 盐业经济

西夏国之所以能够与宋朝相抗衡，食盐贸易起到了非常重要的作用。《宋史·食货志》记载："青白盐出乌、白两池，西羌擅其利"。西夏每年盐的产量多达五百万斤以上，其质量上好的青、白盐便成为对外贸易的最主要经济来源。因此，有专家认为："西夏的青盐，是当时宋夏边境地区老百姓所喜爱的商品，也是西夏的重要财源之一。仅盐州的五原就有乌池、白池、瓦池、细项地池产盐，河西走廊地区和西安州有盐州和盐山，灵州的温池、两井池、长尾池、五泉池、红桃池、回乐池、弘静池也都是产盐老井。……早在西夏立国之前，这里的老百姓即从干涸的碱水池里面晒出盐粒，运往关中地区经销。"②

英国科学家李约瑟在他的著名专著《中国科学技术史》中，谈到了中国人对与盐有关的文字认识。他认为与盐紧密组词的"卤"字，像是一个晒盐池，具有象形文字的特点。他说这里应当略谈一谈中国人用以区别石类和矿物的象形字。……第三个偏旁是"玉"，用于玉及各种珍贵的石类。第四个是"卤"字，用于盐类，但不幸直到近代才被普遍采用，顾赛芬［Couvreur（2）］只列出十一个带"卤"旁的字。字书的编者没有对商代的卤字象形（K71 ь）作任何解释，但可以猜想，那是一个蒸发咸水的盐池的鸟瞰图。按照巴斯-贝京（Baas-Becking）的想法，这也可能是在试画一颗大的食盐晶体。③

李约瑟的看法很有道理，也充满情趣。

---

① 翁俊雄：《唐代区域经济研究》，首都师范大学出版社，2001年，第30页。
② 僧人：《西夏王国与东方金字塔》，四川人民出版社，2002年，第106页。
③ 李约瑟：《中国科学技术史》第五卷第二分册，科学出版社，1976年，第377～378页。

盐是国家重要的经济支柱，历来是国家专营。由于西夏的"盐饶美而估廉，公私咸利"[①]，其青、白盐的大量入内，给宋朝带来了不少麻烦和经济摩擦。据说范仲淹曾经想为西北设置盐监来抗击西夏，实现其"先天下之忧而忧"的政治抱负。宋彭乘《续墨客挥犀》："范文正公少时求为秦州西溪监盐。其志欲吞西夏，知用兵利病耳。而廨舍多蚊蚋，文正戏题壁曰：'饱去樱桃重，饥来柳絮轻。但知离此去，不要问前程'。"[②]借蚊子讽刺朝廷目光短浅、没有认识到西夏盐利的长远利害关系。虽然是一时戏笑之语，足见问题之复杂。

6. 饮食器皿

西夏人非常注重饮食器皿，它体现着一个民族的文化底蕴。在《番汉合时掌中珠》中记载的炊餐具、茶酒具就有数十种之多。

其中炊具为：甑、锅、铛、铛盖、鼎、杓、锅铲、笊篱、火炉錾、火炉、火箸、火枕、火栏；餐具为：箸、匙、肉叉、盆、钵、碗、盘、注碗；茶具为：茶臼、茶铫、捣棒、茶钵、茶垫、滤器、渣滓笊篱、托子；酒具为：酒樽、盏檠子、舥、斝等。[③]这些种类诸多的器皿，承载着十分丰富的文化内涵，它说明西夏人当时的茶文化、酒文化、烹饪文化已经具有很高的水平。作为游牧民族，能将饮食文化发展到如此丰富多彩的地步，很值得研究。

7. 唃厮啰（gūsīluō）人

唃厮啰是吐蕃普约后裔，在公元11世纪初被青海东部的封建势力拥立为王，称唃厮啰，后迁至青唐朝城（今西宁市）。"唃厮啰统治湟中近一百年（公元1006—1102年）之久，因是宋抗击西夏的依靠力量，社会比较安定，是中原通往西域的枢纽，不仅中西商人往来密切，而且内地的农业人口和生产技术也随之大

---

① 顾炎武：《天下郡国利病书·陕西上》，上海古籍出版社，2012年。
② 赵令畤：《侯鲭录·墨客挥犀·续墨客挥犀》卷五，中华书局，2002年。
③ 宋德金、史金波：《中国风俗通史·辽金西夏卷》，上海文艺出版社，2001年，第469页。

量流入，经济、文化都有了进一步的发展。至此，湟水沿岸逐成为农田水利较发达的农业区。"①在唃厮啰统治的近百年间，唃厮啰部一方面保持着吐蕃自己的文化传统，同时又不断地学习中原地区的先进农业生产技术，如犁、耙、碾碌等农业生产工具已广泛使用，锄草、施肥、灭虫、轮作倒茬等技术已普遍推行，促进了当地经济的发展。

在饮食生活方面唃厮啰人大体与吐蕃相当，是以畜牧业经济为主，农业经济为辅的模式。他们特别善于放牧射猎，逐水草而居，其良马闻名中原。

唃厮啰人喜欢吃牛羊肉，喝牛羊奶，吃酥油，同时也吃糌粑。由于环境的关系，唃厮啰人缺少蔬菜、调味品、酱等。在食物加工过程中唯独使用食盐调剂口感。唃厮啰人尤其喜欢喝酒和饮茶②，几乎达到嗜酒茶如命的地步。唃厮啰与宋朝保持着频繁的茶马互市。

唃厮啰盛行佛教，马可波罗曾经到过青海的西宁，他写道："途中必须经过一座名叫申州（Sinju，即西宁）的城市。西宁境内管辖的城市和寨堡，同样划归唐古忒省的疆界之内。属于大汗的版图。这个国家的居民大多数都是佛教徒。不过也有一些回教徒和基督教徒"。并指出："当地的居民经营商业和手工业为生。谷物十分丰富。"③马可波罗所说西宁有十分丰富的谷物，实际上就是指农业发达的河湟地区。

唃厮啰的饮食结构是农牧兼具，农业区的谷类食物主要有小麦、大麦、青稞、荞麦、糜、谷、豌豆等，蔬菜类有芥菜、香菜、大白菜、蔓菁、萝卜、葱、蒜、韭菜等，牧区依然是以食牛羊肉、喝牛羊奶、吃酥油为主。

---

① 田尚：《古代湟中的农田水利》，《农业考古》，1987年第1期。
② 祝启源：《唃厮啰——宋代藏族政权》，青海人民出版社，1988年，第3页。
③ 马可·波罗口述，鲁思梯谦笔录，陈开俊等合译：《马可·波罗游记》，福建科学技术出版社，1981年，第69～70页。

第二节　元朝的饮食文化

元朝虽然统治时间不算长，但是对甘、宁、青、新地区及中亚地区的影响很大。元代是蒙古人所建，而蒙古人是游牧民族，其生活传统是逐水草而生，养成了"出入止饮马乳，或宰羊为粮"的饮食习惯[①]。所以，在蒙古人的食物品种当中羊肉是第一位的美食。元代忽思慧著名的饮食文化著作《饮膳正要》就记载了许多这方面的信息，对于后人了解元代人的饮食结构、食养食疗的思想，以及香药入馔的养生特色，具有重要的史料价值。同时以香料入馔，注重以食养生也是西北地区饮食文化又一突出的亮点。

一、丰富的羊肉食品

1. 羊肉面食当家

以羊肉为主要食材的食品，在元朝被发展到一个新的高度，当时几乎有名的菜肴都与羊肉有关。西北有很大面积的农耕区，五谷丰富，盛行面食，羊肉与面食完美结合，成为西北地区的当家饭。例如，当时流行于西北地区面食之一的"秃秃麻食"即是。元忽思慧《饮膳正要》卷一记载：

"秃秃麻食（系手撇面）：补中益气。白面（六斤、作秃秃麻食）、羊肉（一脚子，炒焦肉乞马）右件，用好肉汤下炒葱，调和匀，下蒜酪、香菜末。"

对于"秃秃麻食"有不同的叫法，根据专家的研究"作于14世纪中期的高丽汉语教科书《老乞大》作'脱脱麻食'，《朴通事》则作'秃秃么思'。民间饮食著作亦载有此物：'秃秃麻失，如水滑面，和圆小弹剂，冷水浸，手掌按作小薄饼儿。下锅煮熟，捞出过汁，煎炒酸肉，任意食之。'以上种种名称，都是

[①] 孟琪：《蒙鞑备录》不分卷，四库全书本。

tutumas的音译，'这是一种14世纪突厥人中普遍食用的面条，……当今阿拉伯世界的烹饪书籍中也都有其名。'这种食品在元代颇为流行，蒙古人、汉人都对它有兴趣，流传甚广。"①

又如挂面，"挂面：补中益气。羊肉（一脚子切细乞马）、挂面（六斤）、蘑菇（半斤，洗净，切）、鸡子（五个，煎作饼）、糟姜（一两，切）、瓜齑（一两，切）。右件，用清汁下，胡椒一两，盐、醋调和。"

再如"鸡头粉雀舌子：补中，益精气。羊肉（一脚子卸成事件）、草果（五个）、回回豆子（半升，捣碎，去皮）。右件同熬成汤，滤净，用鸡头粉二斤，豆粉一斤同和，切作馉子，羊肉切细乞马，生姜汁一合，炒葱调和。"②可见里面的主料都是面和羊肉。其中"回回豆子"多次出现，回回豆子"味甘，无毒。主消渴。勿与盐煮食之。出在回回地面，苗似豆，今田野中处处有之"③。亦是西北地区特有的食物品种。

雀舌子，就是今天西北回民最擅长的碎面，也叫"雀舌头"，因状如雀舌，故名。如图7-8。其加工方法是，先将面用手擀成薄厚均匀的大张，然后晾到半

图7-8 甘肃面食雀舌子

---

① 陈高华、史卫民：《中国风俗通史·元代卷》，上海文艺出版社，2001年，第38～39页。
② 忽思慧：《饮膳正要》，人民卫生出版社，1986年，第24页。
③ 忽思慧：《饮膳正要》，人民卫生出版社，1986年，第99页。

干时再用刀切成如麻雀舌头一样的形状，再下锅煮熟，浇汁即食。

在元代西北地区常见的面食有：面条、馒头、蒸饼、烧饼、馄饨、扁食（饺子）、棋子（饼类）等，就"以面条来说，见于元代文献记载的有春盘面、皂羹面、山药面、挂面、经带面、羊皮面、水滑面、索面、托掌面、红丝面、翠缕面、匀面等"①。那些面条的"浇头"里就都少不了羊肉。

2. 《饮膳正要》的养生思想

元代的《饮膳正要》，是集历代食疗养生之大成者，具有重要的学术价值及使用价值。

《饮膳正要》系统地提出了很多宝贵的养生思想，特别是饮食与健康的关系，论述得非常到位，书中谈道："保养之法，莫若守中，守中则无过与不及之病。调顺四时，节慎饮食，起居不妄，使以五味调和五脏。五脏和平则血气资荣，精神健爽，心志安定，诸邪自不能入，寒暑不能袭，人乃怡安。"《饮膳正要》提倡饮食节制，"虽然五味调和，食饮口嗜，皆不可多也。多者生疾，少者为益。百味珍馔，日有慎节，是为上矣"的观点，这些观点至今看来仍十分可贵。

《饮膳正要》在食疗诸病中曾列举六十一方，其中很多都带有浓郁的西北特色，都与西北的食俗及特产有关，如西北地区大量吃羊肉，西北地区产枸杞，西北田间盛产马齿野菜、河西米、荞麦、大麦等。这在《饮膳正要》的食疗方中都得以体现。例如，枸杞羊肾粥"治阳气衰败，腰脚疼痛，五劳七伤。枸杞叶（一斤）、羊肾（二对，细切）、葱白（一茎）、羊肉（半斤，炒）。右四味拌匀，入五味，煮成汁，下米熬成粥，空腹食之"。马齿："味酸，寒，无毒。主青盲白翳，去寒热，杀诸虫"。马齿菜粥："治脚气，头面水肿，心腹胀满，小便淋涩。马齿菜（洗净，取汁）。右件，和粳米同煮粥，空腹食之"。马齿菜，作为野菜能入食疗方中，应该与西夏时期食用马齿菜的习俗相关，并一直沿袭下来。

---

① 陈高华、史卫民：《中国风俗通史·元代卷》，上海文艺出版社，2001年，第15页。

河西米，《饮膳正要》载："河西米，味甘，无毒。补中益气。颗粒硬于诸米。出本地"。大麦，传统的食材，"味咸，温、微寒，无毒。主消渴，除热，益气，调中，令人多热，为五谷长。""能消化宿食，破冷气"。

西北地区特产的荞麦，"味甘，平寒，无毒。实肠胃，益气力。久食动风气，令人头眩。和猪肉食之，患热风，脱人须眉"。

《饮膳正要》提倡饮食卫生，注重食品清洁与防护。西北地区重肉食，多瓜果，善饮酒，书中所言的一些条律，如其中提出的"饮食利害"有三十余条，对西北地区有很强的针对性。如："诸肉非宰杀者，勿食。诸肉臭败者不可食。""腊月脯腊之属，或经雨漏所渍、虫鼠啮残者，勿食。诸果虫伤者，不可食"等。还有"饮食相反"一二十条、"食物中毒"十几条。这些注意事项，直到今天仍然有着积极的借鉴意义。

《饮膳正要》一书中还列出了各种食物中毒的解方，如"食瓜过多，腹胀，食盐即消。""食牛、羊肉中毒，煎甘草汁饮之。""饮酒大醉不解，大豆汁、葛花、椹子、柑子皮汁皆可"，这些都成为西北地区饮食文化的宝贵遗产。

羊肉之所以成为大众喜欢的美食，其原因就在于"羊肉：味甘，大热，无毒。主暖中，头风，大风，汗出，虚劳，寒冷，补中益气"之功效 [1]。《饮膳正要》在"聚珍异馔"中一共列了九十四方，其中五十五方突出了羊肉的功能。

3. 蔬菜水果

元朝时期的蔬菜相比以前品种越来越丰富，而且产量也在稳步发展。西北地区的蔬菜类有芥菜、香菜、大白菜、蔓菁、萝卜、葱、蒜、韭菜等。

元朝的西北地区，蔬菜也是和羊肉一块做的。例如有一种叫做"茄子馒头"的食品可为代表。其制作方法是："羊肉、羊脂、羊尾子、葱、陈皮（各切细）、嫩茄子（去穰）。右件同肉作馅，却入茄子内蒸，下蒜酪、香菜末，食之。" [2]很

---

① 忽思慧：《饮膳正要》，人民卫生出版社，1986年，第111页。
② 忽思慧：《饮膳正要》，人民卫生出版社，1986年，第43～44页。

像是今天的"酿茄子"。

王东平先生引："清代《回疆通志》中仍称茄'一名昆仑瓜'，或许茄子也是传自西域。"[1] 茄子，是西北地区传统的蔬菜，西北是最早食用茄子的地区。这种传统蔬菜与羊肉相配成美食名肴，是西北地区饮食之一大特点。

新疆历史上向以出产甜瓜而闻名，元朝时的昌吉就出产一种形状类似于枕头的长形瓜。元代的道教全真派教长丘处机于公元1220—1222年期间，受成吉思汗邀请，率领徒弟从莱州到阿富汗兴都库什山向成吉思汗传授长生之术，曾经到过西北及中亚地区，并由其弟子李志常将其所见所闻编纂成《长春真人西游记》一书。该书对河西至中亚地区的风土人情进行了细致的描述："凡山川道里之险易，水土风气之差殊，与夫衣服、饮食、百果、草木、禽虫之别，灿然靡不毕载"。李志常记道："又历二城，重九日至回纥昌八剌城。其王畏午儿与镇海有旧，率众部族及回纥僧皆远迎。既入，斋于台上。泊其夫人劝蒲萄酒，且献西瓜，其重及称，甘瓜如枕许，其香味盖中国未有也。"这是李志常亲口品尝过后的真实记录，昌八剌城的故址在今新疆昌吉县境内。甘瓜如枕许，是说甜瓜长得像睡觉用的枕头一样大，尤其是甜香美味是中原地区所没有的。

二、香药入肴

西方使用香料有着悠久的历史，这些香料既是调味品，又是具有保健作用的药材，故统称"香药"。《圣经·旧约·出埃及记》就记载了没药、桂皮、菖蒲、肉桂、乳香等香药的使用。元朝横跨亚欧大陆，与西方有着密切的交流，沿袭唐宋以来的风习，香药入肴馔仍是元代西北饮食的一大特色。常用的香药有陈皮、草果、茴香、白芥等。

如前文所述，元代西北地区有一名馔为"茄子馒头"，制作时就要加入陈皮。

---

① 王东平：《新疆古代蔬菜种植述略》，《农业考古》，1996年第3期。

陈皮，又名红橘、大红袍，是用柑橘的果皮经干燥处理而得；陈皮性温，味苦、辛。在《本草纲目》中对其食疗功能有详细总结，该书的卷三十称陈皮可"疗呕哕反胃嘈杂，时吐清水，痰痞咳疟，大肠闭塞，妇人乳痈。入食料，解鱼腥毒"。陈皮为芸香科植物的果皮，属于香味调味品，多用于特殊风味的菜肴，而元代西北人吃馒头也加陈皮，可谓一大特色。

元代饮馔中重用香药"草果"，以《饮膳正要》中的几道汤为例，如"八儿不汤"："系西天茶饭名。补中，下气，宽胸膈。羊肉（一脚子卸成事件）草果（五个）回回豆子（半升，捣碎，去皮）萝卜（二个），右件一同熬成汤，滤净，汤内下羊肉，切如色数大，熟萝卜切如色数大，咱夫兰一钱，姜黄二钱，胡椒二钱，哈昔泥半钱，芫荽叶、盐少许，调和匀，对香粳米干饭食之，入醋少许"。

苦豆汤："补下元，理腰膝，温中，顺气。羊肉（一脚子卸成事件）草果（五个）苦豆（一两系葫芦巴）。右件一同熬成汤，滤净，下河西兀麻食或米心子，哈昔泥半钱，盐少许，调和"。

马思荅吉汤："补益温中，顺气。羊肉（一脚子卸成事件）、草果（五个）、官桂（二钱）、回回豆子（半升，捣碎，去皮）。右件，一同熬成汤，滤净，下熟回回豆子二合，香粳米一升，马思荅吉一钱，盐少许，调和匀，下事件肉、芫荽叶"。不难看出，这里的主料都是羊肉，还有新疆地区盛产的回回豆子，这些均为西北地区的特产，同时也都无一例外地加入了"草果"。

对于草果的食疗功效，《饮膳正要》称"草果：味辛，温，无毒。治心腹痛，止呕，补胃，下气，消酒毒"。其中"补胃"与"消酒毒"对食肉、饮酒的西北地区游牧民族而言，非常有益。

茴香也是广泛适用的一种香药，茴香属于香味调味品，香气怡人，且有和胃理气、温肾散寒、祛蝇辟臭之功效。最宜研末做面食。如"牛奶子烧饼"，其做法就是"白面（五斤）、牛奶子（二斤）、酥油（一斤）、茴香（一两，微炒）。右件用盐、碱少许。同和面，作烧饼"。即便是一般的饼，也会加入些茴香以丰富口味如"证饼"等。

当时还有许多从西域传来的"香药"，如西北地区使用的"齐墩果"即是当时常用的调味品。兼有润肠通便、解毒敛疮之功。根据《本草纲目》卷三十一引《酉阳杂俎》曰："齐墩果，生波斯国及拂林国。高二三丈，皮青白，花似柚，极香。子似杨桃，五月熟，西域人压为油以煎饼果，如中国之用巨胜也"。齐墩果，齐墩树的果实。巨胜，就是胡麻。齐墩果是一种极其芳香的香料，西域人把齐墩果压成油，类似胡麻油一样，可用来炸饼果，亦可炒菜。

除了香味调味品之外，还有辛味调味品同样使用频繁，例如蒜，《饮膳正要》称"味辛，温，有毒。主散痈肿，除风邪，杀毒其。独颗者佳"。大蒜原产自西域，是丝绸之路开通后才传入中国的。蒜具有杀毒功效，可生食、腌食，又可去腥，在烹炒畜禽鱼肉时多用。"独颗者佳"，就是说独头蒜最好。因为独头蒜还具有治疗伤风的功效，其方法是将独头蒜用明火烧熟略焦，吃下即可。时至今日，香辛调味品仍是西北人日常生活中的必需品。

三、元八珍的出现

创建元朝的蒙古人是马背民族，他们早期的饮食习惯是"其食肉而不粒，猎而得名"[1]，以吃牛羊肉和奶酪为主，以"益气调中，耐饥强志"的葡萄酒[2]为美味佳酿。肉食以烤羊肉、烤全羊、烤骆驼最为出名。

在元朝著名的食品当中，"八珍"的影响最大。所谓八珍，元末明初学者陶宗仪《南村辍耕录》称"所谓八珍，则醍醐、麆（zhù）沆、野驼蹄、鹿唇、驼乳麋、天鹅炙、紫玉浆、玄玉浆也。玄玉浆即马奶子"。醍醐，精制奶酪，即乳酪上面凝聚如油的精品，佛教有"醍醐灌顶"之说。麆沆，麆为麚，即麚鹿，或为幼獐；沆，有人认为是马奶酒。驼乳麋，即驼奶粥。驼蹄，为驼身之物，与熊

① 李炳泽：《多味的餐桌》，北京出版社，2000年，第43页。
② 忽思慧：《饮膳正要》，人民卫生出版社，1986年，第110页。

掌齐名。鹿唇，即犴唇。天鹅炙，即烤天鹅肉。紫玉浆，即西域葡萄酒，或是马奶酒。

考量八珍，其中的麆沆、野驼蹄、鹿唇、驼乳糜、天鹅，均是野生动物，可见元八珍是游牧民族的产物，具有鲜明的民族特色。

八珍当中的醍醐、麆沆、驼乳糜、驼蹄、紫玉浆、玄玉浆西北地区都有出产。其中"驼蹄"即是西北地区的一道名菜。驼蹄因食材的稀少而显珍贵，用驼蹄加工的羹即是"驼蹄羹"。驼蹄羹从唐朝开始，就在敦煌、酒泉一带流传，发展到元朝已经成为真正的八珍。加工驼蹄羹特别讲究用调料，尤其是要突出葱、姜和胡椒的味道，还有佐与菌类蔬菜，延续至今绵绵不断。

八珍中的玄玉浆，即马奶子。喝马奶是游牧民族的饮食习惯，蒙古人自不例外。而由马奶子制作的马奶子酒却是风行整个西北地区。马奶子酒，原为"挏马酒"，早在《汉书·礼乐志》中就有"其七十二人给大官挏马酒"的记载，西晋学者李奇注曰："以马乳为酒，撞挏乃成也。"唐代儒家学者颜师古进一步解释说："'挏'音'动'。马酪，味如酒，而饮之亦可醉，故呼马酒也。"是说在汉朝宫廷中有七十多人在酿造马酒，就是马奶子酒。

马奶子酒的原产地是西域的奄蔡，亦西域三十六国之一的康居。元朝属于钦察汉国，范围在今天的咸海至里海一带。随着丝绸之路的发展，逐渐传入中国，成为游牧民族最喜欢的酒品之一。例如元代耶律楚材的《西游录》就记载了耶律楚材曾经喝过官员贾抟霄送的马奶子酒，并写下《谢马乳复用韵二首》，其一曰："肉食从容饮酪浆，差酸滑腻更甘香。革囊旋造逡巡酒，桦器频倾潋滟觞。顿解老饥能饱满，偏消烦渴变清凉。长沙严令君知否，只许诗人合得尝。"诗人畅饮马奶子酒的风情跃然纸上。

第八章 明清民国时期

中国饮食文化史 — 西北地区卷

明朝甘肃、青海、宁夏隶属陕西都指挥使司，新疆属蒙古瓦剌部。[①]

清康熙初，原属于陕西的甘肃正式单独建省，治兰州。公元1759年清统一新疆后，将今阿尔泰地区由科布多参赞大臣管辖；哈密、巴里坤、乌鲁木齐地区划归甘肃布政司辖；新疆其他地区统由伊犁将军管辖。光绪十年（公元1884年）九月三十日，清从甘肃分置新疆省，定省会迪化（今乌鲁木齐）。

中华民国期间甘肃、新疆为省级建置未变。1929年1月，青海省正式成立，首府设在西宁。1923年10月17日，经国民政府批准以旧甘肃省朔方道八县及宁夏护军使辖西套蒙古两旗属地合并建为宁夏省。1929年1月1日正式成立宁夏省，首府为银川市。

明清时期是我国饮食文化的成熟时期，苏、鲁、粤、川等特色大菜系已经基本定型。由于明清的政治中心在北京，民国的政治、经济中心在长江三角洲，此时的甘、宁、青、新地区越加远离政治中心与经济的中心，经济文化的落后开始显现。但值得庆幸的是，西北地区原生态的饮食文化，在闭塞的环境下得到一定程度的保留，具有浓郁的民族特色，其中又以汉、藏、蒙、清真饮食文化为亮点。

---

① 乌鲁木齐市党史地方史编纂委员会编：《乌鲁木齐市志》，新疆人民出版社，1994年，第155～157页。

第一节　明清时期农业经济的恢复与饮食文化的发展

甘、宁、青、新地区的饮食文化相对于蒙元时期而言，在明清时期形成了自己的文化特色。其原因，首先是建立在农业经济恢复与发展的基础之上，其次是大规模的移民与本土饮食文化的碰撞、交流与融合。

一、农业经济的恢复

明清时期，西北地区畜牧业的比例依然低于农业，农业经济和农业人口占据着主导地位，因此明清时期发展农业是当时经济生活的中心。

1. 明朝对战争破坏的恢复

元末明初的战争使西北地区的经济遭到了极大的破坏，正如列宁指出的那样："战争使最文明、文化最发达的国家陷入饥饿的境地"[①]。明朝在消除战争影响的同时，对恢复西北地区的农业生产采取了一些积极的措施，根据杨晓霭先生的研究，明朝在当时甘肃的"临洮、岷州、宁夏、洮州、西宁、兰州、庄浪、河州、甘州、山丹、永昌、凉州等卫军士屯田，每岁所收，谷种外余粮请以十分之二上仓，以给士卒之城守者"[②]。又据《明太祖洪武实录》卷一九五记载，到了洪武二十二年（公元1389年），庄浪、河州、洮州（今临潭）、凉州、临洮等卫，已变成米多价贱的富裕地区，呈现出一片欣欣向荣的景象。

明朝的宁夏同样是设置卫所大兴屯田，"开渠灌田，给军民佃种"[③]。当时"诸卫所田额总计为一万六千八百四十七顷四十二亩"[④]，"保障了以宁夏镇城

---

① 列宁：《列宁全集》第二六卷，人民出版社，1984年，第365页。
② 杨晓霭：《瀚海驼铃——丝绸之路的人物往来与文化交流》，甘肃教育出版社，1999年，第194页。
③ 张廷玉：《明史》，中华书局，1974年，第2161页。
④ 吕卓民：《明代西北农牧业地理》，台湾洪叶文化事业有限公司，2000年，第84页。

（今银川市）为中心的宁夏卫、宁夏前卫、宁夏左屯卫、宁夏右屯卫、宁夏中屯卫五之地能够受到汉延、唐徕两大主渠及其支渠河水的浸润，从而使得屯垦形式下的农业生产旱涝保收"①。正是在医治元明之际战乱创伤的前提下，明朝政府对宁夏的水利事业进行了有效的建设，使之成为名副其实的塞上江南。

明代的青海河湟地区，被称之为"河湟"或"河陇"②，是专家们将青海的西宁地区与甘肃的河西地区相联系而称，因为在很长的时间内，青海东部一带归甘肃管辖，是青海农作物、蔬菜、瓜果等生产的重要基地，在自行解决吃穿问题的同时也为国家提供一定数量的粮食。据统计仅明代西宁卫一地，就有"正统三年额设屯科田二千七百五十六顷四十六亩，屯科粮二万五千一十二石六斗"③。清顺治《西宁志》记载："嘉靖二十九年实征田三千一百八十二顷二十二亩五分五厘。粮二万七千四百九十五石七斗五合。草三十一万一千八百六十六束七分二厘。秋青草九万九千六百四十七束。地亩银二百九十八两五分一厘。"④这些官方公布的统计数字，充分说明当时农业经济的发达，为饮食文化的发展提供了必要的物质条件。

2. 坎儿井的修建与玉米的推广

新疆地区历史上的第三次大开发，主要表现在清代的屯田和兴修水利两个方面。清代的西域屯田始于康熙五十五年（公元1716年），在哈密、巴里坤等地。发展到"乾嘉时期是清代在新疆屯垦的兴盛时期，屯田发展很快。主要以军屯（兵屯）为主，是清代屯田的主要力量，每卒一般授田20亩，每屯士兵百名，种田2000亩上下。以后陆续兴办旗屯、遣屯和民屯（户屯）、回屯（就是维吾尔族农民的屯田）、旗屯（即伊犁惠远、惠宁两城驻防之满、蒙、锡伯、索伦、察哈

---

① 张维慎：《论明代宁夏镇的水利建设》，《陕西历史博物馆馆刊》第13辑，三秦出版社，2006年，第140页。

② 陈宋忠：《河陇史地考述》，兰州大学出版社，1993年，第1页。

③ 田尚：《古代湟中的农田水利》，《农业考古》，1987年，第1页。

④ 刘敏宽：《西宁志》，青海人民出版社，1993年，第196～197页。

尔、厄鲁特等八旗兵所垦种之田）、遣屯（犯屯）"①。随着农田水利的兴修，耕地面积大幅度增加。北疆农业的不断发展，改变了长期以来单一游牧经济的局面，从而使饮食结构发生了新的变化。

水利是农业的命脉，新疆发展农业大兴水利的主要工程就是修坎儿井。坎儿井是新疆地区特有的水利设施，实际上就是"井渠"，据《史记·河渠书》记载，汉武帝时大兴水利，在关中修渠，"于是为发卒万余人穿渠，自征引洛水至商颜山下。岸善崩，乃凿井，深者四十余丈。往往为井，井下相通行水。水颓以绝商颜，东至山岭十余里间。井渠之生自此始。穿渠得龙骨，故名曰龙首渠"。后来该技术"由我国传到西域及中亚，新疆的坎儿井，就是吸取西汉井渠技术而修成的。"②这便是坎儿井的由来。

坎儿井是根据新疆特有的自然环境发展起来的水利设施，极具地方特色。"坎儿井主要是利用雪水渗透入砾石层的伏流或潜水作水源，这与新疆特殊的自然条件是密切配合的。新疆地区地下水位非常低，风沙大，气候干燥，降雨量极

图8-1

图8-2

图8-1、图8-2 新疆坎儿井

① 赵予征：《丝绸之路屯垦研究》，新疆人民出版社，1996年，第195页。
② 霍有光：《司马迁与地学文化》，陕西人民教育出版社，1995年，第235页。

小，蒸发量大，故劳动人民就根据当地自然条件，吸取外地的经验，创造出坎儿井这种独具特色的水利灌溉工程。"坎儿井的具体结构是："一般包括竖井、暗渠、涝坝和明渠四个部分。暗渠的用处是将水引出地面。开挖暗渠前则要由有经验的打井工人找寻水脉，先打一口竖井，了解地下水位，待竖井中发现地下水后，即连打若干个竖井，一般相隔三四丈远，然后再把各个竖井的底部挖通，这样，暗渠就形成了，暗渠也即地下水道，地下水沿地下水道逐渐流出地面，地下水流出地面后，再在距出口500米的地方挖一大蓄水池，称为涝坝，涝坝下游即明渠，地下水经过明渠直接流入农田进行灌溉，这就是坎儿井灌溉农田的全过程。"① 在21世纪的今天，新疆地区的坎儿井依然是农业不可缺少的水利设施。

坎儿井是广大劳动人民在长期生产实践中的智慧发明，是新疆人民因地制宜的创新，对于干旱少雨的新疆地区来说，是一大创举。

新疆的坎儿井十分发达，根据黄世瑞先生对清朝《新疆图志》的研究："主要分布于北疆的巴里坤、济木萨、乌鲁木齐、玛纳斯、景化乌苏，以及南疆的哈密、鄯善、吐鲁番、于阗、和田、莎车、疏附、英吉沙尔、皮山等地。吐鲁番盆地中的吐鲁番、鄯善、哈密、托克逊等四县共有坎儿井约1600条左右，年出水量约9亿立方米，每条坎儿井的长度不一，从不足一公里到十几里，一般是2~3公里，最长的哈拉巴斯曼渠堪称坎儿井之王，竟长达150里，宽达7尺，能灌溉农田一万六千九百多亩。"② 可见清代坎儿井数量之巨、灌溉面积之大，令人叹为观止！

清朝政府的官员都很重视修坎儿井，如"林则徐广东禁烟失败谪戍伊犁间，在吐鲁番等地推行坎儿井，防止干旱区渠水蒸发，新疆农业至今受益坎井。同治间张曜在哈密复修石城子渠时，用毛毡铺底以防渗漏失水；左宗棠全力支持，从河州、宁夏、西宁搜购十万张毡条用于造渠。嗣后吐鲁番、巴里坤、乌鲁木齐、玛纳斯、库车、库尔勒、库尔楚及喀什一带的南路西四城都在浚河修渠，恢复绿

---

① 黄世瑞：《中国古代科学技术史纲——农学卷》，辽宁教育出版社，1996年，第293页。
② 黄世瑞：《中国古代科学技术史纲——农学卷》，辽宁教育出版社，1996年，第294页。

洲农业"①。因此有专家认为:"清代以前,西域的农业生产在整个社会经济中占极其微小的比例,而且农业耕作的分布区域集中在天山以南的范围,天山以北几乎没有什么农业。至清代,情况大为改观,北疆屯垦农耕得到迅速的发展,并随之带来手工业、商业的发展。北疆经济超过南疆经济,一跃成为西域经济的重心所在。"②这与清朝政府的重视是分不开的。

农业经济的发展"改变了历史上新疆'南农北牧'的经济地理格局。另外,一些原来在南疆地区广泛种植的粮食作物品种逐渐被玉米所排挤,生产规模萎缩,玉米的生产种植地域迅速地扩大,成为新疆粮食作物的主要品种之一"③。玉米的推广,为新疆粮食生产的提高起到了非常重要的作用。

玉米是一种适应性强、耐高温、对土壤的要求并不严格的农作物,在灌溉较便利的地区容易种植并获丰收。玉米自清代被引种到新疆之后,传播得很快,"大约是在道光朝以后主要流行于南疆各地。及新疆置省,始又渐次成为各地农村的主要粮食作物"④。

二、丰富的食物资源与民族饮食

1. 丰富的谷物与果蔬

明清时期甘、宁、青、新地区的谷物与果蔬资源已经相当丰富,根据清代地方志的记载,仅甘肃的粮食作物就有:黍、稷、稻、粟、麦、大麦、荞麦、莜麦、燕麦、秈麦、青稞、玉麦、豌豆、胡豆、蚕豆、扁豆、红豆、黑豆、黄豆、绿豆、沙米等。粮食去壳与磨碎加工依然是用传统的石磨和石碾子。

---

① 张波:《西北农牧史》,陕西科学技术出版社,1989年,第363页。
② 刘锡涛:《古代新疆的三次大开发及其历史借鉴》,《中国历史地理论丛》,2001年增刊。
③ 张建军:《清代新疆主要粮食作物及其地域分布》,《农业考古》,1999年第1期。
④ 蔡家艺:《清代新疆社会经济史纲》,人民出版社,2006年,第294页。

图8-3　明代的石磨、石碾子

　　油料作物有胡麻、芝麻、苴麻、大麻、油菜籽、荏子等，其中"荏子"比较有特色。

　　"荏子"又名白苏子、玉苏子。荏子既可以食用也可以作为油料作物榨油，其所榨之油为荏子油，有特殊香味，口感很好。现西北地区多以荏子油作调味品，凉拌或烹炒菜肴均可使用。

　　甘肃的蔬菜瓜果也很丰富，蔬菜有："白菜、莲花菜、莴苣、葱、沙葱、蒜、薤、韭、萝卜、胡萝卜、芫荽、瓠、茄、茄莲、菠菜、芹、芥、沙芥、苜蓿、苕莲、洋芋、油菜、芥子、雪里蕻、茼蒿、蔓菁、苋、马齿苋、山药、百合、刀豆、苦豆、脑孩豆、西番豆、回回豆、荞、蘑菇、发米、笋、藕、芰、薇、蕨、藜、�、苦苣、羊肚、圆根、荸荠、木耳、茴、苕、银耳、鹿角、石花菜、松花菜、地椒、地耳、地蕈、劈蓝、甘露子、调羹白、笔头菜、白花菜、青丝、椒蒿、杞芽、龙须菜、鸡冠菜、蕨麻。"水果有"苹果、梨、金瓶梨、桃、胡桃、杏、李、沙枣"等①。所有这些仍然是今天甘肃人的日常果蔬品种。其中百合、秦椒是其特产。

————————————

①升允、安维峻等：《甘肃新通志》，兰州古籍书店，1990年，第610页。

百合是多年生草本植物，又名强瞿、蒜脑薯、番韭、山丹、中庭、重箱、重迈、倒仙。味甘、平、无毒。李时珍曰："百合之根，以众瓣合成也。或云专治百合病故名，亦通。其根如大蒜，其味如山薯，故俗称蒜脑薯。"百合具有很好的食疗功能"百合新者，可蒸可煮、和肉更佳；干者作粉食，最益人"。①用百合入菜、做饼、熬汤，可补血补气。全国其他地方的百合略有苦味，唯独兰州的百合是甜的，因此享誉海内。

秦椒是西北地区本土生产的著名调味品。秦椒，椒的一种，有除风杀虫，温中除寒止痛之功效。明清时期传统调味品中的胡椒在本区已经渐渐淡出，继而兴起的是本土出产的秦椒。

秦椒指古代出产于秦地的椒，即今甘肃一带。《本草纲目》称："秦椒、花椒也，始产于秦，今处处可种，最易藩衍。其叶对生，尖而有刺。四月生细花，五月结实，生青熟红，大于蜀椒……蜀椒出武都，赤色者善；秦椒出陇西天水，粒细者善"。武都，今甘肃南部之成县一带。秦椒，今统称之为花椒。因秦椒颜色深红，故又称之为"大红袍"。

秦椒作为日常调味品，使用极广。既可原果使用，也可研成末入其他调味品中，尤其是麻辣类食品中不可或缺。

宁夏在明清时期主要的蔬菜瓜果品种大体与甘肃相同，其中"青豆、红豆、羊肠豆、秣之类，白萝卜、沙芥、丝瓜、黄瓜、冬瓜、豇豆、荼豆、滑菜、菜瓜、白花菜、葫芦、菪莲、苋"②等为地方特色。

青海在明清时期的蔬菜瓜果具有高原特色，主要品种有"沙韭、龙须、圆根、巴丹杏、藏豆、芒谷、茼蒿、甜菜、蕨菜、王瓜、野韭、蕨麻。金瓶梨、苹果、牛绒"等③。还有一些后增加的品种，如扁豆、刀豆、胡麻、油菜、燕麦以

---

① 李时珍：《本草纲目》，华夏出版社，1998年，第1127页。
② 杨寿等：《朔方新志》，兰州古籍书店，1990年，第39页。
③ 杨应琚：《西宁府新志》，青海人民出版社，1988年，第253、255页。

及茄子、芹菜、茄莲、苦瓜、白菜、芫荽、木耳、菠菜、莴笋、黄瓜、菜瓜、葫芦、西瓜、苜蓿、辣椒、花椒等。尤其是黄瓜这么娇嫩的蔬菜能在青藏高原上培养成功，实属不易。

苜蓿，即紫苜蓿，原产于小亚细亚、伊朗一带，为张骞通西域时带回，是中西文化交流的结果。苜蓿主要用来喂马等大牲畜，但是，春天刚刚长出来的嫩芽人也可以食用，尤其在荒年为救命的食物。

明清时期新疆地区的农作物有：黍、高粱、糜、大麦、小麦、小豆、青稞、稻米、麻、瓜等；蔬菜瓜果有"冰苹婆、槟子、樱桃、桑葚、西瓜、葡萄、石榴、莲花白菜、四季豆"[1]等。大致与甘肃相似。

2. 各少数民族的因地而食

古人说"十里不同风，百里不同俗"，从大人类学的角度考察，饮食习俗的特殊性往往表现在不同的地域上。

甘、宁、青、新地区历史悠久民族众多，在漫长的岁月中形成了极具特色的饮食习俗。例如青海，清代西宁官员苏铣在《西宁志》中写道："西宁卫，外戎内华，山阻地险。俗尚佛教，人习射猎。夏秋少暑，冬春多寒。毳皮为衣，酥湩煎茶。彝人以皮马为礼，畜养为业，力农务学，不殊内地。"湩、酥，即酥油；湩，即乳汁。这里的藏族，"平日之食，多以糌粑、牛羊肉、茶和奶子、奶渣、酥油等为主，且牛羊肉多生食；喜饮淡而微酸的青稞酒。"[2]这是长期受到环境的影响而形成的饮食习俗。

地处高原的青海玉树地区，广袤的草原使这里的畜牧业非常发达，长期的畜牧生活养成藏族同胞吃牛羊肉和奶制品的习惯，他们"食品以糌粑为主，时佐以牛羊。糌粑有酥油茶下之；亦无海盐；亦有不火食者"[3]。还辅以酥油、酸奶、曲

---

① 和宁：《回疆通志》，兰州古籍书店，1990年，第413～416页。
② 林永匡、袁立泽：《中国风俗通史·清代卷》，上海文艺出版社，2001年，第38页。
③ 周希武编著，吴均校释：《玉树调查记》，青海人民出版社，1986年，第87页。

拉等。

青海藏族饮食习俗的另一特点是不吃青海鱼，而青海却是产鱼之地。根据清朝有关文献记载："鱼产于青海，名曰湟鱼，冬夏两季取之以售于西宁、兰州一带"①。青海藏族对于青海湖心存敬畏，认为它非常神圣。

青藏高原地理环境特殊多样，人们生活的风俗习惯各异，饮食习俗不尽相同。例如，青海东部循化一带，自然环境极为丰饶，有"青海的小江南"之称。由于物产丰富，所以居住在这个地区的撒拉族人的饮食也极富特色，例如有一种叫"熬头"的食品，撒语叫"巴西讨粒提"②就是撒拉人的美食，制作时先将洗尽燎光毛的牛羊头、蹄、胃及麦豆一并放进锅里熬煮，一般从晚上开始，一个晚上才能熬好。第二天早上便可享用。全家人吃的时候，牛羊的眼睛通常敬给老人，其余部分，尤其是舌头，大家均能分到一份。

西北地区的蒙古族，饮食习惯以肉食为主。主要品种有：烤全羊、手抓肉、风干肉、灌肠、酥油、奶豆腐、奶皮等；并辅以炒面，即把青稞炒熟磨成粉，吃时放入酥油、奶豆腐和少量茶水，用手搅拌均匀，抓捏成团而食，油炸食品有"夏""巴里"等③。

宁夏地区的人特别喜欢吃大米而不愿意吃谷类，当地文献记载："食多稻、稷，间有家贫者餕粟。中人之家恒以一釜并炊稻、稷。稻奉尊老稷食卑贱"④。这是由于宁夏盛产大米的缘故，尤其是中卫的大米，誉满西北。

在甘肃，姜黄则是颇受欢迎的面食调味品，姜黄，又名黄姜、毛姜黄、莍（shù）宝鼎香、宝鼎香。色黄，有香味，属芳草类调味品。西北地区一般用于面点着色，尤其在过年过节做花样造型饼、馍时掺入其中会使面馍呈现出漂亮的黄色。

新疆地区在历史上有着良好的耕作条件，"凡谷皆可种植，惟以小麦为细粮，

① 康敷镕：《青海记》，兰州古籍书店，1990年，第121页。
② 朱世奎、周生文、李文斌主编：《青海风俗简志》，青海人民出版社，1994年，第431页。
③ 朱世奎、周生文、李文斌主编：《青海风俗简志》，青海人民出版社，1994年，第256页。
④ 杨芳灿：《灵州志》，兰州古籍书店，1990年，第338页。

粳、棉次之。大麦、糜子用以烧酒及充牲畜栈豆而已，余豆、粟、芝麻，蔬菜瓜无不成熟"①。维吾尔族肉食以牛羊肉为主，《西域闻见录》记述，其宴会总以多杀牲畜为敬。驼马牛均为上品。日常主食以麦面、黄米、小米为主，稻米次之。

新疆烤肉使用的孜然最具特色，孜然是维吾尔语音译，实际上是盛行于古代安息（即今伊朗一带）的一种香味调料，所以又称安息茴香、罗马香等。孜然是芳香类调味品，是烤羊肉最佳的佐料，一直沿袭使用至今。

三、移民与饮食交流

明清时期，在甘、宁、青、新地区饮食文化的发展过程中有一个因素特别重要，那就是大量移民进入本土，对饮食习俗的融合与发展有着不可低估的作用。

1. 告别家乡大槐树

中国文化的根基是农耕文化，农业民族自古就有"故土难离"的说法。元末的农民战争使全国大多数地方遭受严重破坏，唯独山西影响最小，成为当时最富有的省区。因此，从明洪武元年（公元1368年）开始，到永乐十五年（公元1417年）为止，50年间，先后从山西移民18次，分移中国18个省498个县充实人口。其中被移到甘、宁、青、新地区的共有221个市、县，而大多数是明代山西省洪洞县大槐树下的移民。

笔者曾经在山西洪洞县大槐树下作过移民调查，了解到山西进入甘肃的移民大体分布情况。其从东到西的分布为：正宁、庆阳、天水、兰州、武威、肃南、嘉峪关、玉门、阿克塞。从南到北的分布为：玛曲、临潭、临夏、会宁、景泰、民勤，涉及78个县、市。

进入宁夏的移民分布为：泾源、隆德、固原、彭阳、中卫、青铜峡、吴忠、

---

① 和宁：《回疆通志》，兰州古籍书店，1990年，第400页。

灵武、银川、贺兰、石嘴山等20个县、市。

进入青海的移民分布为：民和、化隆、西宁、祁连、海南、乌兰、格尔木、兴海、玛多、玉树、曲麻莱等39个县、市。

进入新疆的移民分布为：伊吾、哈密、吐鲁番、乌鲁木齐、库尔勒、焉耆、克拉玛依、轮台、库车、伊宁、霍城、温泉、塔城吉木乃、阿勒泰、乌恰、阿图什、塔什库尔干、疏勒、喀什、若羌、且末、民丰、和田等84个县、市[①]。明初大移民几乎覆盖了整个甘、宁、青、新地区，其范围之广、规模之大、人数之多，在西北地区的历史上还是第一次。

有民谣说："问我祖先来何处？山西洪洞大槐树。祖先故居叫什么？大槐树下老鹳窝。"在大规模的移民过程中，洪洞县是作为移民局发放"凭照川资"证件的地方，即在这里办理出省区的手续与获得沿途生活费的资助，办理机构设在汾河边的广济寺。当时广济寺周围长满着大槐树，上边筑有老鹳窝。移民们在广

图8-4、图8-5　山西省洪洞县大槐树

---

① 黄泽岭、郑守来主编：《大槐树迁民》，中国档案出版社，2000年，第368～369页。

济寺及河滩开阔处集中编队后便离开故土，他们挥泪告别了大槐树。移民的队伍越走越远，人们恋恋不舍回首望去，看到的只有高耸的大槐树和老鹳窝，于是便有了大槐树和老鹳窝的传说。与此同时，这一时期还有不少是从河南、陕西等地迁徙到西北地区的，但是以山西洪洞县最为出名。

2. 饮食习俗的交融

移民是痛苦的，尤其是从富庶的山西移到贫穷的西北地区。从山西洪洞大槐树到新疆的喀什，今天的航空距离是3000多公里，当年远远不止这个路程。成群结队的移民们携儿带女，在官兵的押送下一路上千辛万苦，历经高山大河，茫茫沙漠，皑皑冰川，最终才达到指定地点。但是，移民唯一的坚守就是信念。他们在长夜漫漫的无望中看到的是自己的根，自己的文化传统，他们在背井离乡的同时从来没有忘记自己的祖先，他们顽强地坚守着原来故土的生活方式，他们把文化的根伸展到身处异地的生活圈内，用自己的生活习俗、文化理念影响着周边的当地人。他们在进行着一场新的文化移植。

山西的饮食习俗进入西北以后，经历了一个由最初的相互排斥，继而相互碰撞，到最终相互交流、相互学习的过程。为古老的西北饮食文明融进了新的文化因子，这种不同地域、不同民族、不同姓氏、不同文化间的融合，极大地丰富了西北地区饮食文化的内涵。

如西北地区到处可见的"腊牛肉""腊羊肉"以及"五香牛肉"，就是由陕西和河南的移民带来的美食。内地的"腊牛肉"与西北本土的制作方法大不一样，首先要将牛肉用调味品浸泡或者腌制一段时间才能入锅，然后用文火慢煮，还要加入配制的调料，有的煮熟以后还要进行二次加工，远比西北本土工艺复杂，口味自然是好。

还有西北地区流行的黏米面贴饼、刀削面等，也是由山西移民带入的。刀削面堪称一绝，厨师一手托面，一手用特制的铁皮工具将面削得又细又长，再浇上浇头，劲道好吃，为西北大众所爱。

图8-6 清代西北地区的厨房

在清代《调鼎集》一书的卷六中，就专门列有"西人面食"，介绍当时陕西、甘肃、青海、宁夏、新疆地区部分民族名食中的"面食"与烹技艺道。其中流行于西北地区的荞麦面饸饹，就是由山西及陕西的移民带过来的。还有陕西的"石子馍"和"陕西大饼"也传入了西北。石子馍的做法是用油和面，面里包进椒盐或糖，然后用烧红的石子烤熟即成。还有河南移民带来的"胡辣汤"，同样成为西北地区的著名小吃，在寒冷的西北地区格外受欢迎。

有一首山西民歌叫《绣荷包》，经过移民的传播，后来成为西北地区人们在酒宴中传唱频率最高的酒歌。

文化是根，移民是枝。

移民们没有忘记自己的家乡，没有忘记自己的祖先，更没有忘记自己的文化之根。他们在供奉自己祖先的牌位时，念念不忘用家乡的饮食祭祀，念念不忘家乡的山山水水，企盼得到的是那份心灵的慰藉。

当今天回顾这段移民史时，留给我们的不是辛酸，而是民族团结、兄弟和睦与饮食文化交流的一段佳话。

第二节　独树一帜的清真饮食文化

　　甘、宁、青、新地区地大物博，民族众多，信仰伊斯兰教的十个民族绝大多数分布在西北，从而形成了最具特色的西北清真饮食文化。

一、清真饮食文化的发展

　　我们知道"清真菜的饮食禁忌比较严格，其饮食习俗来源于伊斯兰教教规。伊斯兰教认为，人们的日常饮食不仅是为了养生，而且还要利于养性，因此，清真菜的选料非常严格，戒律也很多"[①]。清真菜以干净卫生著称，注重营养，把有限的可食原料做到了极致。

　　学者冯迎福先生认为："回族禁忌主要来源于回族先民文化、伊斯兰文化，并受到其他民族文化的影响；回族禁忌具有制约人的行为，增强民族凝聚力和亲和力，维护和规范家庭、社会生活秩序的功能。"[②]无论走到哪里，恪守伊斯兰信仰与坚守生活传统是保持清真饮食的主要原因。例如，在甘肃的"甘南藏族自治州碌曲县，原本是藏族游牧部落的聚居地域，传统意义上也是其他民族不得擅自进入的地域。然而，在碌曲县的拉仁关乡，就在藏族游牧民族大包围的环境中，却生活着一个为数不多的回族，'求索玛'小群体。"[③]就是最好的说明。

　　清真饮食文化有着很强的独立性，但又不失其融合性、适应性。青海的回族"求索玛"在其习俗中融进了藏族文化即是一例。"回族'求索玛'的饮食习俗，在接受藏族饮食文化的因素方面表现得比较多，归纳一下，一方面是藏式饮食的品种，一方面是食物的制作方法。例如，拉仁关'求索玛'经常食用羊肉手抓、

---

① 杨柳主编：《中国清真饮食文化》，中国轻工业出版社，2009年，第225页。

② 冯迎福：《回族禁忌习俗及其社会功能》，《民院学报》，2004年第1期。

③ 马平：《甘南藏区拉仁关回族"求索玛"群体研究》，《伊斯兰文化论集》，中国社会科学出版社，2001年，第273页。

糌粑、奶酪、酥油、曲拉（一种营养丰富的奶制品。通过搅拌分离的办法，将牛奶中提取奶油以后的剩余物烘干，即为曲拉）、干肉、蕨麻饭等。回民还采用藏族牧民的方法，制作肉肠子煮熟后食之。'求索玛'所饮之茶，也通常喜用藏式煮茶方法，即使用茯茶（一种长方形的用紧压工艺制成的砖茶）或松潘大茶（一种比较性热的粗茶），加水在锅中煮浓酽后饮用。"之所以形成回族"求索玛"沿用藏式的饮食，这"也是出于适应高原生活的需求。因为气候酷寒的青藏高原，唯有大量摄取高脂肪、高蛋白的肉类、奶类，才能保证身体高消耗后的热量补充，才能维持生命。藏式的熬茶，酽浓如药汤，虽然口感较为苦涩，但暖胃助消化，是高原食肉民族日常生活不可须臾或缺的饮料"。①显而易见，这正是长期以来在地理环境影响下形成的饮食习惯。

考察清真饮食文化的发展状况，专家们认为清真饮食文化具有鲜明的地域性："由于回族分布较广，各地自然条件、经济发展差异很大，各地回族的食俗、食品结构及烹调技法也不完全一致。如宁夏平原地区的回族以米、面为日常主食；南部山区则以马铃薯、荞麦、莜麦、糜子、豌豆为主食；甘肃、青海的回族则以小米、玉米、青稞、马铃薯为日常主食；新疆地区的回族喜食肉类、乳制品，蔬菜吃得比较少，夏季多食瓜果。"②由于受教规的限制，清真菜可食之物相对要少，使得清真菜点把每一个品种都做得非常到位，并不感到食材不足。例如仅宁夏的面食就有许多做法，"宁夏回族偏爱面食，喜食面条、揪面片，在面汤中加入蔬菜、调料和红油辣椒，称为汤面或连锅面；将清水煮好的面条、面片捞出，浇上肉汤料或素汤料，称为臊子面。他们还喜食调和饭，将煮好的粥加入羊肉丁、菜丁和调料，再把煮熟的面条或面片添入，称米调和；在面条或面片中加入米干饭和熟肉丁、菜丁、调料等称面调和。"③宁夏还有许多著名的面点：

---

① 马平：《甘南藏区拉仁关回族"求索玛"群体研究》，《伊斯兰文化论集》，中国社会科学出版社，2001年，第285页。
② 杨柳主编：《中国清真饮食文化》，中国轻工业出版社，2009年，第59页。
③ 宁锐：《中国回族的饮食民俗》，《伊斯兰文化论集》，中国社会科学出版社，2001年，第443页。

锅盔、油香、干粮馍、麻花、糖酥馍、馄馍、千层饼等。

清真菜里最擅长使用来自西域的"香药"，如丁香、豆蔻、砂仁等，这些都具有极强的食疗保健作用，也是穆斯林健康长寿的原因之一。

清真菜中常常使用的香料，同时也是治病救人的药材。如《回回药方》中多有记载。

例如丁香，味辛，微温。有温中降逆，温肾助阳之功效。烹饪时丁香原药可直接放入煮肉，但不宜多，多则味烈。亦可研成末混入其他调料之中使用。

还有肉豆蔻，又名肉果，味辛，温。有温中行气，消食止泄，开胃解酒之功效。《药性赋》称："肉豆蔻温中，止霍乱而助脾"[1]。肉豆蔻为芳香类调味品，在烹调中应用较广。可直接使用，亦可研成末混入其他调味品中使用。

清真饮食文化是中国饮食文化中的一朵奇葩，中国的清真饮食文化"之所以说它是和谐文化，是因为它在获得饮与食的同时，和谐地处理好了人与自然生态的关系，处理好了商业活动中的利与义的关系，同时也处理好了人与人的关系"[2]。西北是中国清真饮食文化的重镇，在中国的饮食文化史上留下了浓墨重彩的一笔。

二、西北的清真特色食品

清真饮食在西北地区占有很大比例，超出全国的平均水平。明清时期，清真饮食文化在这里有了长足的发展，烹饪技艺不断精进，并出现了很多清真特色食品。

清真菜肴，做法以"爆、炸、蒸、烧、烤、发等"为主。例如，形成于清朝的宁夏"清蒸羊羔肉"已经具有一百多年历史，制作时，首先精选细嫩新鲜的羊

---

[1] 程超寰、杜汉阳：《本草药名汇考》，上海古籍出版社，2004年，第251页。
[2] 杨柳主编：《中国清真饮食文化》，中国轻工业出版社，2009年，第40页。

羔肉，剁成长方形条，洗净后放入碗中，再加入生姜、大葱、大蒜以及几粒生花椒，入笼蒸30分钟左右，出笼扣至盘中便可食用。由于宁夏盛产羔羊，所以"清蒸羊羔肉"就是居家老百姓平常生活中享用的美食。

"搅团"是明清时期青海特色的清真食品之一，常用于回民婚礼宴席。其做法是"乃以炒面入油搅和为团，盛盘遍食，谓之搅团"①，还有油香、馓子等，这些都是普通大众食品，直到今天依然流行。

明清时期，甘肃天水回族菜肴中出现了著名的"清炖牛肉""酸辣里脊""杂烩"，其中"杂烩"就极具地方特色，一碗杂烩中包括了牛肉、丸子、夹板肉、过油豆腐等。制作夹板肉的工序很多，先把牛肉剁成碎末，用鸡蛋清搅拌均匀后，摊在提前做好的鸡蛋饼上，再用鸡蛋饼包盖住，然后上笼蒸。蒸熟以后取出放在案子上，用木板覆盖，再用重物压实。最后切成3～4厘米长、1厘米宽的条状，与丸子、牛肉等一同放入碗中，入笼蒸30分钟左右，出笼扣至碗中便可食用。"天水杂烩"荤素搭配合理，色香味俱佳。

还有，形成于清朝末年的天水"回民烤饼"，也是当时的一大名食，"烤饼"又名烤馍，本地称"锅子"。是用上好白面配以蜂蜜、鸡蛋、白糖、清油，揉团发

图8-7

图8-8

图8-7、图8-8　甘肃天水回族的锅子

---

① 邓承伟等：《西宁府续志》，青海人民出版社，1985年，第67页。

酵后入锅烘烤，至熟即成。在烘烤的过程中特别要掌握火候，色泽黄亮时即好。

"新疆抓饭"是独具特色的清真名品。抓饭，也叫"朴劳"，有关专家认为"回鹘西迁后，……西迁定居的维吾尔族，其主食已是小麦、大米等五谷。米除一般做干饭、稀粥外，也与羊肉、胡萝卜、葡萄干、洋葱等混合焖炖，称之为'朴劳'。朴劳不仅营养丰富，且种类各异：用甘甜瓜果与大米、胡萝卜、洋葱制作的叫'米外朴劳'（素抓饭）；用蔬菜替代肉类而做的称'白特朴劳'（菜抓饭）；在朴劳上倒酸奶、奶酪，称之为'克德克朴劳'（酸奶抓饭）；最有名的叫'阿希曼塔'，即在朴劳上添放数个薄皮包子，用来招待最尊贵的客人。吃朴劳至今仍保留着传统的净手抓食的习惯，故汉语称为抓饭"[1]。新疆抓饭还流传着一个动人的故事，说的是在一千多年前，有一位叫布艾里·依比西纳的医生，他晚年的时候身体不好，就医治疗效果不大。他就用了类似于今天抓饭的食品进行食疗，结果非常有效。于是抓饭便开始流行。这个传说表达了新疆人对于抓饭的赞美，也说明抓饭所用的原料具有食疗的价值。

根据《西域闻见录》的记载可知，维吾尔族面食中以干馍（即馕）著名，米食中以抓饭著称，饮料以马奶为最好。还有就是肉、奶制品，哈萨克族能用肉（羊肉）和奶制造各种风味食品。其中，奶制品种类不少，有酥油、奶疙瘩、奶皮子、奶酪等。此外，烤馕、抓饭、"拉仁"（羊肉拌面片子）、"结尼特"（用奶渣、黄小米、黄油、糖等制成）、"包尔沙克"（羊肉炸面团）等，则是平日与年节喜食食品。《西域闻见录》的作者是清朝满洲正蓝旗人七十一，姓尼玛查，号椿园，曾经在新疆十余年，他的记载是难得的史料笔记，今人多有引用。

明清时期西北地区清真饮食中的大众食品非常之多，如著名的临夏回族自治州的"平伙手抓羊肉"，就来自于中亚、西亚，传入后，经长时期的发展而成为甘肃独特的民族菜肴。还有加入花椒、香豆子、胡麻油的河州大饼等。宁夏是中国唯一的回族自治区，宁夏的大众小吃非常普及，如具有200年历史的麦芽糖、

---

[1] 奇曼·乃吉米丁、热依拉·买买提：《维吾尔族饮食文化与生态环境》，《西北民族研究》，2003年第2期。

烩羊杂碎，还有青海逢年过节走亲访友时经常携带的传统食品馄锅馍馍、手揪的尕面片（即面片子）、酸奶等，无一不是极具地方特色的名吃。

第三节　中华民国时期的饮食文化

1912年清朝被推翻，中华民国建立，结束了自秦始皇帝以来的长达两千多年的帝王专制统治。但是，中华民国是一个暂短的时代，自从建立起到1949年结束从未停止过战乱，尤其是西北地区，给人民带来了极大的苦难。作为中国饮食文化的一个历史阶段，同样有着明显的时代特征。

一、农业生产的进步与停滞

当时间进入到20世纪，一些满怀报国之志的专业人士从国外学成归来，为国家的发展尽到了自己的社会责任，使甘、宁、青、新地区传统的农业经济得到了显著的发展，而且成果突出。这一时期，中华民国的农业出现了一些新的起色。

甘肃省在中华民国初期，种植的粮食作物有小麦、大麦、青稞、黑麦、燕麦、莜麦、水稻、糜子、谷子、玉米、高粱、荞麦、马铃薯、红薯等14种106个品种，食用豆类有蚕豆、豌豆、大豆、扁豆、小豆、芸豆、绿豆、黑豆、诺豆、蛮豆、刀豆、豇豆、四季豆等13种36个品种。这一时期良种的引进，使甘肃农业迈上了一个新的台阶。"清代末年至中华民国初期，兰州西贡院农业试验场对小麦、玉米、高粱进行了引种栽培试验。20世纪30年代后期，甘肃农业改进所成立后，把粮食作物作为主要研究对象之一，曾引进成套世界小麦品种，从中选出玉皮麦、武功774、武功806等品种，分别在兰州、临洮、临夏和张掖等地推广种植，在天水、平凉曾分别推广西北302、红金麦等冬小麦，收到较好效果，还进行了玉米、高粱、燕麦、马铃薯、糜、谷等项试种，并在临洮推广西北果马铃薯，收到一定效果。"①

青海粮食生产发展较快是在20世纪30年代，达到了丰产自给有余。1935年时，全省粮食作物种植面积达636万亩，总产量达5.193亿公斤，创历史最高水平，余粮甚至运往甘肃、宁夏等地。但此后至新中国成立前，青海粮食生产呈下降趋势，种植面积和总产量大幅下滑，始终没有突破"农业生产徘徊不前，产量低而不稳"的局面②。

宁夏地区在中华民国时期"农业生产条件较差，经营粗放，生产力水平很低，农作物单位面积产量低而不稳"③，民众生活比较困难。

新疆地区在"中华民国初期，新疆耕地基本上稳定在清代的水平。1938年前后，新疆战乱频繁，农业生产遭到严重破坏，耕地曾一度减少到30.7万公顷。盛世才主政新疆前期，在苏联的援助和中国共产党的帮助下，1936年制订了第一个三年建设计划，聘请国内外技术专家进行经济建设，农业生产得到了恢复和发展，耕地曾逐步增加到112万公顷。后来，国民党政治腐败，社会动荡，土匪横行，疫病蔓延，民不聊生，农业生产每况愈下。全区粮食产量由1942年的200.5万吨，减少到1946年的135.7万吨。"④

通过资料分析，中华民国时期西北地区的农业生产前期是处于平稳状态，后期则处于下滑状态，再加上战争和动乱，给广大劳动人民带来了极大的灾难，挣扎在饥饿和死亡的边缘线上。特别是抗御自然灾害的能力极差，一遇大的天灾则无力自救。1920年12月16日宁夏海原发生8.5级大地震，波及甘肃、陕西等省区，死亡二十多万人，房屋、牲畜、财物损失不计其数。震后有不少民众就是因饥饿、受冻而死，其景况惨不忍睹。

---

① 《中国农业全书·甘肃卷》编辑委员会：《中国农业全书·甘肃卷》，中国农业出版社，1997年，第177页。

② 《中国农业全书·青海卷》编辑委员会：《中国农业全书·青海卷》，中国农业出版社，2001年，第126页。

③ 《中国农业全书·宁夏卷》编辑委员会：《中国农业全书·宁夏卷》，中国农业出版社，1998年，第70页。

④ 《中国农业全书·新疆卷》编辑委员会：《中国农业全书·新疆卷》，中国农业出版社，2000年，第150页。

二、一方水土养一方人

中华民国时期的甘、宁、青、新在抗日战争期间属于大后方，因此，饮食文化虽然没有大的突破，但在推翻清王朝的统治，解除了专制制度下强加的不平等待遇的前提下，使西北地区各民族的饮食习俗得以全面恢复，趋于稳定，特别是岁时节庆，可圈可点。

1. 传统饮食平稳发展

甘、宁、青、新地区的传统饮食丰富多彩，面食、肉食、奶食各领风骚。

甘肃的臊子面就是中华民国时期的特色食品，并且一直传承至今。臊子面用麦粉手工拉扯而成，可切成宽条或细条，然后配上新鲜的浇头即"臊子"即成。素"臊子"有乌龙头、木耳、黄花、豆腐干、芹菜等；荤"臊子"再加入肉、丸子、夹板肉等，无论荤素，均要勾芡熬成稠汁。据个人口味再调入油泼辣子、醋等。

西北浆水面。浆水面的浇头是浆水，浆水由苦菜、苜蓿、小白菜为原料，先切成细丝以后放入水中煮熟，再用酵子发引，装入干净的容器内，三天左右即可食用。做浆水虽然简单，但是须特别注意卫生，不能有一丁点油、盐，否则就会坏掉。吃浆水面可清热解暑，三夏时节农村最受欢迎的就是浆水面。

兰州的牛肉拉面始于清朝光绪年间，兴盛于中华民国时期。这种清汤牛肉面讲究的是面好汤也好，是当地人百吃不厌的家常名食。

图8-9　　图8-10　　图8-11

图8-9、图8-10、图8-11　当代的兰州牛肉面分别为大宽面和三细面

图8-12　蒙古族的烤全羊　　　　　　　　　　图8-13　手抓羊肉

　　甘肃蒙古族的烤全羊也是传统特色食品。蒙古族朋友在迎接贵客时，往往要献哈达敬酒，非常热情好客，席间气氛热烈火爆，酣畅尽兴。

　　宁夏手抓肉。宁夏的手抓羊肉也与新疆不大一样。宁夏的手抓羊肉用的是"滩羊"，先将滩羊肉切成1公斤左右的大块，放入开水中煮，再加花椒、小茴香、八角茴香、桂皮等调料，等煮到羊骨肉分离的程度出锅，再配上蒜泥、腌韭菜花、葱花、芝麻酱、辣椒油等调料，用手抓羊肉蘸汁吃。

　　新疆果醋。"新疆的醋与中原地区酿法不同，是用果汁酿造而成，其原料主要是葡萄、杏。醋味香，稍甜酸，营养极为丰富。在维吾尔族传统饮食中，有些东西不用加工就直接可以充当调味品，如青杏蛋或酸奶，把未黄的青杏蛋放入汤饭里煮，酸味可到家了，倒酸奶子，效果相同，这种取之于自然的传统习惯，至今仍在农村广为流行"①。

　　新疆烤肉。据新疆当地专家考证，新疆的烤肉种类非常多，诸如用红柳枝穿上肉块，再洒上盐水用火烤的"羊肉串"，还有"烤全羊""木炭烤肉""尖子肉

––––––––––––––––––––

① 奇曼·乃吉米丁、热依拉·买买提：《维吾尔族饮食文化与生态环境》，《西北民族研究》，2003年第2期。

烤肉""丸子馅烤肉""锅炒烤肉""锅贴烤肉""羊肠烤肉""羊肝烤肉""羊胸肉烤肉""羊排骨烤肉""炖闷烤肉""羊尾油烤肉""羊肾烤肉"等①，在广袤的草原上，长年烤肉飘香。

2. 岁时节庆的食俗

甘、宁、青、新地区地域辽阔，山川秀丽，人文荟萃，历史悠久，民族众多，其内容丰富、形式多样的饮食习俗，堪称独树一帜。

岁时节庆的饮食是一年之中最重要的饮食活动，甘、宁、青、新地区的春节、端阳节、中秋节这三大节日，镌刻着浓郁的地域风情。

春节，又叫元日，不仅是春季的开始，更是一年的开始。古往今来都非常注重。王安石名句"千门万户曈曈日，总把新桃换旧符"说的正是新年开始的状况。在春节的前一天晚上汉族家庭都会举家聚集，头一件事就是祭祀祖先。全家人先将食品、果品、酒摆放在供桌上，南方迁徙来的家庭还要摆茶。然后从家中辈分最高的开始，按照嫡庶关系，下跪行三叩首礼，上香、奠酒、化表，然后从由长者讲述家族的故事，一切程序完成之后，方能吃团圆饭。

在农村，人们还要专门到祖茔，意即将先人请回家来供奉，一般供奉到正月初三化表后，再将祖先送回去，表示祖先与后人同在，也期盼祖先福佑后人。

团圆饭也叫年夜饭，是一年之中最为丰盛的一顿饭，少不了鸡、鱼、肉。年夜饭前，有些地方先要包饺子，在午夜12点开始煮饺子，预示来年吉祥如意。大年初一，大多数家庭吃饺子，南方籍人则吃煮汤圆年糕，讨一个团团圆圆年年高的好彩头。民国时期西北地区汉族人过春节的习惯和内地差不多。

正月初一至初三都在家里，享受天伦之乐。但有些地方要去上坟，例如甘肃的天水就是初三上午上坟，回来之后才开始探亲访友、请客吃饭，一直延续到正月十六，在农村过年一直要到二月初二"龙抬头"才算过完年。

---

① 奇曼·乃吉米丁、热依拉·买买提：《维吾尔族饮食文化与生态环境》，《西北民族研究》，2003年第2期。

甘肃农村过年期间招待客人一般讲究行菜、坐菜，有八大碗、十二体、十四体、十八体、二十四体等，荤素搭配，色香味俱全。

青海的藏族地区在过藏历年的时候，家家户户都要在柜子上摆放"竹索琪玛"的吉祥木斗，里边放满青稞、糌粑和卓玛（人参果）等，并且一定要喝青稞酒助兴。有客人前来拜年，主人便端过"竹索琪玛"招待客人，而客人则用手抓起一点糌粑，向空中连撒三次，再抓一点放进嘴里，然后说一句"扎西德勒"（吉祥如意），表示祝福。

青海的蒙古族人过年则与汉族完全不同，蒙古族人是初一早上先祭天，然后再拜年。蒙古族人生活在大草原上，以草原为家繁衍生息，天苍苍野茫茫风吹草低见牛羊，作为草原雄鹰，他们爱天敬天感谢上天赐予的福分，所以一年之初，以祭天为大。大年三十晚上要吃"手把肉"，以示合家团圆。年夜饭的主食是羊肉，而且是整只全羊。蒙古族人有着尊老爱幼的传统，在吃年夜饭时要将羊头朝着年龄最长、辈分最高的长者。

居住于青海的土族，春节是他们一年之中最重要、最隆重的节日。从进入腊月开始就置办年货，杀猪宰羊。大年三十早上要归还平时所借用的东西，中午开始供奉福、禄、寿三大神，傍晚，要到祖坟上祭祀，晚上吃长面条。然后全家人再喝酒，吃猪头。

五月初五的端阳节，甘、宁、青、新地区的饮食习俗与全国其他地方基本相同，吃粽子、吃甜醅、喝醪糟。一些地方在端阳节会给小孩子手上戴五色花线，预防毒虫侵害。

八月十五的中秋节，献月亮、吃月饼，已经是约定俗成。不过，在青海有一种专门用来"看月子"的方形月饼，是由娘家送给婆家及其家人的，做法与油饼无异，只是在长方形饼上用特制的木签刺上各种几何图案，很有艺术感。如同甘肃陇东一带在小孩满月时做花馍，讲究的就是个吉祥如意。此外还有专门为赏月供奉时制作的底径约30厘米的特大月饼，用白面做成大蛇一条，盘于其上①。民间认为月食是癞蛤蟆吞吃月亮引起的，而蛇可以吃掉癞蛤蟆，所以蛇就是月亮的保护神。这个民俗反映了人们爱月敬日的自然理念。

一方水土养一方人，西北地区丰富多彩的节庆饮食为我们展现出西北大地绚丽的饮食风采。

3. 宗教节日

甘、宁、青、新地区生活着的回、维吾尔等十个普遍信仰伊斯兰教的民族，他们有着自己的岁时节日、社会礼仪和信仰禁忌，饮食习俗与之息息相关，其习俗渊源历史久远，一直延续到明清民国时期。中国轻工业出版社的《中国清真饮食文化》一书详细记载了有关他们的节日活动和饮食习俗。

信仰伊斯兰教的民族每年有传统的三大节日，即开斋节、古尔邦节和圣纪节。三大节日里的饮食习俗最具特色。

根据中国轻工业出版社的《中国清真饮食文化》一书介绍，开斋节是阿拉伯语"尔德·菲图尔"（音译），也称"尔德节"，是回族等穆斯林的盛大节日。按照伊斯兰教教历，每年九月为斋月，十月一日为开斋节。凡符合条件的穆斯林男女，都要奉行一个月的斋戒，白天不进饮食。经过一月的斋戒，穆斯林迎来了最隆重的节日——开斋节，之后便恢复了日常饮食。这一天家家户户炸油香、馓子等传统民族食品。同时还要宰牛宰羊，做凉粉、粉汤、烩菜等相互赠送，互致节日问候。

"古尔邦"为阿拉伯语音译，又称"尔德·艾祖哈"，含有牺牲、献身之意。故穆斯林学者将古尔邦节意译为"宰牲节"，在伊斯兰教历太阴年的12月10日举行。古尔邦节这一天，穆斯林沐浴洁身后，穿上节日的盛装，到清真寺去参加会礼。之后走坟，回家举行宰牲仪式。宰牲羊、牛、驼，宰杀的牲畜按照传统分成

---

① 朱世奎、周生文、李文斌主编：《青海风俗简志》，青海人民出版社，1994年，第32页。

图8-14　回族的馓子

三份：一份馈赠亲友，一份济贫施舍或者赠清真寺，一份留给自己吃，但不能出售。节日期间除吃肉以外，还要配以油香、菜肴。西北地区以新疆地区的古尔邦节尤为隆重喜庆。

圣纪节，公元570年3月12日是伊斯兰教的先知穆罕默德诞生的日子，穆斯林们把这一天定为"圣纪"。而相传在公元632年3月12日穆圣逝世，穆斯林又称此日为"圣忌"，故"圣纪"与"圣忌"合并纪念，俗称"办圣会"。这一天，穆斯林沐浴净身后，要炸油香、馓子。有的地方还会摆流水席接待客人就餐。圣纪节已经成为穆斯林每年一次的大型庆典活动，因而被认为是与开斋节、古尔邦节同等重要的三大节日之一。而节日期间的饮食习俗则是西北地区最具特色的亮点。

第九章 中华人民共和国时期

中国饮食文化史

西北地区卷

中华人民共和国时期，甘、宁、青、新依旧为四省区建置。

1948年兰州解放，即成立甘肃行政公署，1950年甘肃省人民政府成立至今。

1949年西宁解放。1950年青海省人民政府成立至今。

1949年银川解放。宁夏仍保留省级建置。1958年成立宁夏回族自治区至今。

1949年新疆和平解放。1955年新疆维吾尔自治区成立至今。

中华人民共和国成立，开创了历史的新纪元，特别是1978年改革开放以来，百废待兴，西北的饮食文化获得了长足的发展。

第一节　饮食文化的新起点

新中国成立以后首先是恢复农业生产和经济建设，确立了"以粮为纲、全面发展"的战略方针，在很短的时间内使全国绝大部分农民获得了土地，极大地调动了翻身农民的积极性，农业生产得到了迅速的恢复和发展，呈现出前所未有的欣欣向荣新气象。在农业生产和畜牧业生产高速发展的前提下，饮食文化进入到新的历史发展时期，直到今天的繁荣昌盛。

一、土地政策与农牧业的新发展

民以食为天，食来自于土地。新中国成立的前夕，中国共产党就土地问题进行了深入的调查研究，解决了几千年来一直困扰着中国人的土地问题。

1947年9月，中国共产党的全国土地会议通过了《中国土地法大纲》，规定了村民均可获得同等的土地，土地归个人所有。开启了新中国农民土地私有之先河。广大农民获得了自己的土地，积极投入到社会主义的建设高潮之中。

1982年的《中华人民共和国宪法》规定："农村和城市郊区的土地，除由法律规定属于国家所有的以外，属于集体所有；宅基地和自留地、自留山，也属于集体所有。"2004年8月公布并实施了《中华人民共和国土地管理法》，规定国家实行"土地的社会主义公有制，即全民所有制和劳动群众集体所有制。"该制度实施至今。

新中国成立以后，西北地区的农业生产与粮食供应大体上经历了以下几个阶段：第一阶段，农业合作化以前的生产恢复；第二阶段，1955年国家实施粮食统购统销，城镇居民凭票证供应粮油；第三阶段，1978年以后实行改革开放政策，农牧业生产获得长足发展，农牧产品丰富，1993年粮票制度结束。下边的列表分别是1949年、2011年甘、宁、青、新地区的粮、畜、奶的总产量及人均占有量的数据。

省区	人口（万）	粮食（万吨）（2011）	人均千克（2011）	粮食（万吨）（1949）	粮食人均千克（1949）	畜产品（万吨）（2010）	人均千克	奶类（万吨）（2011）	人均千克
甘肃	2716.73	1005.3	370	206	213	86.78	31.9	44.21	16.2
宁夏	630.14	358.9	569.6	335.12	273	36.68	58.2	122	193.6
青海	562.67	109.03	193.8	29.57	199.4	27.53	48.9	26.22	46.5
新疆	2208.71	1224.7	544.5	84.77	195.6	207	93.7	270	122.2
合计	6118.25	2697.93	440.96	655.46	220	357.99	58.51	462.43	75.58

分析上表的数据，我们得出如下的结论：

图9-1　新疆的牧区

粮食：人均占有量最高的是宁夏回族自治区，依次为新疆维吾尔自治区、甘肃和青海；

畜产品：人均占有量最高的是新疆维吾尔自治区，依次为宁夏回族自治区、青海、甘肃；

奶类：人均占有量最高的是宁夏回族自治区，依次为新疆维吾尔自治区、青海、甘肃。

对比数字还说明，肉类在新、宁、青地区占有相当重要的地位，奶类在宁、新、青地位重要。明显的地区差异反映出西北地区不同的饮食习俗。

目前，在全世界600多种主要粮食作物、经济作物以及蔬菜、果树的起源中，中国起源的栽培植物多达100多种，占20.4%。这其中苹果、杏、李不少源自于西北地区的新疆。

随着改革开放的深入，西北地区的园艺培植技术也有了深入的发展。甘肃全省栽培的蔬菜种类约有50种，分属16个科，其中兰州的百合和庆阳的黄花菜均为地方名优蔬菜。①宁夏回族自治区栽培的农作物有80多种，其中粮食作物近20种，

---

①《中国农业全书·甘肃卷》编辑委员会：《中国农业全书·甘肃卷》，中国农业出版社，1997年，第177~178页。

图9-2　新疆伊犁果园

经济作物20多种，蔬菜、瓜果等其他作物40多种。青海的自然条件复杂，孕育了类型、品种繁多的野生经济植物资源，现已查明的有75科，331属，1000余种。①新疆是个农业大省，除诸多的粮食作物以外，还有601个蔬菜品种②，新疆的瓜果口感极佳，吐鲁番的葡萄，鄯善的瓜，更是家喻户晓名满天下。

二、天路美食

走进甘、宁、青、新地区的黄土高原、青藏高原及广袤的新疆大地，数千年的文化积淀使人们感到新奇、兴奋而神秘莫测。丰富的物质资源造就了绚丽多彩的西北地区饮食文化，神奇的天路之上美食香飘溢远。

青藏高原是离天最近的地方，青海又是多民族的地区。来自天路的青海美食，飘动着沁人的芬芳，尽显着原生态的诱人魅力。

①《中国农业全书·宁夏卷》编辑委员会：《中国农业全书·宁夏卷》，中国农业出版社，1998年，第70页。

②《中国农业全书·新疆卷》编辑委员会：《中国农业全书·新疆卷》，中国农业出版社，2000年，第21～25页。

土族的"麦思如"。"麦思如"是土族语，即把八成熟的青稞穗头摘下来，捆成束放在锅里煮熟，趁热放在簸箕里搓揉去皮，用石器捣碎，用肉或青油炒后加水成粥，别有一番风味。[1]

安多藏族的"雪腾"。"雪腾"又叫水油饼，制作时先把面调好，然后擀成薄饼，放入开水锅中，煮熟捞出后放入碗里，加酥油、曲拉、红糖或白糖，趁热搅拌而食。[2]

汉族以麦类为主食，面食的代表品种有：旗花面、大月饼、旗子、"狗浇尿"、"判官抓笔"等。

旗花面，就是将擀面切成菱形。可据个人所需擀成或薄或厚，擀得较厚的叫拨刀子、擀得较薄的叫寸寸子；均切成寸余长的条。

大月饼，是用当年的上好细麦面做成。分面皮和彩瓢两面，"彩瓢"是用红、黄、绿三色的彩面做成，红者用红曲调制、黄者用菜油调制、绿者用香豆叶粉调制，将彩瓢面按红、黄、绿三色排好，最外面以白面皮包定蒸成。白面皮外还可用彩面做成各种小花、小动物或染红的杏仁等小饰物贴上。这种月饼底部直径约20厘米，蒸好后馈赠亲友，为中秋节的主要食品。

旗子，又名"面大豆"，先用白面擀成面饼，用刀划成边长1~1.5厘米的小正方形线，然后上锅烘熟干，再沿着划好的线，把面饼掰成小方面块，这就是"旗子"，旗子耐贮存可长期备用，不易霉变，为出门人旅行必备的食品。

"狗浇尿"，2010年上海世界博览会期间名声大噪，成为最受欢迎的小吃。狗浇尿，青海著名的小吃，有着一个很奇怪的名字。用死面擀成薄饼烙成，在烙的过程中，一边烙一边用尖嘴壶浇上几圈青油，正反面烙好即成，浇油之状如狗撒尿，故名。人们并未因其名不雅而疏远它，因为它已经成为一个品牌的符号。

"判官抓笔"，一个极具文化魅力的名字。说来就是春饼，制法是先烙好直径

① 朱世奎、周生文、李文斌主编：《青海风俗简志》，青海人民出版社，1994年，第3页。
② 朱世奎、周生文、李文斌主编：《青海风俗简志》，青海人民出版社，1994年，第204页。

为15厘米的薄饼，再将炒好的粉条、肉丝、韭菜等放在饼中，卷成筒状而食，如判官执笔之状，故名。

贵德"梨儿炒面"。制作时，先将贵德县的特产"长把甜梨"切成薄片，晒干备用。再将青稞或莜麦炒熟，磨面时在熟麦中将梨干适量加入共磨成面，即成梨儿炒面。香甜可口，别具风味。

奶酪、奶皮儿。青海奶酪的制作很讲究，"用纯牛奶烧熟，晾温，加上甜酒酿汁即醪糟汁，加汁时要沿碗边少量徐徐加入，放在温暖处，经酵母菌的分解，凝固成洁白晶莹、香甜可口的奶酪。常用红食色在奶酪上点一梅花，名'红梅白雪'，更增美感。奶皮儿，将全脂纯牛奶文火煮之，待水分蒸发完后，沿锅底形成一盘形的乳蛋白凝聚物，就是奶皮儿，既可干吃又可泡在茶水中食用，极富营养。"[1]

曲拉，即干酪。以奶为原料，经发酵制成，分为全脱脂、半脱脂和不脱脂三种。全脱脂的叫向曲拉，半脱脂的叫青曲拉，不脱脂的叫奶子曲拉，是牧民食品中的精品。

青稞酒。以青海的青稞为原料酿制的白酒，其中以互助土族自治县出产的青稞酒最为著名。青稞的粗蛋白质含量高于小麦，是酿造工业、饲料加工业的重要原料。青稞酒在西北风行。

青海醋。青海醋的制作方法颇为特殊，原料为"麸皮、青稞、并加入草果、八角茴香、良姜、肉桂、荜拨、党参、当归、陈皮和枸杞等。制成后其色如墨，其黏如胶，其香如醇。如再进一步脱去水分，制成醋锭，再用油纸封包，可长期保存。"[2]这种醋像徽墨一样呈块状，吃的时候要化开才行，是非常少见的珍品。青海"醋"特色显著，堪称中国食材一绝。

---

① 朱世奎、周生文、李文斌主编：《青海风俗简志》，青海人民出版社，1994年，第37页。
② 朱世奎、周生文、李文斌主编：《青海风俗简志》，青海人民出版社，1994年，第11页。

三、茶风茶俗

甘肃是中国传统的产茶之地，其饮茶历史要早于南方，汉朝王褒《僮约》中的"武都买茶"之"武都"，正是今天甘肃陇南市的成县。但是，饮茶之风的盛行则是在唐代以后。由于"茶茗久服，令人有力，悦志"[①]，及具有解毒助消化的特殊功能，所以一直深受甘、宁、青、新各民族的青睐。在西北少数民族地区，茶叶是他们日常生活中最重要、最普及的第一饮品。民族地区有"宁可三日断粮，不可一日无茶"的说法。

1. 甘肃茶俗

甘肃自古生产茶叶，尤其以陇南阳坝的茶叶最为出名。甘肃喝茶的历史起于汉朝，至今已有两千年的历史。西北人喝茶讲究器具，使用的茶杯叫"盅子"。作为传统的饮品，"无论农区还是牧区，甘肃藏族群众都有饮茶的传统习惯，他们人人爱喝茶，每日不离茶，特别喜用茯砖茶。饮用时将茶水煮沸，加少量食盐，熬成色深褐而味苦咸的浓酽茶水。他们还饮用奶茶和酥油茶，奶茶是在茯砖茶中

图9-3　西北地区的茶盅

① 陆羽：《茶经》，中国工人出版社，2003年，第27页。

图9-4、图9-5　甘肃罐罐茶

加入牛奶熬制而成，酥油茶是在滚烫的奶茶中冲和酥油即饮。"①甘肃酥油茶的喝法与青海藏族大体相当。还有甘肃的蒙古族同胞亦喜好喝奶茶，一日三餐必不可少。

甘肃饮茶的大众习俗，是以盖碗茶"三炮台"著称。"三炮台"又名"盖碗茶"。因茶具由茶碗、碗盖、碗托三部分组成，故名。饮用前，先在碗中置茯茶或花茶、冰糖、桂圆（带壳）、枸杞、红枣、红芪、核桃仁等，然后冲上滚开的沸水，加盖略焖片刻，便可饮用。

盖碗茶源于"碗泡口饮"，兴起于明代，当泡的茶叶浮上碗面时，便用碗盖拨挡浮叶，便于口饮；而为了不至于烫手，又在碗下加托，便成一套三件头的盖碗茶具。盖碗茶是具有浓郁民族风格的茶饮，尤其在甘肃的回族中盛行。

甘肃还有一些地方喜欢喝"罐罐茶"，如图9-4、图9-5。"罐罐茶"的传统的喝法，是一个人或者几个人围在特制的小火盆旁，火炉上置一水壶，作为续水之用。然后把瓦制的茶盅洗净后烤烫，然后加水，再下入茶叶（主要是青茶）放在炉旁烤煮。等到茶盅里边的茶叶沸腾起泡后，用逼茶棍（木片）搅动，再等待

① 关连吉：《凤鸣陇山——甘肃民族文化》，甘肃教育出版社，1999年，第40页。

沸腾时才端起倒入茶盅内饮用。一般一次只够喝一个人，顺序是由客到主从长到幼，依次轮流。罐罐茶里边什么东西都不放，从浓酽清香的罐罐茶里，品出人生品出乾坤。

2. 宁夏茶俗

宁夏人同样爱喝盖碗茶。宁夏人饮茶至迟在西夏时期就已流行。明人于慎行在《谷山笔麈》中称："**本朝以茶易马，西北以茶为药，疗百病皆瘥，此亦前代所未有也。**"说明了西北地区很早就注重以茶为疗，用茶保健。茶，在宁夏人的日常生活中居有相当重要的地位。宁夏人喝茶经常配着馓子吃，有一首宁夏花儿唱道："油炸的馓子者，盖碗儿茶，引了花儿的唱家。金铃铃的嗓子者，唱心里话……"①吃馓子，喝盖碗茶，是日常的一大享受。更有宁夏回族谚语说："**不管有钱没钱，先刮三响盖碗**"，足见饮茶的重要。

宁夏盖碗茶的茶叶一般用的是陕青茶、砖茶、绿茶，随着生活水平的不断提高，如今绿茶中的名品碧螺春、毛尖等也进入了百姓的盖碗之中。盖碗茶的主要品种有：八宝茶、三喷鼻茶、白四品、红四品和五味茶。"八宝茶"由白糖、红

图9-6　由茶碗、茶盖、茶托三件组成的盖碗茶具

---

① 江涌:《宁夏茶俗》,《农业考古》,1993年第2期。

糖、红枣、核桃仁、桂圆肉、芝麻、葡萄干、枸杞等构成；"三喷鼻茶"的主要成分是：茶叶、冰糖、桂圆肉；"白四品"的主要成分是：陕青茶、白糖、柿饼、红枣；"红四品"的主要成分是：砖茶、红糖、红枣、果干；"五味茶"的主要成分是：绿茶、山楂、芝麻、姜片和白糖。

宁夏的回族家家户户至少有两套以上的"盖碗"，有的人家甚至多达十几套。使用盖碗喝茶有很多好处，一是清洁，二是保温，三还可以防止茶叶卡入喉咙里。宁夏回族老人健康长寿，与饮盖碗茶不无关系。

3. 青海茶俗

青海地区的藏族饮茶习俗从唐代吐蕃时代起就一直延续了下来。

青海，地处高原，日常饮食肉多茶少，粮食只有青稞炒面。同时又因高原缺氧，气压很低，肉食无法烂熟。而茶既可消肉食之腥，又能解青稞之热，所以一直是当地人离不开的饮品，与"食"具有同等地位。

青海地区的茶饮主要品种有：清茶，用滚水沏茶，或在砂罐中熬饮。所用的茶系湖南等地制造的砖茶。这种砖茶大致是清明或谷雨以后，摘剪茶树上的嫩枝、老叶，经发酵、压制而成。该茶性热，能温中、解腻、消食，为居家常饮。

麦茶，民间在茶叶短缺时常喝麦茶。将小麦炒焦，用擀杖在案板上碾碎，再在砂罐中熬，味道颇像咖啡茶，有温中、止呕、止泻之效。

面茶，先将白面和羊油（牛油）放在一起，在锅中炒熟，放入花椒、青盐、杏仁、核桃仁等，加水熬之即成。面茶能提供较高的热量，冬季之佳饮，是为青海特色茶之一。

4. 新疆茶俗

新疆地区喜好喝茯砖茶。在烹煮方法和饮茶习惯上南、北疆有所差别。"南疆系将砖茶碎块投入陶瓷壶中，加入少量香料，或胡椒，或桂皮，注满清水，放在火炉上，煮沸饮用。北疆系将茶砖敲碎，投入铁锅内，加清水煮沸，兑入鲜奶或奶皮子，放少量食盐，再煮沸十余分钟后饮用。"[1]

新疆地域辽阔，民族众多，各族的饮茶习惯也有不同，哈萨克族喜欢喝米心茶，蒙古族喜欢喝青砖茶，而维吾尔、锡伯、塔塔尔等民族则喜欢喝茯砖茶，塔吉克族喜欢喝红茶。新疆南部的维吾尔族人还发明了一种叫"恰依多拉"的药茶，与茯茶一起煮着喝。"恰依"是茶叶的意思，"多拉"就是药。药茶用黑胡椒、白胡椒、荜拨、大茴香等十多种药用香料配制而成，用药臼捣成粉末状，在茶水烧开后撮少许香料末放入滚茶中即成药茶，其味药香浓郁，醇厚可口。

以茶待客是新疆地区的传统，维吾尔族、蒙古族、哈萨克族请客吃饭都说"请吃茶"，而不说"请吃饭"。由此可见，饮茶在日常生活的重要地位。

饮茶是文化，甘、青、宁、新地区人在长期饮茶过程中形成了自己的茶礼、茶俗以及茶艺等形式，表现出所追求的意境和韵味。在品茶的过程中以茶励志，以茶修性，磨砺志向，完善人格；从品茶的境界中寻得心灵的安慰和人生的满足。在茶文化中享受人生，在茶德、茶道中获得人生的乐趣和生活的希望。

饮茶习俗的延伸和发展，是新中国成立之后西北地区饮食文化的一大特色，尽管经历了若干次政治运动，但是始终未能断裂民众喝茶的习惯。经过长时间的历史传承，蕴涵着"廉、美、和、敬"的茶德[2]，已成为中国各民族传统文化的有机组成部分。那散发着浓郁民族文化气息的酥油茶、奶茶、盖碗茶等，他们不为时代变化而改变，各民族顽强地坚守着各自的饮食习俗，终于形成了具有鲜明地域特色的饮食风格与饮食文化。并且在相互学习、相互交流的和谐环境下不断发展。今天，西北人以茶雅心，以茶养身，以茶敬客，以茶行道，极大地丰富和推动了饮食文化的创新与发展。

---

① 陈香白：《中国茶文化纲要》，《农业考古》，1991年第2期。
② 陈文华：《茶艺·茶道·茶文化》，《农业考古》，1999年第4期。

第二节　饮食文化的未来

一、改革开放气象万千

1978年改革开放，迎来了饮食文化发展的春天，人们感受到了饮食文化久别的魅力。

1985年以后，老字号饮食店、个体饭店、酒店、食品工厂、企业，包括独资企业、合资企业等，如雨后春笋迅速发展起来。如兰州的悦宾楼、青海互助青稞酒股份有限公司、宁夏敬义泰清真食品公司、新疆昌吉市福林老字号饺子楼等；美国的快餐"麦当劳""肯德基"也在中国市场大展宏图，带来了新的管理方式、文化思想及就餐方式，目前西北地区有肯德基40家左右，麦当劳30家左右。各地区的一些传统饮食品种开始恢复，欣欣向荣的饮食文化大发展的局面终于形成，迎来了气象万千的新景象。

这一时期，人们的思想空前解放，视"饮食文化"为"资产阶级"的极左思想得以扭转。人们敢于谈吃论喝，乐于谈吃论喝。同时，国家倡导健康饮食，实施利于民养民生的食政。

饮食文化的地位空前提高，国内外都有不同规模的学术研讨会。一些饮食文化的研究成果堂而皇之地进入到学术的殿堂。饮食文化的学术著作和学术期刊大量涌现。各地出现了一大批带有浓郁地域特色的饮食文化节，向各地传播着文化信息。

西北地区的美食节遍地开花，例如，甘肃每年在兰州举办美食节，节会期间还要评出名菜、名点、名宴和名吃。宁夏的清真美食节更是名声远播，节会期间还要评出十大品牌、十大特色风味名店、十大名厨等。青海是在格尔木举办（青海）羊羔美食节，以突出绿色健康、促进消费为主题。新疆的中国清真美食节更是规模大、影响远，在2012年的美食节上出现了长20米、重1099公斤，造型如天山天池的蛋糕，以及用800公斤大米、800公斤胡萝卜、800公斤水焖制而成的、可供1500人食用的抓饭，堪称一绝。西北的各种美食不胫而走，如今新疆的羊肉串、兰州的拉面、宁夏的盖碗茶、青海的酸奶已风靡大江南北。

随着中国经济实力的不断提高，人们对于饮食的要求也越来越高。使得餐饮业空前发展，新原料、新制法、新吃法、新品种层出不穷。

国家教育改革深入，饮食文化进入高等教育，高等院校开始设立饮食文化专业，如兰州商学院等一批本科、专科、中专、技校等纷纷开设饮食文化课程，并且由专科生、本科生发展到研究生，形成了完整的学科体系，为饮食文化的发展培育了专门的人才。

二、历史的反思

1. 关于生态的反思

人类的一切饮食活动都离不开大自然恩赐的生存环境，它是人类饮食文化发展的基础。自然环境允许人类在一定的范围内创造出饮食文明，但不是没有极限。生态环境一旦遭到破坏，灭顶之灾将会降临到人类的头上，这已成为全世界的共识。正如有的专家所言："每个民族的饮食文化与其周围的生态环境有着相互依存的关系，保护生态环境，无疑也关系到每一个民族的生死存亡。"[1]事实确实如此。甘、宁、青、新地区，近年来由于经济的过度开发和土地的过度开垦，致使这里赖以生存的生态环境遭到了极大的破坏。作为母亲河的黄河，主干河流有近40%河段的水质为V类，基本丧失水体功能，中下游地区尤为严重。几千年来美食家津津乐道的黄河大鲤鱼，目前已经非常少见了。这就是人类为破坏生态而付出的巨大代价。

中国饮食文化历来追求"天人合一"的境界，古人认为饮食之道要"道法自

---

[1] 奇曼·乃吉米丁、热依拉·买买提：《维吾尔族饮食文化与生态环境》，《西北民族研究》，2003年第2期。

然"，主张人与自然的和谐共存，在不破坏环境的前提下索取，主张取之于自然还之于自然，反对杀鸡取卵、竭泽而渔的做法。时下，人类欠下大自然的账诸多，足以引起人们深刻的反思。

2. 关于饮食道德的反思

中国饮食文化的思想基础是儒家文化，儒家注重人的思想修为，讲究"仁、义、礼、智、信"。信，即信用，诚信。道德是有底线的，如今食品安全的问题已一再突破道德底线，迫使我们不得不认真反思当今人们的道德观。

当今食品安全问题已变得非常突出，成为与公民关系最大的事情，它直接关系到国家的长治久安和我们子孙后代的安危。今日"地沟油""瘦肉精""毒豆芽"，以及农药残存量大大超标的水果、蔬菜等隐患食品的大量频频出现，一再拷问着中国人的良心。

对于"道"与"德"，宋代著名理学家、思想家朱熹说过："道者，人之所共由；德者，己之所独得。"[1]这说明道德既有对个人的约束，又有大家要共同遵守的规范，社会才能有良好的道德风气。中国是重诚信讲仁爱的国度，在源远流长的传统文化中，作为长时期思想教育的核心，诚信无处不在。我们呼唤诚信的回归，使其成为我们的文化之本。

3. 关于饮食理念的反思

中国各民族的传统美德之一，是以"中庸"为标准，主张行止有序、取舍有度。即便是美食，也不能毫无节制地享用，中国古代著名思想家韩非子说："夫香美脆味，厚酒肥肉，甘口而病形"[2]，讲的正是美食虽然甘美可口，但若食之过度就会生病。春秋战国时期的思想家墨子说："不极五味之调，芳香之和，不致

---

① 黎靖德：《朱子语类》，岳麓书社，1997年，第755页。
② 陈其猷：《韩非子集释》，上海人民出版社，1974年，第121页。

远国珍怪异物"[1]。也是在说饮食不要追求极致，追求珍怪，只求平实。

考察中国历史，历来都是提倡节约，崇尚简朴，视粗茶淡饭为家风，反对大吃大喝铺张浪费。这是中国人在长期的饮食活动过程中孕育出的饮食观念。古人曾经将贪食奢靡者称之为"饕餮"，历来为人所不齿。但如今饮食文化中的不良之风，严重冲击着传统的文化理念，如暴富一族的奢靡消费、违反伦理的野蛮消费、违反科学的愚昧消费……又有无良的商家以天价的食品推波助澜，成为种种不良消费的助推器。据媒体报道，某地的一对螃蟹已卖到了10万元，完全是一种没落的消费景象。时下，我们还不富裕，根据中国科学院最新完成的《2012中国可持续发展战略报告》提出，中国发展中的人口压力依然巨大，中国还有1.28亿的贫困人口需要救助。目前社会上种种腐败的消费理念、消费行为，已经严重影响了社会和谐，败坏着社会风气，危及社会的公平和国家的安危，对此我们要做沉痛的反思，更重要的是要彻底革除这种腐朽的消费理念。

---

① 周才珠、齐瑞端：《墨子全译》，贵州人民出版社，1995年，第197页。

参考文献[※]

一、古籍文献

[1] 佚名. 逸周书. 贾二强，点校. 沈阳：辽宁教育出版社，1997.

[2] 老子. 帛书周易校释. 邓球柏，校释. 长沙：湖南出版社，1996.

[3] 老子. 帛书老子校注. 高明，校注. 北京：中华书局，1996.

[4] 老子. 老子校释. 朱谦之，校释. 北京：中华书局，1963.

[5] 佚名. 山海经校注. 刘向，校定. 袁珂，校注. 上海：上海古籍出版社，1980.

[6] 孔子. 论语译注. 杨伯峻，译注. 北京：中华书局，1980.

[7] 佚名. 孔子家语译注. 王德明，译注. 桂林：广西师范大学出版社，1998.

[8] 孟轲. 孟子. 北京：中华书局，1980.

[9] 墨子. 墨子全译. 周才珠，齐瑞端，译注. 贵阳：贵州人民出版社，1995.

[10] 列子. 列子全译. 王强模，译注. 贵阳：贵州人民出版社，1984.

[11] 韩非子. 韩非子译注. 陈其酋，译注. 上海：上海人民出版社，1974.

[12] 吕不韦. 吕氏春秋校释. 陈其酋，校释. 上海：学林出版社，1984.

[13] 左丘明. 春秋左传集释. 杨伯峻，集释. 上海：上海人民出版社，1977.

[14] 佚名. 周礼译注. 杨天宇，译注. 上海：上海古籍出版社，2004.

[15] 佚名. 礼记译注. 杨天宇，译注. 上海：上海古籍出版社，1997.

[16] 佚名. 黄帝内经. 北京：中医古籍出版社，2002.

[17] 司马迁. 史记. 北京：中华书局，1959.

[18] 陆贾. 新语校注. 王利群，校注. 北京：中华书局，1986.

[19] 扬雄. 扬子法言译注. 李守奎，洪玉琴，译注. 哈尔滨：黑龙江人民出版社，2003.

[20] 刘歆. 西京杂记. 成林，程章灿，译注. 贵阳：贵州人民出版社，1993.

[21] 班固. 汉书. 北京：中华书局，1962.

[22] 班固. 白虎通疏证. 陈立，疏证. 北京：中华书局，1994.

※ 编者注：本书"参考文献"，主要参照中华人民共和国国家标准GB/T 7714-2005《文后参考文献著录规则》著录。

［23］范晔. 后汉书. 北京：中华书局，1965.

［24］陈寿. 三国志. 北京：中华书局，1959.

［25］诸葛亮. 诸葛亮集校注. 张连科，官淑珍，校注. 天津：天津古籍出版社，2008.

［26］房玄龄. 晋书. 北京：中华书局，1974.

［27］张华. 博物志. 祝鸿杰，译注. 贵阳：贵州人民出版社，1992.

［28］葛洪. 抱朴子内篇. 顾久，译注. 贵阳：贵州人民出版社，1995.

［29］刘义庆. 世说新语：卷下. 上海：上海古籍出版社，1984.

［30］杨炫之. 洛阳伽蓝记校注. 范雍祥，校注. 上海：上海古籍出版社，1978.

［31］贾思勰. 齐民要术. 北京：团结出版社，1996.

［32］干宝. 搜神记. 北京：中华书局，1979.

［33］郦道元. 水经注. 上海：上海古籍出版社，1990.

［34］沈约. 宋书. 北京：中华书局，1974.

［35］魏收. 魏书. 北京：中华书局，1974.

［36］金门七真. 洞玄灵宝三洞奉道科戒营始//道藏要籍选刊：第八册. 上海：上海古籍
　　　出版社，1989.

［37］魏徵，等. 隋书. 北京：中华书局，1973.

［38］李延寿. 北史. 北京：中华书局，1974.

［39］刘昫，等. 旧唐书. 北京：中华书局，1975.

［40］长孙无忌，等. 唐律疏议. 北京：中华书局，1983.

［41］杜佑. 通典. 北京：中华书局，1984.

［42］李林甫. 唐六典. 陈仲夫，点校. 北京：中华书局，1992.

［43］吴兢. 贞观政要. 上海：上海古籍出版社，1978.

［44］王溥. 唐会要. 北京：中华书局，1955.

［45］玄奘. 大唐西域记. 周国林，注译. 长沙：岳麓书社，1999.

［46］李吉甫. 元和郡县图志. 北京：中华书局，1983.

［47］王谠. 唐语林. 上海：上海古籍出版社，1978.

［48］段成式. 酉阳杂俎. 北京：中华书局，1981.

［49］张鷟. 朝野佥载. 北京：中华书局，1979.

［50］陆羽. 茶经. 北京：中国工人出版社，2003.

［51］徐坚. 初学记. 北京：京华出版社，2000.

［52］杜甫. 杜工部集. 王学泰，点校. 沈阳：辽宁教育出版社，1997.

［53］孙思邈. 备急千金要方. 北京：中医古籍出版社，1999.

［54］孟诜. 食疗本草. 郑金生，张同君，译注. 上海：上海古籍出版社，2007.

［55］丹波康赖. 医心方. 高文铸，等，研究. 北京：华夏出版社，1996.

［56］欧阳修，宋祁. 新唐书. 北京：中华书局，1975.

［57］欧阳修. 新五代史. 北京：中华书局，1974.

［58］赵汝愚. 宋朝诸臣奏议. 上海：上海古籍出版社，1999.

［59］王钦若. 册府元龟. 北京：中华书局，1990.

［60］李昉. 太平御览. 北京：中华书局，1960.

［61］司马光. 资治通鉴. 北京：中华书局，1963.

［62］李焘. 续资治通鉴长编. 北京：中华书局，1985.

［63］朱弁. 曲洧旧闻. 北京：中华书局，1982.

［64］吴曽. 能改斋漫录. 上海：上海古籍出版社，1979.

［65］赵令畤. 侯鲭录. 北京：中华书局，2002.

［66］祝穆，祝洙. 方舆胜览. 上海：上海古籍出版社，1991.

［67］彭乘. 续墨客挥犀. 北京：中华书局，2002.

［68］孟元老. 东京梦华录注. 邓之诚，注. 北京：中华书局，1982.

［69］乐史. 太平寰宇记. 扬州：江苏广陵古籍刻印社，1991.

［70］李昉，等. 太平广记. 北京：中国盲文出版社，1998.

［71］朱满法. 要修科仪戒律钞//道藏要籍选刊：第八册. 上海：上海古籍出版社，1989.

［72］马端临. 文献通考. 北京：中华书局，1986.

［73］蒲积中. 古今岁时杂咏. 沈阳：辽宁教育出版社，1998.

［74］黎靖德. 朱子语类. 长沙：岳麓书社，1997.

［75］脱脱，等. 宋史. 北京：中华书局，1977.

［76］道润梯布. 蒙古秘史. 呼和浩特：内蒙古人民出版社，1978.

［77］耶律楚材. 西游录校注. 向达，校注. 北京：中华书局，1981.

［78］马可·波罗. 马可·波罗游记. 陈开俊，戴树英，等，译. 福州：福建科学技术出版社，1981.

［79］马可·波罗. 马可·波罗行记. 冯承钧，译. 北京：中华书局，2004.

［80］孔平仲. 孔氏谈苑//宋元笔记小说大观：第二册. 上海：上海古籍出版社，2001.

［81］李长志. 长春真人西游记. 党宝海，译注. 石家庄：河北人民出版社，2001.

［82］陶宗仪. 南村辍耕录. 北京：文化艺术出版社，1998.

［83］忽思慧. 饮膳正要. 北京：人民卫生出版社，1986.

［84］孔齐. 至正直记. 上海：上海古籍出版社，1987.

［85］宋应星. 天工开物. 钟广言，注释. 广州：广东人民出版社，1976.

［86］李时珍. 本草纲目. 刘衡如，刘永山，校注. 北京：华夏出版社，1998.

［87］鲍山. 野菜博录. 王承略，点校. 济南：山东画报出版社，2007.

［88］胡震亨. 唐音统签. 上海：上海古籍出版社，2003.

［89］余庭璧. 事物异名. 杨绳信，校注. 太原：山西古籍出版社，1993.

［90］胡汝砺. 嘉靖宁夏新志. 管律，重修. 银川：宁夏人民出版社，1982.

［91］顾炎武. 天下郡国利病书. 上海：上海科学技术出版社，2002.

［92］张廷玉. 明史. 北京：中华书局，1974.

［93］傅恒，等. 钦定皇兴西舆图志. 兰州：兰州古籍书店，1990.

［94］和宁. 回疆通志. 兰州：兰州古籍书店，1990.

［95］邓承伟，等. 西宁府续志. 西宁：青海人民出版社，1985.

［96］顾祖禹. 读史方舆纪要. 贺次君，施和金，点校. 北京：中华书局，2005.

［97］穆彰阿，等. 嘉庆重修一统志. 北京：中华书局，1986.

［98］康敷镕. 青海记. 兰州：兰州古籍书店，1990.

［99］鲁廷琰. 陇西志. 兰州：兰州古籍书店，1990.

［100］升允，安维峻，等. 甘肃新通志. 兰州：兰州古籍书店，1990.

［101］彭定求，等. 全唐诗. 北京：中华书局，1999.

［102］阮元. 十三经注疏. 北京：中华书局，1980.

［103］王昶. 金石萃编. 北京：中国书店，1985.

［104］苏铣. 西宁志. 王昱，马忠，校注. 西宁：青海人民出版社，1993.

［105］杨芳灿. 灵州志. 兰州：兰州古籍书店，1990.

［106］杨寿，等. 朔方新志. 兰州：兰州古籍书店，1990.

［107］杨应琚. 西宁府新志. 西宁：青海人民出版社，1988.

［108］袁枚. 随园食单. 南京：江苏古籍出版社，2000.

［109］马骕. 绎史. 上海：上海古籍出版社，1993.

［110］叶显纯. 本草衍义. 上海：上海中医药大学出版社，1997.

［111］张瑞贤. 本经逢原. 北京：华夏出版社，1998.

［112］洪亮吉. 洪亮吉集. 刘德权，点校. 北京：中华书局，2001.

［113］张春溪. 崆峒山志. 兰州：兰州古籍书店，1990.

［114］周希武. 玉树调查记. 吴均，校释. 西宁：青海人民出版社，1986.

［115］罗振玉. 三代吉金文存. 北京：中华书局，1983.

二、现当代著作

［1］斯坦因. 西域考古记. 北京：中华书局，1946.

［2］袁珂. 中国古代神话. 北京：中华书局，1960.

［3］李约瑟. 中国科学技术史. 北京：科学出版社，1975.

［4］新疆维吾尔自治区博物馆. 新疆历史文物. 北京：文物出版社，1977.

［5］睡虎地秦墓竹简整理小组. 睡虎地秦墓竹简. 北京：文物出版社，1978.

［6］甘肃省博物馆. 甘肃文物考古工作三十年//文物考古工作三十年. 北京：文物出版社，1979.

［7］青海省文物管理处考古队. 青海文物考古工作三十年//文物考古工作三十年. 北京：文物出版社，1979.

［8］新疆维吾尔自治区博物馆，新疆社会科学院考古研究所. 建国以来新疆考古的主要收获//文物考古工作三十年. 北京：文物出版社，1979.

［9］浙江省博物馆. 三十年来浙江文物考古工作//文物考古工作三十年. 北京：文物出版社，1979.

［10］国家文物局，新疆维吾尔自治区博物馆，武汉大学历史系. 吐鲁番出土文书：第三册. 北京：文物出版社，1981.

［11］王尧. 吐蕃金石录. 北京：文物出版社，1982.

［12］闻一多. 闻一多全集. 北京：生活·读书·新知三联书店，1982.

［13］刘志远，余德章，刘文杰. 四川汉代画像砖与汉代社会. 北京：文物出版社，1983.

［14］徐中舒. 甲骨文字典. 成都：四川辞书出版社，1983.

［15］新疆社会科学院考古研究所. 新疆考古三十年. 乌鲁木齐：新疆人民出版社，1983.

［16］列宁. 列宁全集：第二六卷. 北京：人民出版社，1984.

［17］甘肃省文物工作队，甘肃省博物馆. 嘉峪关壁画墓发掘报告. 北京：文物出版社，1985.

［18］陈锐. 甘肃特产风味指南. 兰州：甘肃人民出版社，1985.

［19］夏鼐. 中国文明的起源. 北京：文物出版社，1985.

［20］邓少琴.《山海经》昆仑之丘应即青藏高原巴颜喀拉山//山海经新探. 成都：四川省
社会科学院出版社，1986.

［21］河北省文物考古研究所. 藁城台西商代中期遗址. 北京：文物出版社，1986.

［22］林干. 匈奴通史. 北京：人民出版社，1986.

［23］羌族简史编写组. 羌族简史. 成都：四川民族出版社，1986.

［24］马曼丽，樊保良. 古代开拓家西行足迹. 西安：陕西人民出版社，1987.

［25］青海省志编纂委员会. 青海历史纪要. 西宁：青海人民出版社，1987.

［26］银川市人民政府市志编纂办公室. 银川市情. 银川：宁夏人民出版社，1987.

［27］刘光华. 汉代西北屯田. 兰州：兰州大学出版社，1988.

［28］徐锡台. 周原甲骨文综述. 西安：三秦出版社，1988.

［29］赵诚. 甲骨文简明辞典. 北京：中华书局，1988.

［30］祝启源. 唃厮啰——宋代藏族政权. 西宁：青海人民出版社，1988.

［31］王儒林，李陈广. 南阳汉画像石. 郑州：河南美术出版社，1989.

［32］甘肃省科技史志编辑部. 甘肃科技志·大事记. 兰州：甘肃科学技术出版社，
1989.

［33］许成，韩小忙. 宁夏四十年考古发现与研究. 银川：宁夏人民出版社，1989.

［34］张波. 西北农牧史. 西安：陕西科学技术出版社，1989.

［35］张朋川. 中国彩陶图谱. 北京：文物出版社，1990.

［36］山东省文物考古研究所. 前进中的十年——1978—1988年山东省文物考古工作概述//
文物考古工作十年. 北京：文物出版社，1991.

［37］云南省博物馆. 十年来云南文物考古新发现及研究//文物考古工作十年. 北京：文
物出版社，1991.

［38］四川省文物管理委员会，四川省文物考古研究所. 四川省文物考古十年//文物考古
工作十年. 北京：文物出版社，1991.

［39］宁夏文物考古研究所. 宁夏文物考古工作十年//文物考古工作十年. 北京：文物出
版社，1991.

［40］甘肃省文物考古研究所. 甘肃省文物工作十年//文物考古工作十年. 北京:文物出版
社，1991.

［41］青海省文物考古研究所．青海近十年文物考古文物考古的收获//文物考古工作十年．北京：文物出版社，1991.

［42］陕西省考古研究所．十年来陕西省文物考古的新发现//文物考古工作十年．北京文物出版社，1991.

［43］新疆文物考古研究所．新疆文物考古工作十年//文物考古工作十年．北京：文物出版社，1991.

［44］王香亭．甘肃脊椎动物志．兰州：甘肃科学技术出版社，1991.

［45］廖育群．岐黄医道．沈阳：辽宁教育出版，1991.

［46］刘起釪．古史续辨．北京：中国社会出版社，1991.

［47］周兴华．中卫岩画．银川：宁夏人民出版社，1991.

［48］方国瑜．中国西南历史地理考释．北京：中华书局，1992.

［49］何光岳．炎黄源流史．南昌：江西教育出版社，1992.

［50］李明伟．丝绸之路与西北经济社会研究．兰州：甘肃人民出版社，1992.

［51］林松，和龚．回回历史与伊斯兰文化．北京：今日中国出版社，1992.

［52］裘锡圭．古代文史研究新探．南京：江苏古籍出版社，1992.

［53］陈全方．"诗经"中所见的酒//西周酒文化与当今宝鸡名酒．西安：陕西人民出版社，1992.

［54］王仲荦．敦煌石室地志残卷考释．上海：上海古籍出版社，1993.

［55］王红旗．生活中的神妙数字．北京：中国对外翻译出版公司，1993.

［56］王仁湘．中国文化与饮食．北京：人民出版社，1993.

［57］周世荣．从马王堆出土文物看我国道家文化//道家文化研究：第三辑，上海：上海古籍出版社，1993.

［58］陈炳应．西夏谚语．太原：山西人民出版社，1993.

［59］陈守忠．河陇史地考述．兰州：兰州大学出版社，1993.

［60］郭锋．斯坦因第三次中亚探险所获甘肃新疆出土汉文文书．兰州：甘肃人民出版社，1993.

［61］胡翔骅．帛书《却谷食气》义证//道家文化研究：第三辑．上海：上海古籍出版社，1993.

［62］马雍，王炳华．阿尔泰与欧亚丝绸之路//丝绸之路与中亚文明．乌鲁木齐：新疆美术摄影出版社，1994.

［63］乌鲁木齐市党史地方史编纂委员会. 乌鲁木齐市志. 乌鲁木齐：新疆人民出版社，1994.

［64］宋镇豪. 夏商社会生活史. 北京：中国社会科学出版社，1994.

［65］朱世奎，周生文，李文斌. 青海风俗简志. 西宁：青海人民出版社，1994.

［66］谢弗. 唐代的外来文明. 北京：中国社会科学出版社，1995.

［67］付淑敏. 马王堆帛书《却谷食气篇》新探//道教文化研究：第一辑，北京：书目文献出版社，1995.

［68］莫尼克·玛雅尔. 古代高昌王国物质文明史. 耿昇，译. 北京：中华书局，1995.

［69］霍有光. 司马迁与地学文化. 西安：陕西人民教育版社，1995.

［70］穆赤·云登嘉措. 青海少数民族. 西宁：青海人民出版社，1995.

［71］芮传明，余太山. 中西纹饰比较. 上海：上海古籍出版社，1995.

［72］王昆吾. 唐代酒令艺术. 上海：东方出版中心，1995.

［73］吴慧颖. 中国数文化. 长沙：岳麓书社，1995.

［74］新疆维吾尔自治区博物馆. 尼雅遗址的重要发现//新疆文物考古新收获（1979—1989年）. 乌鲁木齐：新疆人民出版社，1995.

［75］新疆社会科学院考古研究所. 孔雀河古墓及其初步研究发掘//新疆文物考古新收获（1979—1989年）. 乌鲁木齐：新疆人民出版社，1995.

［76］徐英毅. 徐州汉画像石. 北京：中国世界语出版社，1995.

［77］张维慎.《山海经》中的"甘木"考辨//陕西历史博物馆刊（2）. 西安：三秦出版社，1995.

［78］张泽咸. 唐代工商业. 北京：中国社会科学出版社，1995.

［79］周成. 中国古代交通图典. 北京，中国世界语出版社，1995.

［80］程蔷，董乃斌. 唐帝国的精神文明. 北京：中国社会科学出版社，1996.

［81］黄世瑞. 中国古代科学技术史纲：农学卷. 沈阳：辽宁教育出版社，1996.

［82］李朝远. 上海博物馆新获秦公器研究//上海博物馆集刊：第七期. 上海：上海书画出版社，1996.

［83］马德. 敦煌莫高窟史研究. 兰州：甘肃教育出版社，1996.

［84］王玉荣，吴仁德，张之恒，等. 农业的起源和发展. 南京：南京大学出版社，1996.

［85］赵予征. 丝绸之路屯垦研究. 乌鲁木齐：新疆人民出版社，1996.

［86］杨东晨. 炎黄故地考辨//炎帝论. 西安：陕西人民出版社，1996.

［87］中国农业全书·甘肃卷编辑委员会. 中国农业全书·甘肃卷. 北京：中国农业出版社，1997.

［88］李清凌. 西北经济史. 北京：人民出版社，1997.

［89］李实. 甲骨文字丛考. 兰州：甘肃人民出版社，1997.

［90］张弓. 汉唐佛寺文化史. 北京：中国社会科学出版社，1997.

［91］陈建宪. 神话解读. 石家庄：河北教育出版社，1997.

［92］蒋礼鸿. 敦煌变文字义通释. 上海：上海古籍出版社，1997.

［93］柳洪亮. 新出吐鲁番文书及其研究. 乌鲁木齐：新疆人民出版社，1997.

［94］彭邦炯. 甲骨文农业资料考辨与研究. 长春：吉林文史出版社，1997.

［95］新疆文物考古研究所，吐鲁番地区文管所. 善鄯苏贝希墓群一号墓地发掘简报//新疆文物考古新收获（续）（1990—1996年）. 乌鲁木齐：新疆美术摄影出版社，1997.

［96］新疆文物考古研究所. 哈密五堡墓地151、152号墓葬//新疆文物考古新收获（续）（1990—1996年）. 乌鲁木齐：新疆美术摄影出版社，1997.

［97］薛宗正. 中国新疆·古代社会生活史. 乌鲁木齐：新疆人民出版社，1997.

［98］郝春文. 唐后期五代宋初敦煌僧尼的社会生活. 北京：中国社会科学出版社，1998.

［99］李斌城，李锦绣，等. 隋唐五代社会生活史. 北京：中国社会科学出版社，1998.

［100］李俨，钱宝琮. 科学史全集：第三卷. 沈阳：辽宁教育出版社，1998.

［101］朱瑞熙，张邦炜，等. 辽宋西夏金社会生活史. 北京:中国社会科学出版社，1998.

［102］中国农业全书·宁夏卷编辑委员会. 中国农业全书·宁夏卷. 北京：中国农业出版社，1998.

［103］亨利·佩卓斯基. 器具的进化. 丁佩芝，陈月霞，译. 北京：中国社会科学出版社，1999.

［104］高国藩. 敦煌俗文化学. 上海：上海三联书店，1999.

［105］关连吉. 凤鸣陇山——甘肃民族文化. 兰州：甘肃教育出版社，1999.

［106］卿希泰，姜生. "天之道"与"二人之道"——道家伦理的二无结构及对中国伦理的影响//道家文化研究：十六辑. 北京：三联书店，1999.

［107］王世民，陈公柔，张长寿. 夏商周断代工程报告集//西周青铜器分期断代研究. 北京：文物出版社，1999.

［108］王永强，史为民，谢建酋. 中国少数民族文化史图典：西北卷. 南宁：广西教育出版社，1999.

[109] 杨晓霭. 瀚海驼铃——丝绸之路的人物往来与文化交流. 兰州：甘肃教育出版社，1999.

[110] 姚伟钧. 中国传统饮食礼俗研究. 武汉：华中师范大学出版社，1999.

[111] 中国社会科学院考古研究所，谢端琚. 师赵村与西山坪. 北京：中国大百科全书出版社，1999.

[112] 钟敬文. 钟敬文文集·民俗卷. 合肥：安徽教育出版社，1999.

[113] 周本雄. 师赵村与西山坪遗址的动物遗存//师赵村与西山坪. 北京：中国大百科全书出版社，1999.

[114] 李炳泽. 多味的餐桌. 北京：北京出版社，2000.

[115] 吕卓民. 明代西北农牧业地理. 台北：台湾洪叶文化事业有限公司，2000.

[116] 宋岘. 回回药方考释. 北京：中华书局，2000.

[117] 奥雷尔·斯坦因. 踏勘尼雅遗址. 刘文锁，肖勇，胡锦州，译. 南宁：广西师范大学出版社，2000.

[118] 黄泽岭，郑守来. 大槐树迁民. 北京：中国档案出版社，2000.

[119] 夏商周断代工程专家组. 夏商周断代工程1996~2000年阶段成果报告. 北京：世界图书出版公司，2000.

[120] 徐日辉. 街亭丛考. 兰州：甘肃人民出版社，2000.

[121] 徐日辉. 史记八书与中国文化研究. 西安：陕西人民教育出版社，2000.

[122] 扬之水. 诗经名物新证. 北京：北京古籍出版社，2000.

[123] 杨宽. "籍礼"新探·笃志集. 上海：上海古籍出版社，2000.

[124] 袁融. 甘肃嘉峪关魏晋六号墓彩绘砖. 重庆：重庆出版社，2000.

[125] 袁融. 甘肃嘉峪关魏晋一号墓彩绘砖. 重庆：重庆出版社，2000.

[126] 袁融. 甘肃酒泉西沟魏晋墓彩绘砖. 重庆：重庆出版社，2000.

[127] 中国农业全书·新疆卷编辑委员会. 中国农业全书·新疆卷. 北京：中国农业出版社，2000.

[128] 白剑波. 中国清真饮食的起源和发展//伊斯兰文化论集. 北京：中国社会科学出版社，2001.

[129] 陈诏. 中国馔食文化. 上海：上海古籍出版社，2001.

[130] 卡罗琳·考斯梅尔. 味觉. 吴琼，叶勤，张雷，译. 北京：中国友谊出版公司，2001.

［131］陈高华，史卫民. 中国风俗通史·元代卷. 上海：上海文艺出版社，2001.

［132］李淞. 汉代人物雕刻艺术. 长沙：湖南美术出版社，2001.

［133］林永匡，袁立泽. 中国风俗通史·清代卷. 上海：上海文艺出版社，2001.

［134］马平. 甘南藏区拉仁关回族"求索玛"群体研究//伊斯兰文化论集. 北京：中国社会科学版社，2001.

［135］米寿江. 本土化的中国伊斯兰教及其特点//伊斯兰文化论集. 北京：中国社会科学出版社，2001.

［136］宁锐. 中国回族的饮食民俗//伊斯兰文化论集. 北京：中国社会科学出版社，2001.

［137］宋德金，史金波. 中国风俗通史·辽金西夏卷. 上海：上海文艺出版社，2001.

［138］翁俊雄. 唐代区域经济研究. 北京：首都师范大学出版社，2001.

［139］徐吉军，方建新，等. 中国风俗通史·宋代卷. 上海：上海文艺出版社，2001.

［140］中国农业全书·青海卷编辑委员会. 中国农业全书·青海卷. 北京：中国农业出版社，2001.

［141］吴玉贵. 中国风俗通史·隋唐五代卷. 上海：上海文艺出版社，2002.

［142］陈彦堂. 人间的烟火·炊食具. 上海：上海文艺出版社，2002.

［143］陈文华. 农业考古. 北京：文物出版社，2002.

［144］程晓钟. 大地湾考古研究文集. 兰州：甘肃文化出版社，2002.

［145］甘肃省秦安县博物馆. 娲乡遗珍. 内部资料，2002.

［146］郎树德. 大地湾农业遗存黍和羊骨的发现与启示//大地湾考古研究文集. 兰州：甘肃文化出版社，2002.

［147］僧人. 西夏王国与东方金字塔. 成都：四川人民出版社，2002.

［148］王炳华. 沧桑楼兰——罗布淖尔考古大发现. 杭州：浙江文艺出版社，2002.

［149］谢端琚. 甘青地区史前考古. 北京：文物出版社，2002.

［150］许嘉璐. 中国古代衣食住行. 北京：北京出版社，2002.

［151］张锦秀. 麦积山石窟志. 兰州：甘肃教育出版社，2002.

［152］赵建龙. 大地湾古量器及分配制度初探//大地湾考古研究文集. 兰州：甘肃文化出版社，2002.

［153］王赛时. 唐代饮食. 济南：齐鲁书社，2003.

［154］陈启荣. 世界家鸡起源研究的新进展//古今农业论丛. 广州：广东经济出版社，2003.

[155] 徐日辉. 秦早期发展史. 北京：中国科学文化出版社，2003.

[156] 徐日辉. 论渭水流域对中华民族形成的影响//炎帝与汉民族论集. 西安：陕西人民出版社，2003.

[157] 湛如. 敦煌佛教律仪制度研究. 北京：中华书局，2003.

[158] 李波. "吃垮中国"？中国食文化反思. 北京：光明日报出版社，2004.

[159] 程超寰，杜汉阳. 本草药名汇考. 上海：上海古籍出版社，2004.

[160] 高启安. 唐五代敦煌饮食文化研究. 北京：民族出版社，2004.

[161] 王卞. 敦煌道教文献研究. 北京：中国社会科学出版社，2004.

[162] 徐连达. 唐朝文化史. 上海：复旦大学出版社，2004.

[163] 周伟洲. 早期党项史研究. 北京：中国社会科学出版社，2004.

[164] 徐日辉. 伏羲文化研究. 北京：中国教育文化出版社，2005.

[165] 徐兴海. 中国食品文化论稿. 贵阳：贵州人民出版社，2005.

[166] 赵珍. 清代西北生态变迁研究. 北京：人民出版社，2005.

[167] 捷连吉耶夫－卡坦斯基. 西夏物质文化. 崔红芬，文志勇，译. 北京：民族出版社，2006.

[168] 丹尼尔·A·科尔曼. 生态政治——建设绿色国家. 梅俊杰，译. 上海：上海译文出版社，2006.

[169] 蔡家艺. 清代新疆社会经济史纲. 北京：人民出版社，2006.

[170] 甘肃省文物考古研究所. 秦安大地湾——新石器时代遗址发掘报告. 北京，文物出版社，2006.

[171] 高阳. 古今食事. 北京：华夏出版社，2006.

[172] 韩香. 隋唐长安与中亚文明. 北京：中国社会科学出版社，2006.

[173] 刘长江. 大地湾遗址植物遗存鉴定报告//秦安大地湾——新石器时代遗址发掘报告. 北京：文物出版社，2006.

[174] 王仁湘. 中国饮食的历史与文化. 济南：山东画报出版社，2006.

[175] 吴天墀. 西夏史史稿. 南宁：广西师范大学出版社，2006.

[176] 徐日辉. 伏羲文化、炎黄文化对后世的深远影响//文化天水. 兰州：甘肃文化出版社，2006.

[177] 张维慎. 论明代宁夏镇的水利建设//陕西历史博物馆馆刊（13）. 西安：三秦出版社，2006.

［89］中国社会科学院考古研究所甘青工作队，青海省文物考古研究所. 青海民和县喇家遗址2000年发掘简报. 考古，2002（12）.

［90］青海省文物考古研究所. 青海乌兰县大南湾遗址试掘简报. 考古，2002（12）.

［91］许新国. 青海考古的回顾与展望. 考古，2002（12）.

［92］贡保草. 试析藏族糌粑食俗及其文化内涵. 民院学报，2003（1）.

［93］林祥庚. 黄帝传说辨析. 光明日报，2003-1-28.

［94］新疆维吾尔自治区博物馆，巴音郭楞蒙古自治州文物管理所，且末县文物管理所. 新疆且末扎滚鲁克一号墓地发掘报告. 考古学报，2003（1）.

［95］奇曼·乃吉米丁，热依拉·买买提. 维吾尔族饮食文化与生态环境. 西北民族研究，2003（2）.

［96］朱和平. 汉代屯田说. 农业考古. 2004（1）.

［97］冯迎福. 回族禁忌习俗及其社会功能. 民院学报，2004（1）.

［98］刘明科. 宝鸡关桃园遗址早期农业问题的蠡测——兼谈炎帝发明耒耜和农业与炎帝文化年代问题. 农业考古，2004（3）.

［99］徐日辉. 中国西北地区饮食文化渊源初探. 饮食文化研究，2004（4）.

［100］王泽应. 论诚信. 光明日报，2004-11-23.

［101］毛阳光. 北朝至隋唐时期黄河流域的西域胡人. 寻根，2006（2）.

［102］杨乙丹. 魏晋南北朝时期农业科技文化的交流及其思考. 古今农业，2006（2）.

［103］张玉欣. 台湾的切仔面. 中华饮食文化基金会会讯，2006（4）.

［104］徐日辉. 太皞伏羲氏与中原文明. 河南科技大学学报. 2006（6）.

［105］徐日辉. 墨子"畜种菽粟不足以食之"略论. 浙江工商大学学报，2007（6）.

［106］大地湾考古又获重大发现6万年前就有先民. 兰州晨报，2009-8-13.

［107］巫新华. 新疆的和田达玛沟佛寺考古新发现与研究. 文物，2009（8）.

［108］王小锡. 消费也有个道德问题. 光明日报，2010-6-1.

［109］徐日辉. 略论管子与齐军事思想的发展. 管子学刊，2011（2）.

［110］孙继民，许会玲. 西夏榷场使文书所见西夏尺度关系考. 西夏研究，2011（2）.

［111］薛路，胡若飞. 西夏仁孝盛世的农耕业考. 西夏研究，2012（1）.

［112］保宏彪. 论河西走廊在西夏兴起与发展过程中的战略意义. 西夏研究，2012（2）.

［113］庄电一. 五次发掘：水洞沟有多少秘密. 光明日报，2012-5-11.

［114］李零. 北大秦牍《泰原有死者》简介. 文物，2012（6）.

索　引※

※ 编者注：本书"索引"，主要参照中华人民共和国国家标准GB/T 22466-2008《索引编制规则（总则）》编制。

后记

我热爱西北，由于种种原因曾长期在西北高校工作，从事地方史研究三十余年，包括西北地区的饮食文化。《中国饮食文化史·西北地区卷》本人于1999年开始动笔撰写，历经十余载，几易其稿终得杀青，凡20余万字。

《中国饮食文化史·西北地区卷》是中国饮食文化史中的一部，按照体例要求，地理范围仅限于甘肃、宁夏、青海和新疆四省（自治区）。

作为第一部有关西北地区饮食文化史的学术专著，从"史"的角度出发，本书具有原创性和发明权。

西北地区历史悠久文化绵长，曾经是中华文化和中国农业文明的发祥地之一，有着8000多年的历史。但由于唐朝以后本地区远离政治中心和经济中心，致使文献记载缺佚，为研究工作带来了不少困难。

随着城市化进程的推进，越来越多的考古成果使西北地区饮食文化的脉络逐渐明朗起来，因此，《中国饮食文化史·西北地区卷》以文献为基础，引用最新的考古成果、实物图片以及田野调查所得，采取图文并茂的表现形式，加深研究的力度，解读了沉重的历史。

"民以食为天，国以粮为本"，是农业中国的基本国策，只有在"吃"和"吃饱"的前提下才能谈及文化。

我是经过1960—1963灾荒之年活下来的人，当面临生命受到危困时，深感"食"的重要。在生死攸关的时刻，任何财富和"食"相比都等于零。记得1961年的一天，我和弟弟拿着一个用野菜和的高粱面窝窝头在大门外正准备吃，忽然有一个成年人手里拿着一张10元面值的人民币，想买我哥俩手中的窝窝头，我们想都不想，就一口回绝了，并且迅速填入口中，几乎被噎坏。事情已过去50多年了，仍然历历在目记忆犹新，恍如昨天。

《墨子》曰："国无三年之食者，国非其国也；家无三年之食者，子非其子也。"是说一个国家如果没有三年的粮食储备，就有可能被其他国家所侵占，而一个家庭如果没有三年的粮食储备，就可能卖儿求生。因此国家粮食的数量安全、解决百姓吃饭的问题仍然是第一位的头等大事。

余祖籍山东掖县，1894年先祖因避兵燹而迁至辽宁海城。1948年家父投军四野，入关、进京、南下，驻沪遇家母。尔后抗美援朝，最后落脚甘肃。1969年我在甘肃天水参加工作，一干就是三十年，对甘肃的一山一水，有着难以割舍的情感。仅以《中国饮食文化史·西北地区卷》在奉献于社会的同时，回报多年来甘肃对我的培养。

在本书付梓之际，首先要感谢我的夫人，浙江工商大学图书馆的祁爱云女士，我于2002年被引进杭州，夫人同来。她在工作和操持家务之余，还承担了本书繁重的打字工作，对于这样一位相夫教子的贤妻良母，理当感谢。

在此，我还要感谢杭州师范大学的王同教授、天水师范学院的刘红岩教授提供的部分照片。

感谢李琪研究生以及学生张译之提供的部分照片。

特别感谢中国轻工业出版社的副总编辑马静，据我所知，马静编审为这一套书整整花去了20年的心血，一个人能有几个20年，而且是青春靓丽的20年。在她身上体现出的为传承中华文化的坚守和执着的忘我精神，孜孜不倦精益求精的努力，确实值得我们学习。

感谢刘尚慈编审，谢谢她对于本书古籍的精心审校，为本书增色匪浅，大属不易。

感谢方程编辑，感谢他在接手本书以后所付出的辛勤劳动，没有他的努力这套高质量的丛书是无法面世的。

余已耳顺，感叹诸事纷杂；每读"逝者如斯夫"，方晓"知者不博，博者不知"，唯"发愤忘食"而上下求索。

在此，再次感谢所有关心我、支持我的老师、朋友和同仁们！

岁月如流，难舍昼夜。

徐日辉

于浙江工商大学

二〇一二年十一月三十日 花甲之日

编辑手记

为了心中的文化坚守

——记《中国饮食文化史》（十卷本）的出版

《中国饮食文化史》（十卷本）终于出版了。我们迎来了迟到的喜悦，为了这一天，我们整整守候了二十年！因此，这一份喜悦来得深沉，来得艰辛！

（一）

谈到这套丛书的缘起，应该说是缘于一次重大的历史机遇。

1991年，"首届中国饮食文化国际学术研讨会"在北京召开。挂帅的是北京市副市长张建民先生，大会的总组织者是北京市人民政府食品办公室主任李士靖先生。来自世界各地及国内的学者济济一堂，共叙"食"事。中国轻工业出版社的编辑马静有幸被大会组委会聘请为论文组的成员，负责审读、编辑来自世界各地的大会论文，也有机缘与来自国内外的专家学者见了面。

这是一次高规格、高水准的大型国际学术研讨会，自此拉开了中国食文化研究的热幕，成为一个具有里程碑意义的会议。这次盛大的学术会议激活了中国久已蕴藏的学术活力，点燃了中国饮食文化建立学科继而成为显学的希望。

在这次大会上，与会专家议论到了一个严肃的学术话题——泱泱中国，有着五千年灿烂的食文化，其丰厚与绚丽令世界瞩目——早在170万年前元谋（云南）人即已发现并利用了火，自此开始了具有划时代意义的熟食生活；古代先民早已普遍知晓三点决定一个平面的几何原理，制造出了鼎、鬲等饮食容器；先民发明了二十四节气的农历，在夏代就已初具雏形，由此创造了中华民族最早的农耕文明；中国是世界上最早栽培水稻的国家，也是世界上最早使用蒸汽烹饪的国家；中国有着令世界倾倒的美食；有着制作精美的最早的青铜器酒具，有着世界最早的茶学著作《茶经》……为世界饮食文化建起了一座又一座的丰碑。然而，不容回避的现实是，至今没有人来系统地彰显中华民族这些了不起的人类文明，因为我们至今都没有一部自己的饮食文化史，饮食文化研究的学术制高点始终掌握在国外学者的手里，这已成为中国学者心中的一个痛，一个郁郁待解的沉重心结。

这次盛大的学术集会激发了国内专家奋起直追的勇气，大家发出了共同的心声：全方位地占领该领域学术研究的制高点时不我待！作为共同参加这次大会的出版工作者，马静和与会专家有着共同的强烈心愿，立志要出版一部由国内专家学者撰写的中华民族饮食文化史。赵荣光先生是中国饮食文化研究领域建树颇丰的学者，此后由他担任主编，开始了作者队伍的组建，东西南北中，八方求贤，最终形成了一支覆盖全国各个地区的饮食文化专家队伍，可谓学界最强阵容。并商定由中国轻工业出版社承接这套学术著作的出版，由马静担任责任编辑。

此为这部书稿的发端，自此也踏上了二十年漫长的坎坷之路。

<h1 style="text-align:center">（二）</h1>

撰稿是极为艰辛的。这是一部填补学术空白与出版空白的大型学术著作，因此没有太多的资料可资借鉴，多年来，专家们像在沙里淘金，爬梳探微于浩瀚古籍间，又像春蚕吐丝，丝丝缕缕倾吐出历史长河的乾坤经纬。冬来暑往，饱尝运笔滞涩时之苦闷，也饱享柳暗花明时的愉悦。杀青之后，大家一心期待着本书的出版。

然而，现实是严酷的，这部严肃的学术著作面临着商品市场大潮的冲击，面临着生与死的博弈，一个绕不开的话题就是经费问题，没有经费将寸步难行！我们深感，在没有经济支撑的情况下，文化将没有任何尊严可言！这是苦苦困扰了我们多年的一个苦涩的原因。

一部学术著作如果不能靠市场赚得效益，那么，出还是不出？这是每个出版社都必须要权衡的问题，不是一个责任编辑想做就能做决定的事情。1999年本书责任编辑马静生病住院期间，有关领导出于多方面的考虑，探病期间明确表示，该工程必须下马。作为编辑部的一件未尽事宜，我们一方面八方求助资金以期救活这套书，另一方面也在以万分不舍的心情为其寻找一个"好人家""过继"出去。由于没有出版补贴，遂被多家出版社婉拒。在走投无路之时，马静求助于出版同仁、老朋友——上海人民出版社的李伟国总编辑。李总编学历史出身，深谙我们的窘境，慷慨出手相助，他希望能削减一些字数，并答应补贴10万元出版这套书，令我们万分感动！

但自"孩子过继"之后，我们心中出现的竟然是在感动之后的难过，是"过继"后的难以割舍，是"一步三回头"的牵挂！"我的孩子安在？"时时袭上心头，遂"长使英雄泪满襟"——它毕竟是我们已经看护了十来年的孩子。此时心中涌起的是对自己无钱而又无能的自责，是时时想"赎回"的强烈愿望！至今写到这里仍是眼睛湿润唏嘘不已……

经由责任编辑提议，由主编撰写了一封情辞恳切的"请愿信"，说明该套丛书出版的重大意义，以及出版经费无着的困窘，希冀得到饮食文化学界的一位重量级前辈——李士靖先生的帮助。这封信由马静自北京发出，一站一站地飞向了全国，意欲传到十卷丛书的每一位专家作者手中签名。于是这封信从东北飞至西北，从东南飞至西南，从黄河飞至长江……历时一个月，这封满载着全国专家学者殷切希望的滚烫的联名信件，最终传到了"北京中国饮食文化研究会"会长、北京市人民政府食品办公室主任李士靖先生手中。李士靖先生接此信后，如双肩荷石，沉吟许久，遂发出军令一般的誓言：我一定想办法帮助解决经费，否则，我就对不起全国的专家学者！在此之后，便有了知名企业家——北京稻香村食品有限责任公司董事长、总经理毕国才先生慷慨解囊、义举资助本套丛书经费的感人故事。毕老总出身书香门第，大学读的是医学专业，对中国饮食文化有着天然的情愫，他深知这套学术著作出版的重大价值。这笔资助，使得这套丛书得以复苏——此时，我们的深切体会是，只有饿了许久的人，才知道粮食的可贵！……

在我们获得了活命的口粮之后，就又从上海接回了自己的"孩子"。在这里我们要由衷感谢李伟国总编辑的大度，他心无半点芥蒂，无条件奉还书稿，至今令我们心存歉意！

有如感动了上苍，在我们一路跌跌撞撞泣血奔走之时，国赐良机从天而降——国家出版基金出台了！它旨在扶助具有重要出版价值的原创学术精品力作。经严格筛选审批，本书获得了国家出版基金的资助。此时就像大旱中之云霓，又像病困之人输进了新鲜血液，由此全面盘活了这套丛书。这笔资金使我们得以全面铺开精品图书制作的质量保障系统工程。后续四十多道工序的工艺流程有了可靠的资金保证，从此结束了我们捉襟见肘、寅吃卯粮的日子，从而使我们恢复了文化的自信，感受到了文化的尊严！

（三）

我们之所以做苦行僧般的坚守，二十年来不离不弃，是因为这套丛书所具有的出版价值——中国饮食文化是中华文明的核心元素之一，是中国五千年灿烂的农耕文化和畜牧渔猎文化的思想结晶，是世界先进文化和人类文明的重要组成部分，它反映了中国传统文化中的优秀思想精髓。作为出版人，弘扬民族优秀文化，使其走出国门走向世界，是我们义不容辞的责任，尽管文化坚守如此之艰难。

季羡林先生说，世界文化由四大文化体系组成，中国文化是其中的重要组成部分（其他三个文化体系是古印度文化、阿拉伯-波斯文化和欧洲古希腊-古罗马文化）。中国是世界上唯一没有中断文明史的国家。中国自古是农业大国，有着古老而璀璨的农业文明，它是中国饮食文化的根基所在，就连代表国家名字的专用词"社稷"，都是由"土神"和"谷神"组成。中国饮食文化反映了中华民族这不朽的农业文明。

中华民族自古以来就有着"五谷为养，五果为助，五畜为益，五菜为充"的优良饮食结构。这个观点自两千多年前的《黄帝内经》时就已提出，在两千多年后的今天来看，这种饮食结构仍是全世界推崇的科学饮食结构，也是当代中国大力倡导的健康饮食结构。这是来自中华民族先民的智慧和骄傲。

中华民族信守"天人合一"的理念，在年复一年的劳作中，先民们敬畏自然，尊重生命，守天时，重时令，拜天祭地，守护山河大海，守护森林草原。先民发明的农历二十四个节气，开启了四季的农时轮回，他们既重"春日"的生发，又重"秋日"的收获，他们颂春，爱春，喜秋，敬秋，创造出无数的民俗、农谚。"吃春饼""打春牛""庆丰登"……然而，他们节俭、自律，没有掠夺式的索取，他们深深懂得人和自然是休戚与共的一体，爱护自然就是爱护自己的生命，从不竭泽而渔。早在周代，君王就已经认识到生态环境安全与否关乎社稷的安危。在生态环境严重恶化的今天，在掠夺式开采资源的当代，对照先民们信守千年的优秀品质，不值得当代人反思吗?

中华民族笃信"医食同源"的功用,在现代西方医学传入中国以前,几千年来"医食同源"的思想护佑着中华民族的繁衍生息。中国的历史并非长久的风调雨顺、丰衣足食,而是灾荒不断,迫使人们不断寻找、扩大食物的来源。先民们既有"神农尝百草,日遇七十二毒"的艰险,又有"得茶而解"的收获,一代又一代先民,用生命的代价换来了既可果腹又可疗疾的食物。所以,在中华大地上,可用来作食物的资源特别多,它是中华先民数千年戮力开拓的丰硕成果,是先民们留下的宝贵财富;"医食同源"也是中国饮食文化最杰出的思想,至今食疗食养长盛不衰。

中华民族有着"尊老"的优良传统,在食俗中体现尤著。居家吃饭时第一碗饭要先奉给老人,最好吃的也要留给老人,这也是农耕文化使然。在古老的农耕时代,老人是农耕技术的传承者,是新一代劳动力的培养者,因此使老者具有了权威的地位。尊老,是农耕生产发展的需要,祖祖辈辈代代相传,形成了中华民族尊老的风习,至今视为美德。

中国饮食文化的一个核心思想是"尚和",主张五味调和,而不是各味单一,强调"鼎中之变"而形成了各种复合口味,从而构成了中国烹饪丰富多彩的味型,构建了中国烹饪独立的文化体系,久而升华为一种哲学思想——尚和。《中庸》载"和也者,天下之达道",这种"尚和"的思想体现到人文层面的各个角落。中华民族自古崇尚和谐、和睦、和平、和顺,世界上没有哪一个国家能把"饮食"的社会功能发挥到如此极致,人们以食求和体现在方方面面:以食尊师敬老,以食飨友待客,以宴贺婚、生子以及升迁高就,以食致歉求和,以食表达谢意致敬……"尚和"是中华民族一以贯之的饮食文化思想。

"一方水土养一方人"。这十卷本以地域为序,记述了在中国这片广袤的土地上有如万花筒一般绚丽多彩的饮食文化大千世界,记录着中华民族的伟大创造,也记述了各地专家学者的最新科研成果——旧石器时代的中晚期,长江下游地区的原始人类已经学会捕鱼,使人类的食源出现了革命性的扩大,从而完成了从蒙昧到文明的转折;早在商周之际,长江下游地区就已出现了原始瓷;春秋时期筷子已经出现;长江中游是世界上最早栽培稻类作物的地区。《吕氏春秋·本味》述于2300年前,是中国历史上最早的烹饪"理论"著作;中国最早的古代农业科技著作是北魏高阳(今山东寿光)太守贾思勰的《齐民要术》;明代科学家宋应星早在几百年前,就已经精辟论述了盐与人体生命的关系,可谓学界的最先声;新疆人民开凿修筑了坎儿并用于农业灌溉，是农业文化的一大创举；孔雀河出土的小麦标本，把小麦在新疆地区的栽培历史提早到了近四千年前；青海喇家面条的发现把我国食用面条最早记录的东汉时期前提了两千多年；豆腐的发明是中国人民对世界的重大贡献；有的卷本述及古代先民的"食育"理念；有的卷本还以大开大阖的笔力，勾勒了中国几万年不同时期的气候与人类生活兴衰的关系等等，真是处处珠玑，美不胜收！

这些宝贵的文化财富，有如一颗颗散落的珍珠，在没有串成美丽的项链之前，便彰显不出它的耀眼之处。如今我们完成了这一项工作，雕琢出了一串光彩夺目的珍珠，即将放射出耀眼的光芒！

（四）

编辑部全体工作人员视稿件质量为生命，不敢有些许懈怠，我们深知这是全国专家学者20年的心血，是一项极具开创性而又十分艰辛的工作。我们肩负着填补国家学术空白、出版空白的重托。这个大型文化工程，并非三朝两夕即可一蹴而就，必须长年倾心投入。因此多年来我们一直保持着饱满的工作激情与高度的工作张力。为了保证图书的精品质量并尽早付梓，我们无年无节、终年加班而无怨无悔，个人得失早已置之度外。

全体编辑从大处着眼，力求全稿观点精辟，原创鲜明。各位编辑极尽自身多年的专业积累，倾情奉献：修正书稿的框架结构，爬梳提炼学术观点，补充遗漏的一些重要史实，匡正学术观点的一些讹误之处，并诚恳与各卷专家作者切磋沟通，务求各卷写出学术亮点，其拳拳之心殷殷之情青天可鉴。编稿之时，为求证一个字、一句话，广查典籍，数度披阅增删。青黄灯下，蹙眉凝思，不觉经年久月，眉间"川"字如刻。我们常为书稿中的精辟之处而喜不自胜，更为瑕疵之笔而扼腕叹息！于是孜孜矻矻、秉笔躬耕，一句句、一字字吟安铺稳，力求语言圆通，精炼可读。尤其进入后期阶段，每天下班时，长安街上已是灯火阑珊，我们却刚刚送走一个紧张工作的夜晚，又在迎接着一个奋力拼搏的黎明。

为了不懈地追求精品书的品质，本套丛书每卷本要经过40多道工序。我们延请了国内顶级专家为本书的质量把脉，中华书局的古籍专家刘尚慈编审已是七旬高龄，她以古籍善本为据，为我们的每卷书稿逐字逐句地核对了古籍原文，帮我们纠正了数以千计的舛误，从她那里我们学到了非常多的古籍专业知识。有时已是晚九时，老人家还没吃饭在为我们核查书稿。看到原稿不尽如人意时，老人家会动情地对我们喊起来，此时，我们感动！我们折服！这是一位学者一种全身心地忘我投入！为了这套书，她甚至放下了自己的个人著述及其他重要邀请。

中国社会科学院历史研究所李世愉研究员，为我们审查了全部书稿的史学内容，匡正和完善了书稿中的许多漏误之处，使我们受益匪浅。在我们图片组稿遇到困难之时，李老师凭借深广的人脉，给了我们以莫大的帮助。他是我们的好师长。

本书中涉及各地区少数民族及宗教问题较多，是我们最担心出错的地方。为此我们把书稿报送了国家宗教局、国家民委、中国藏学研究中心等权威机构精心审查了书稿，并得到了他们的充分肯定，使我们大受鼓舞！

我们还要感谢北京观复博物馆、大连理工大学出版社帮我们提供了许多有价值的历史图片。

为了严把书稿质量，我们把做辞书时使用的有效方法用于这部学术精品专著，即对本书稿进行了二十项"专项检查"以及后期的五十三项专项检查，诸如，各卷中的人名、地名、国名、版图、疆域、公元纪年、谥号、庙号、少数民族名称、现当代港澳台地名的表述等，由专人做了逐项审核。为使高端学术著作科普化，我们对书稿中的生僻字加了注音或简释。

其间，国家新闻出版总署贯彻执行"学术著作规范化"，我们闻风而动，请各卷作者添加或补充了书后的参考文献、索引，并逐一完善了书稿中的注释，严格执行了总署的文件规定不走样。

我们还要感谢各卷的专家作者对编辑部非常"给力"的支持与配合，为了提高书稿质量，我们请作者做了多次修改及图片补充，不时地去"电话轰炸"各位专家，一头卡定时间，一头卡定质量，真是难为了他们！然而，无论是时处酷暑还是严冬，都基本得到了作者们的高度配合，特别是和我们一起"摞"了二十年的那些老作者，真是同呼吸共命运，他们对此书稿的感情溢于言表。这是一种无言的默契，是一种心灵的感应，这是一支二十年也打不散的队伍！凭着中国学者对传承优秀传统文化的责任感，靠着一份不懈的信念和期待，苦苦支撑了二十年。在此，我们向此书的全体作者深深地鞠上一躬！致以二十年来的由衷谢意与敬意！

由于本书命运多蹇迁延多年，作者中不可避免地发生了一些变化，主要是由于身体原因不能再把书稿撰写或修改工作坚持下去，由此形成了一些卷本的作者缺位。正是我们作者团队中的集体意识及合作精神此时彰显了威力——当一些卷本的作者缺位之时，便有其他卷本的专家伸出援助之手，像接力棒一样传下去，使全套丛书得以正常运行。华中师范大学的博士生导师姚伟钧教授便是其中最出力的一位。今天全书得以付梓而没有出现缺位现象，姚老师功不可没！

"西藏""新疆"原本是两个独立的部分，组稿之初，赵荣光先生殚精竭虑多方奔走物色作者，由于难度很大，终而未果，这已成为全书一个未了的心结。后期我们倾力进行了接续性的推动，在相关专家的不懈努力下，终至弥补了地区缺位的重大遗憾，并获得了有关审稿权威机构的好评。

最令我们难过的是本书"东南卷"作者、暨南大学硕士生导师、冼剑民教授没能见到本书的出版。当我们得知先生患重病时即赶赴探望，那时先生已骨瘦如柴，在酷热的广州夏季，却还身着毛衣及马甲，接受着第八次化疗。此情此景令人动容！后得知冼先生化疗期间还在坚持修改书稿，使我们感动不已。在得知冼先生病故时，我们数度哽咽！由此催发我们更加发愤加快工作的步伐。在本书出版之际，我们向冼剑民先生致以深深的哀悼！

在我们申报国家项目和有关基金之时，中国农大著名学者李里特教授为我们多次撰写审读推荐意见，如今他竟然英年早逝离我们而去，令我们万分悲痛！

在此期间，李汉昌先生也不幸遭遇重大车祸，严重影响了身心健康，在此我们致以由衷的慰问！

（五）

中国饮食文化学是一门新兴的综合学科，涉及历史学、民族学、民俗学、人类学、文化学、烹饪学、考古学、文献学、地理经济学、食品科技史、中国农业史、中国文化交流史、边疆史地、经济与商业史等诸多学科，现正处在学科建设的爬升期，目前已得到越来越多领域的关注，也有越来越多的有志学者投身到这个领域里来，应该说，现在已经进入了最好的时期，从发展趋势看，最终会成为显学。

早在1998年于大连召开的"世界华人饮食科技与文化国际学术研讨会"，即是以"建立中国饮食文化学"为中心议题的。这是继1991年之后又一次重大的国际学术会议，是1991年国际学术会议成果的继承与接续。建立"中国饮食文化学"这个新的学科，已是国内诸多专家学者的共识。在本丛书中，就有专家明确提出，中国饮食文化应该纳入"文化人类学"的学科，在其之下建立"饮食人类学"的分支学科。

为学科理论建设搭建了开创性的构架。

这套丛书的出版，是学科建设的重要组成部分，它完成了一个带有统领性的课题，它将成为中国饮食文化理论研究的扛鼎之作。本书的内容覆盖了全国的广大地区及广阔的历史空间，本书从史前开始，一直叙述到当代的21世纪，贯通时间百万年，从此结束了中国饮食文化无史和由外国人写中国饮食文化史的局面。这是一项具有里程碑意义的历史文化工程，是中国对世界文明的一种国际担当。

二十年的风风雨雨、坎坎坷坷我们终于走过来了。在拜金至上的浮躁喧嚣中，我们为心中的那份文化坚守经过了炼狱般的洗礼，我们坐了二十年的冷板凳但无怨无悔！因为由此换来的是一项重大学术空白、出版空白的填补，是中国五千年厚重文化积淀的梳理与总结，是中国优秀传统文化的彰显。我们完成了一项重大的历史使命，我们完成了老一辈学人对我们的重托和当代学人的夙愿。这二十年的泣血之作，字里行间流淌着中华文明的血脉，呈献给世人的是祖先留给我们的那份精神财富。

我们笃信，中国饮食文化学的崛起是历史的必然，它就像那冉冉升起的朝阳，将无比灿烂辉煌！

《中国饮食文化史》编辑部

二〇一三年九月